Glandt | Trapp

Heimische Amphibien ganz nah

Dieter Glandt (†)| Benny Trapp

Heimische Amphibien ganz nah

Alle Arten
erkennen, beobachten und schützen

Quelle & Meyer Verlag Wiebelsheim

Die Angaben in diesem Buch sind von den Autoren und dem Verlag sorgfältig erwogen und geprüft, dennoch kann keine Garantie übernommen werden. Eine Haftung der Autoren und des Verlags sowie seiner Beauftragten für Personen-, Sach- und Vermögensschäden ist ausgeschlossen.

Bibliografische Information der Deutschen Nationalbibliothek
Die Deutsche Nationalbibliothek verzeichnet diese Publikation in der Deutschen Nationalbibliografie; detaillierte bibliografische Daten sind im Internet über http://dnb.d-nb.de abrufbar.

Die Vorauflage erschien unter dem Titel „Heimische Amphibien, Bestimmen – Beobachten – Schützen" im AULA-Verlag.

Bildnachweis: Alle in diesem Buch verwendeten Fotos stammen, sofern nicht anders angegeben, von Benny Trapp.
Umschlagabbildungen: Benny Trapp

Satz: Fabian Kaschinski (Quelle & Meyer Verlag GmbH & Co.)

Druck und Verarbeitung: Plump Druck & Medien GmbH, Rheinbreitbach
Printed in Germany/Imprimé en Allemagne

ISBN 978-3-494-01932-1

Inhalt

Inhalt

Einleitung – Was will dieses Buch?

„Rettet die Frösche" hieß ein viel beachtetes Buch, das 1983 erschien und zumindest im deutschen Sprachraum eine neue Art von Sachbüchern markierte. Ein Amphibienbuch in dieser Art gab es bislang nicht: An breite Leserkreise gerichtet und didaktisch gut aufgemacht, rief es zum Handeln auf, um einer damals erst langsam ins Bewusstsein der Bevölkerung geratenen, sehr gefährdeten Tiergruppe zu helfen.

Wie sieht es heute um die Amphibien aus? Weltweit wird von Rückgängen berichtet, das Schlagwort vom „Amphibiensterben" geht um den Globus. Deshalb war das Jahr 2008 weltweit zum „Jahr des Frosches" ausgerufen worden. Verantwortlich zeichnet eine Initiative namens „Amphibienarche", ein Ableger der weltweiten Naturschutzorganisation IUCN. Weitere Organisationen und viele Wissenschaftler haben sich angeschlossen, neue schießen aus dem Boden, und dennoch scheint es nie genug zu sein, was auch auf ständig wachsende und wandelnde Probleme zurückzuführen ist. Immerhin, die Aktion zeigt: Zumindest in der Fachwelt gibt es ein Wachrütteln. Ob es dies auch in der breiten Gesellschaft gibt?

Ganz sicher, aber leider meist mehr in der Theorie als in der Praxis. Allenfalls regional und örtlich sind für bestimmte Arten nach intensiven Bemühungen auch merkliche Verbesserungen erzielt worden, die durch jüngst optimierte Gesetzgebungen auch eine rechtliche Grundlage hinzugewonnen haben. Umso bedauerlicher, wenn genau solche bisweilen auch ad absurdum geführt werden, weil in Behörden und Ämtern leider viel zu oft Personen eingesetzt werden, deren mangelndes Fachwissen nicht maßgeblich für die zu erfüllenden Aufgaben zu sein scheint. Wenn bisweilen nur die Buchstaben des Gesetzes streng durchgesetzt werden, ohne überhaupt verstanden zu haben, welchem Zweck diese dienen sollen, ist dem Artenschutz leider nicht mehr gedient als zuvor. So wurden bereits Lehrkräfte zur Anzeige gebracht, die mit ihren Schülern ein paar wandernde Erdkröten über die Straße trugen, um diese vor dem Tod durch den Autoverkehr zu bewahren. Denn hierfür (also rein für das Anfassen geschützter Arten) bedarf es immer erst einer Ausnahmegenehmigung der Naturschutzbehörden. Wird diese erst spät beantragt oder erteilt, muss man also durchaus vorsichtig sein und ggf. eher zuschauen, statt lebensrettend einzugreifen, um Ärger mit möglicherweise „sturen" Amtsträgern zu vermeiden. Das klänge fast wie ein schlechter Scherz, wenn es nicht wahr wäre, aber verschiedene Beispiele belegen, dass der Einsatz für den Naturschutz schon zu manch empfindlicher Geldbuße statt einer Anerkennung oder Ehrung geführt hat. Solange sich eifrige Naturfreunde „je nach Auslegung der Naturschutzgesetze" also strafbar machen, zumindest aber mit sinnlosem Ärger zu rechnen haben, weil sie wertvolles Leben retten wollen, läuft nicht etwa etwas in der Rechtsprechung schief, sondern vielmehr mit dem jeweils verantwortlichen Personal. Wo funktionierende Feuchtwiesen als Landlebensraum der Amphibien im Rahmen einer „Naturschutzmaßnahme" für andere Arten gemulcht, also von Grund auf zerstört werden, weil wertvolle Stellen in Naturschutzbehörden scheinbar eher falsch besetzt als gut bezahlt werden, ist noch einiges im Argen und durchaus verbesserungswürdig. Und ja, statt sich auf solche Mängel zu konzentrieren, sollte man eher die vielen positiven Beispiele hervorheben. Leider nur ist es durchaus so, dass vermutlich jeder, der sich für Amphibien stark macht, auch schon mal an Gesetzen oder Behörden gescheitert ist, die zwar zu ihrem Schutz geschrieben und geschaffen, aber (manchmal schlichtweg falsch interpretiert) bisweilen sogar gegen sie eingesetzt wurden. Androhungen und Durchsetzungen von Geldstrafen in fünfstelliger Höhe, für nicht ordnungsgemäß ausgefüllte Papiere oder das Ausbleiben von Zahlungen für die Landschaftspflege, weil man sich weigerte, eine Orchideenwiese zu mulchen, haben schon so manchen (nicht nur ehrenamtlichen) Artenschützer zum Resignieren gebracht. Und wenn Naturschutzgesetze – oder deren Auslegung – sogar Artenschutzprojekte verhindern bzw. blockieren, kann und muss das auch einmal benannt werden.

Aktive Gruppen und „Einzelkämpfer" im Amphibienschutz gab es eigentlich schon immer, jedoch wächst diese Interessensgemeinschaft leider nur wenig merklich an. Dabei sind die Amphibien in breiten Kreisen durchaus beliebte Tiere, insbesondere exotische Arten, vor allem bei den zahlreichen Terrarianern. Immerhin aber haben viele Naturschutzverbände sich der Thematik deutlich angenähert, denn sie haben längst erkannt, dass der Schutz von Amphibien auch bedingungslos mit dem Vogelschutz verbunden ist, der nun mal eine deutlich größere Beliebtheit findet. Namensänderungen von „Deutscher Bund für Vogelschutz" (DBV) in „Naturschutzbund Deutschland" (NABU) zeigten den Wandel schon früh und machen deutlich, dass das eine nicht ohne das andere funktionieren kann. Denn ein wirksamer Schutz von wild lebenden Pflanzen und Tieren ist effektiv immer nur über den Lebensraum zu gewährleisten, der bspw. mit Laichgewässern und somit ausreichend Nahrung für die anderen Tiere ein komplexes Ganzes bildet. Sterben die Lurche, so sterben auch Arten, die sich von ihnen ernähren oder eine Lebensgemeinschaft mit diesen bilden. So profitieren die Amphibien vom Vogelschutz und anders herum. Auch die vielen Systematiker an den Museen und Universitäten nehmen sich stärker als je zuvor der Amphibien an und beschreiben fast jährlich neue Arten, selbst in Mitteleuropa, mit einer bislang nicht gekannten Zuwachsrate.

Jedoch, sobald es Interessenskonflikte gibt, z. B. beim Bau einer Straße oder bei der Ausweisung eines neuen Gewerbe- oder Wohngebietes, bleiben Amphibien und andere Tiere sowie ihre Lebensräume allzu oft auf der Strecke, wenn es nicht gerade um die besonders streng geschützten Arten (FFH-Richtlinie, etc.) geht. Oft wird eine Bebauung eines wertvollen Lebensraums nicht aufgehalten oder verhindert, sondern stattdessen viel öfter die Gesetzeslücke in Anspruch genommen, die streng genommen nur eine Ausnahme, nicht aber die Regel sein sollte. Mit Ersatzbiotopen als Ausgleich, die anderenorts geschaffen werden müssen, ist hier und da vielleicht ein paar Arten gedient. Ein bislang komplexes und funktionierendes Ökosystem bilden diese aber oftmals nicht. Zudem ist damit tatsächlich maximal den jetzt schon bedrohten Arten geholfen, während solche, die keinen „besonderen" Schutz (wie der Listung in der FFH-Richtlinie) genießen, durch ausbleibende Maßnahmen praktisch schleichend seltener werden.

Hinzu kommen eine immer intensivere landwirtschaftliche Bodennutzung und eine Überfrachtung unserer Umwelt mit einer Fülle unterschiedlichster Schadstoffe, deren Auswirkungen wir meist noch nicht einmal annähernd durchschauen. Aber zumindest ist offenbar insgesamt ein Umdenken im Gange, denn nicht zuletzt der Klimawandel rückt Probleme in den Vordergrund, die in der breiten Öffentlichkeit bislang kaum Beachtung befanden. Der Schutz der Moore, die Bedeutung von Überschwemmungswiesen, Auwäldern und anderer Feuchtbiotope dringt damit nun auch in die Beachtung der Öffentlichkeit und dadurch auch derer, die Entscheidungen treffen und Verantwortung tragen. Und so sind bestimmte Anliegen endlich auch ein Thema der Medien, auf die Naturschützer schon jahrzehntelang vergeblich aufmerksam machen mussten.

Wenn die sogenannten „Roten Listen" seit ihrer Einführung in den 1970er-Jahren nicht kürzer geworden sind – das gilt auch und besonders für die Amphibien – ist dies leider nur ein Indikator für den Zustand unserer Umwelt, die wir in vielerlei Hinsicht mehr ausschlachten, als „mit" ihr zu leben.

Was also brauchen wir? Vor allen Dingen fundiertes Wissen von Fakten und ganz besonders von Zusammenhängen. „Nur was ich kenne, kann ich schützen" ist ein Spruch, der zwar oft gebraucht, aber noch zu wenig ernst genommen wird. Hier sind die Schulen und Hochschulen und ganz besonders auch die Medien gefordert. Nahezu überall besteht trotz steigendem

Bewusstsein noch Nachholbedarf. Erfreulich ist aber zumindest die in den letzten 20-30 Jahren gestiegene Zahl der außerschulischen Bildungseinrichtungen (Schulbiologiezentren, Naturschutzstationen etc.), in deren Veranstaltungsangeboten neben vielen anderen Themen auch Amphibien spezieller behandelt oder doch zumindest integriert sind. Diese Einrichtungen gilt es zu nutzen, von Kindergärten, Schulen, Vereinen und schlichtweg von jedermann. Vor allem aber brauchen wir Einsicht bei den Verantwortlichen, die die wichtigen Entscheidungen treffen, den Politikern, Behörden, auch bei den Richtern. Ganz besonders benötigen wir die Einsicht der breiten Bevölkerung, das Engagement in der Führung (z.B. Kommunalpolitik), im Naturschutz (z. B. einem Verband) und ganz besonders auch das „Handeln im Kleinen"; unmittelbar vor der Haustür. Das kann schon am eigenen Garten- oder einem Schulteich geschehen, mit dem man bei richtiger Gestaltung einen vielleicht nur bescheidenen, aber durchaus hilfreichen Beitrag zum Amphibienschutz leisten kann.

Das vorliegende Buch will nach 40 Jahren an das eingangs zitierte Werk anknüpfen, das merkwürdigerweise in der deutschsprachigen Amphibienbuch-Literatur kaum adäquate Nachfolger gefunden hat.

- Zunächst sollen Sie in die Lage versetzt werden, Amphibien, die Ihnen im eigenen Umfeld begegnen, bis zur Art bestimmen zu können. Artbestimmung ist manchmal auf einen Blick möglich, nicht selten aber erfordert sie eine gewisse Beschäftigung und einen Blick für ganz bestimmte Merkmale. Bestimmen muss geübt werden, das Buch will dabei helfen.
- Viel ist gewonnen, wenn Sie, ob jung oder alt, am Beobachten dieser faszinierenden Tiere und ihrer manchmal verblüffenden Lebens- und Verhaltensweisen bald Freude und Spaß gewinnen. Eigenes Beobachten und Erleben schaffen Respekt und Wertschätzung, hieraus erwächst die Antriebskraft für eigenes Engagement zum Schutz der Tiere.
- Schließlich werden Sie mit den vielfältigen Gefahren konfrontiert, denen Amphibien in ihrer Umwelt und unserer Gesellschaft heute ausgesetzt sind. Ein vielschichtiges Thema, das nicht in allen Punkten erschöpfend behandelt werden kann, da manches noch nicht ausreichend erforscht ist, dem Buch aber auch umfangmäßige Grenzen gesetzt sind. Großer Wert wird auf praktische Ratschläge zum Amphibienschutz gelegt, so weit möglich auch für das unmittelbare eigene Handeln.

Nicht ausführlich behandelt wird dagegen das komplexe Thema der gesetzlichen Instrumente des Arten- bzw. Amphibienschutzes (Fauna-Flora-Habitat-Richtlinie, Bundesnaturschutzgesetz, Bundesartenschutzverordnung, Ländernaturschutzgesetze etc.). Es wird allerdings wiederholt darauf hingewiesen, dass man für Fang und Haltung der Tiere sowie für das Betreten vieler ihrer Lebensräume eine behördliche Genehmigung benötigt.

Leitgedanke des Buches ist es, Sensibilität zu erzielen, für eine früher oft übersehene und nicht selten geschmähte, heute glücklicherweise mehr geachtete Tiergruppe. Dies in der Hoffnung, breite Kreise innerlich mitzunehmen, Wertschätzung zu erzielen und zum hilfreichen Handeln und Entscheiden im Sinne dieser Tiere beizutragen. Nur wenn dies in breiter Front gelingt, könnten die Amphibien eine langfristige Überlebenschance haben.

Danksagung

Viele Kolleginnen und Kollegen, Freunde und Bekannte haben zum Gelingen dieses Buches wesentlich beigetragen! Unser Dank gilt zunächst den Kolleginnen und Kollegen, die Teile des Manuskriptes einer kritischen Prüfung unterzogen haben: Dr. PIM ARNTZEN, SERGÉ BOGAERTS, ARNO GEIGER, Dr. GÜNTER GOLLMANN, Dr. KURT GROSSENBACHER, MONIKA HACHTEL, THOMAS KORDGES, HUBERT LAUFER, Dr. JÖRG PLÖTNER, Prof. Dr. ULRICH SINSCH, Dr. BURKHARD THIESMEIER und SYLVIA ZUMBACH. Ein herzlicher Dank gilt Barbara Glandt für die maßgebliche Mitwirkung bei der Konzipierung der Bestimmungsschlüssel und für manch andere Unterstützung. Für die Erlaubnis, einige Grafiken aus anderen Schriften übernehmen zu dürfen, danke ich Herrn ANDREAS WEHNER-HEIL vom Bundesministerium für Verkehr, Bau und Stadtentwicklung, Prof. Dr. REINER FELDMANN sowie MARTIN SCHLÜPMANN und dem Laurenti-Verlag (Dr. BURKHARD THIESMEIER). Darüber hinaus danken wir Dr. KURT GROSSENBACHER für die Bereitstellung einiger der verwendeten Froschlurch-Rufe, die über die jeweiligen QR-Codes abgerufen werden können.

Ein besonderer Dank gilt schließlich unserem engagierten Verleger, Herrn GERHARD STAHL, auf dessen Anregung dieses Buch zurückgeht und den Mitarbeiterinnen und Mitarbeitern seines Hauses, insbesondere Frau KATHARINA JOHANN, für die gute Zusammenarbeit bei der Umsetzung dieses faszinierenden und aktuellen Themas.

Dieter Glandt und Benny Trapp

Amphibien – Tiere mit einem Doppelleben

Charakteristischer Entwicklungszyklus

Eine milde, regnerische Nacht im zeitigen Frühjahr. Ab Temperaturen von 5–6 °C oder mehr tauchen plötzlich kleine Wesen in großen Massen aus dem nahen Wald auf, etwa handtellergroß. Alle streben demselben Ziel zu: einem alten Wiesenweiher. Jahr für Jahr geben sie sich hier ein Stelldichein mit einer stets wiederkehrenden Verhaltensabfolge. Ein näherer Blick und die Ausleuchtung mit der Taschenlampe zeigen, dass es sich zum größten Teil um Erdkröten und Grasfrösche handelt. Während die Erdkröten unter der Erdoberfläche (also an Land) überwintert haben, findet die Überwinterung der Grasfrösche gewöhnlich in naheliegenden Fließgewässern statt, die nicht zufrieren und sauerstoffreicher sind als Teiche. Denn auch wenn Grasfrösche unter der Wasseroberfläche überwintern, brauchen sie den Sauerstoff, der dann über die Haut aufgenommen wird.

Jedoch auch tiefe Teiche können zur Überwinterung von Grasfröschen dienen. Tiere, die die kalte Jahreszeit in diesen verbracht haben, sind klar im Vorteil, denn die Zuwanderung haben sie sich gespart. Im Laichgewässer angekommen oder eben aus dem Teichboden nach oben gelangt, geben die männlichen Frösche leise, brummende oder knurrende Laute von sich: die Paarungsrufe.

Ein Teil der Tiere hat sich bereits auf der Laichplatzwanderung zum „Doppeldecker" verpaart, wobei sich die Männchen von den Weibchen „huckepack" tragen lassen. Die noch unverpaarten Männchen versuchen im Gewässer ein Weibchen zu erobern, indem sie alles ungestüm anschwimmen, was sich bewegt und ungefähr ihre Größe aufweist. Wenn ein Männchen ein Weibchen ausgemacht hat, umklammert es dieses mit den Vorderbeinen fest in der Achselgegend. Unterstützt wird die Umklammerung durch die in dieser Zeit besonders kräftig entwickelte Armmuskulatur der Männchen und

Beim Grasfrosch klammert das Männchen sein Weibchen während der Paarung mit den Vorderbeinen fest in der Achselgegend.

durch schwarz-braun gefärbte Verdickungen an den Daumen, den sogenannten Brunftschwielen. Die Umklammerung ist so fest, dass es nur schwer gelingen würde, die Tiere voneinander zu trennen.

Wie bei den anderen heimischen Froschlurchen (Fröschen, Kröten, Unken) findet auch beim Grasfrosch eine äußere Befruchtung statt. Nach einer gewissen Zeit verharren die beiden Partner an einer flachen Stelle des Ufers. Das Weibchen biegt nun den Rücken durch und signalisiert mit dieser Körperhaltung dem darüber hockenden Männchen: Es ist so weit. Sodann gibt Ersteres eine kleine rundliche Masse aus der Kloakenöffnung ab, während das darüber sitzende Männchen einen Buckel macht und hierdurch seine Kloake möglichst nahe an die des Weibchens bringt (Kloake = gemeinsame Öffnung von Harn- und Geschlechtswegen sowie Enddarm). Sobald der Laich austritt, ergießt es seine Spermien darüber. Jetzt wird auch der Sinn der Umklammerung deutlich: Damit das Männchen seine Spermien genau im richtigen Moment abgibt, nämlich in dem Moment, in dem das Weibchen die Eizellen mit noch nicht gequollener Gallerte ins Wasser lässt, ist die unmittelbare

Grasfrösche laichen gewöhnlich gemeinsam und nebeneinander ab, zumeist im flachen Uferbereich stehender Gewässer.

Nähe beider Geschlechtspartner erforderlich. Diese ist am besten gewährleistet, wenn das Männchen fest und rutschfrei über der Partnerin fixiert sitzt. Ein einzelner Laichballen des Grasfrosches enthält zwischen 700 und 2.000 Eier, ausnahmsweise wohl auch bis über 4.000. Im Durchschnitt messen sie nur 1,5–2,5 mm. Die mikroskopisch kleinen Spermien müssen rasch in die Eizellen eindringen.

Gleich nach der Laichablage beginnt die Hülle, die die Eier umgibt, durch Wasseraufnahme aufzuquellen. Schließlich ist die Gallerte dicker als das darin befindliche Ei. Es weist am Ende 8–10 mm im Durchmesser auf. Jetzt könnten die Spermien nicht mehr durch die Gallerte zu den Eizellen vordringen. Der gesamte Laichballen weist nach Abschluss der Quellung einen Durchmesser von meist über 15 cm auf. Wahrscheinlich hat jeder Leser schon einmal Bekanntschaft mit ihnen gemacht, meist in Kindertagen. Es sind wabbelige, glitschige Massen, bei denen man aufpassen muss, dass sie einem nicht aus den Händen gleiten. Da Grasfrösche meist in großen Gruppen nebeneinander laichen und die einzelnen Laichballen nach einer Weile miteinander verschmelzen, können regelrechte Teppiche aus zigtausenden Eiern entstehen, bei denen die einzelnen Ballen kaum noch auseinandergehalten werden können. Je nach Menge können diese Ansammlungen einen bis mehrere Quadratmeter Fläche einnehmen.

Aber zurück zum einzelnen Ei, in dem nun die einzelnen Entwicklungsstadien durch die transparente Hülle selbst mit bloßem Auge oder mit der Lupe erkennbar nachvollzogen werden können.

Sobald ein Spermium in eine Eizelle eingedrungen ist, vollzieht sich hier ein faszinierender Prozess. Die Zelle teilt sich, dann jedes der Teile wieder, bis sich durch unendlich viele der Teilungsschritte allmählich ein grob gegliederter, kommaförmig gekrümmter Embryo formt. Bei den Keimlingen der Froschlurche ist die Rückenseite durchgebogen (bei den Molchen dagegen die Bauchseite). Bald aber strecken sich die Embryonen bei allen Arten, die beim Grasfrosch schwarz-braun gefärbt sind. Jetzt kommt ein kritischer Augenblick: der Schlupfvorgang. Man bedenke: Die kleinen Tiere sind von mächtigen Gallerthüllen umgeben. Diese sind ein guter, wenn auch kein vollständiger Schutz der noch hilflosen, nur wenige Millimeter langen Larven gegen „mechanische" Beschädigung, wenn auch weniger gegen viele Räuber (Molche, Fi-

Frisch abgesetzter Laichballen mit bereits aufgequollener Gallerte.

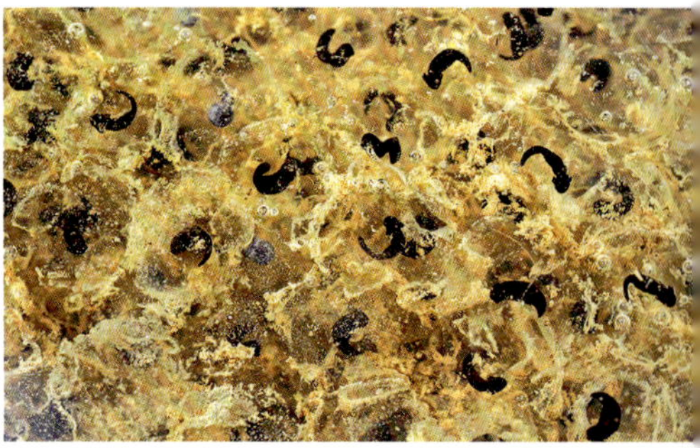

Weit entwickelte Embryonen mit beginnender Kiemenentwicklung kurz vor dem Schlupf.

sche, räuberische Wasserinsekten, Egel usw.). Um ein selbstständiges Leben in den Laichgewässern führen zu können, müssen die Larven die Gallerthüllen durchdringen. Sie tun dies mithilfe einer die Gallerte punktuell auflösenden Substanz, dem Schlüpf-Enzym. Im Freien angekommen, kleben die jungen Larven mithilfe eines zeitweiligen Haftorgans in großen Mengen und eng beieinander an der Außenseite der Gallerte, die ihnen als erste durch die Mundöffnung aufgenommene Nahrung dient. Wenn man die Laichballen vorsichtig hin und her bewegt, kann man sich davon überzeugen, dass die Larven tatsächlich an der Gallertmasse haften. Schon kurz vor dem „Schlupf" kann man am Hinterrand der Kopfregion fadenförmige, sich allmählich verzweigende Kiemen entdecken, die den Embryonen und frisch geschlüpften Kaulquappen die Atmung ermöglichen. Im Zuge der weiteren Entwicklung wachsen Hautfalten über diese Kiemen und bilden rechts und links jeweils eine Kiemenhöhle. Die Kiemen sind dann nicht mehr von außen sichtbar („Innenkiemenstadium").

Frisch geschlüpfte Larven mit noch gut sichtbaren „äußeren" Kiemenbüscheln.

Die älteren Larven haben einen muskulösen Ruderschwanz, mit denen sie umherschwimmen können und sich so auf das Gewässer verteilen. Hält man sie im Aquarium, raspeln sie die Algenbeläge ab, die sich an den Scheiben schnell bilden. Mit einem Vergrößerungsglas kann man so auch die kleinen, schwarz geranderten Hornkiefer erkennen, mit denen sie das bewerkstelligen.

Unter „älterer Larve" versteht man ein Entwicklungsstadium, bei dem bereits am Ende des Kopf-Rumpfes nahe der Schwanzwurzel kleine Hinterbeinansätze zu sehen sind. Im Verlaufe der weiteren Entwicklung wachsen diese weiter, und man kann bereits kleine Schwimmhäute zwischen den Zehen ausmachen.

Zeitgleich mit den Hinterbeinen entstehen auch die Vorderbeine der Kaulquappen, aber dies findet zunächst innerhalb der Kiemenhöhlen statt, von denen bereits die Rede war. Äußerlich kann man deshalb die Vorderbeinentwicklung zunächst nicht verfolgen. Erst in einem deutlich späteren Stadium durchbrechen die heranwachsenden Vordergliedmaßen die Wände der Kiemenhöhlen.

Wenige Tage alte Larven, mit nun nicht mehr sichtbaren Kiemen und auffälliger Flecken-Zeichnung.

Wir befinden uns jetzt mitten in einem sehr komplizierten Vorgang, der als Metamorphose (Umwandlung) bezeichnet wird. Aus der im Wasser lebenden, vorwiegend von pflanzlicher Substanz lebenden und Kiemen tragenden Kaulquappe entwickelt sich innerhalb weniger Wochen ein kleiner Frosch, der am Lande lebt, keine Kiemen, sondern Lungen besitzt und sich von tierischer Kost ernährt.

Die Kostumstellung ist nur möglich, indem die ganze Mundpartie umgebildet wird: Von dem raspelnden Hornkiefer bleibt nichts übrig,

Ältere Kaulquappe mit bereits weit entwickelten Hinterbeinen.

stattdessen entsteht das kennzeichnende breite Froschmaul und eine dehnbare Zunge, mit der sich Insekten, Spinnen und Schnecken erbeuten lassen.

Beinahe fertig entwickelter Frosch, hier noch mit langem Schwanz, der binnen weniger Tage vollständig zurückgebildet wird.

Auch die Haut erfährt eine grundlegende Umgestaltung. Aus der dünnen, sehr wasserdurchlässigen Larvenhaut wird eine kräftigere, vielschichtige Haut, die weniger wasserdurchlässig ist und den Fröschen (und anderen Amphibien) überhaupt erst ein Leben zu Lande ermöglicht. Dennoch sind auch Amphibien nach der Metamorphose zeitlebens recht empfindlich gegen Wasserverluste und müssen sich bei trockener Luft an feuchten Stellen verbergen. Im Gegensatz zu den Kriechtieren (Echsen, Schlangen, Schildkröten), Vögeln und Säugetieren haben sie eine nackte Haut, keine Schuppen, Federn oder Haare.

Die Metamorphose ist ein für Amphibien sehr charakteristischer Prozess, der der ganzen Tiergruppe den Namen eingetragen hat (Griechisch: amphi = doppelt, bios = Leben). Ein besonders auffälliger Vorgang ist die Rückbildung des Larvenschwanzes, der bei der hüpfenden Fortbewegung am Lande nur stören würde. Dieser wird nicht etwa abgeworfen, sondern von innen her zurückgebildet und somit „verdaut“. Dies ist auch sinnvoll, denn die Schwanzmuskulatur enthält viele Eiweiße, die an anderen Stellen des sich entwickelnden Körpers gebraucht werden. Die frisch an Land gehenden, etwa 1 cm langen Jungfröschchen haben anfangs oft noch einen schwärzlichen Reststummel des ehemaligen Schwanzes, der aber bald verschwindet. Der ganze Vorgang, vom Ei bis zum fertigen Frosch, dauert je nach Wassertemperatur von März bis Juni, also etwa drei bis maximal vier Monate.

Schon bald nach dem Verlassen des Gewässers schwärmen die kleinen Frösche in die weitere Umgebung aus und verbringen mehrere Monate in verschiedenen Sommerlebensräumen, z. B. in feuchten Wiesen und Weiden, lichten Laub- und Mischwäldern, an Grabenrändern und Uferböschungen. Hier nehmen sie auch ihre Nahrung (kleine Insekten und Spinnentiere) auf und wachsen rasch heran. Aber erst nach zwei bis drei Überwinterungen sind sie ausgewachsen und werden geschlechtsreif. Dann kehren sie an den Ort ihrer Larvenzeit zurück, womit sich der immerwährende Kreislauf schließt.

Die oberste Schicht der Amphibienhaut besteht aus abgestorbenen Zellen, die nicht mitwachsen können. Von Zeit zu Zeit wird sie deshalb in Fetzen oder auch als Ganzes abgestoßen, wie hier im Falle des Teichmolches (Lissotriton vulgaris).

Eine Kreuzkröte (Eipidalea calamita) während der Häutung. Die oberste abgestorbene Hautschicht wird typischerweise aufgefressen. Foto K. Grossenbacher

Einrichtung eines Tümpelaquariums für Grasfroschlarven

Naturnah eingerichtetes Aquarium zur Beobachtung der Metamorphose von Amphibienlarven (oder aber auch der Balz von Wassermolchen). Der kreativen Gestaltung sind dabei nebenbei keine Grenzen gesetzt.

Zu den faszinierendsten Eindrücken im Leben der Amphibien gehört die Beobachtung der Entwicklung vom Ei bis zum fertigen kleinen Frosch. Gute Dienste leistet hierbei ein kleines Aquarium, z. B. ein geklebtes Vollglasbecken mit den Maßen 40 x 25 x 25 cm. Dieses wird mit Wasser (möglichst Regen- oder Tümpelwasser) so hoch gefüllt, dass der Laichballen gerade bedeckt ist.

Entgegen großen Gewässern erwärmt sich das Wasser eines in der Sonne aufgestellten Aquariums schnell und bisweilen viel zu stark – besonders in Innenräumen. Ein Ausweichen der Larven in tiefere und dadurch kühlere Wasserschichten ist hier nicht gewährleistet. Der Standort sollte daher gut gewählt sein und ein Thermometer ist unabdinglich, sodass das Becken bei zu hohen Wassertemperaturen (ab etwa 23 °C) notfalls umgestellt oder mit einfachen Hilfsmitteln beschattet werden kann. Zur Bildung von Algen als Nahrung ist Licht jedoch auch notwendig. Optimal sind also helle, jedoch nicht ganztägig sonnige Standorte oder alternativ eine professionelle Aquarienbeleuchtung. Kaulquappen sind Allesfresser (nicht etwa Vegetarier) und können mit handelsüblichem Fischfutter (Flocken), das in der Regel auch tierische Proteine beinhaltet, zusätzlich gefüttert werden. In einem solchen Becken lassen sich die geschilderten Entwicklungsprozesse meist schon mit bloßem Auge schön beobachten. Vertiefende Beobachtungen sind mit einer Lupe möglich. Besonders in Schulen und Schulbiologiezentren sollten solche Möglichkeiten gegeben sein.

Achtung:
Die Entnahme eines Laichballens aus einem heimischen Gewässer, streng genommen sogar aus dem eigenen Gartenteich, bedarf der Genehmigung durch die zuständige Behörde (s. S. 199).

Bis zum jungen Larvenstadium braucht man nicht zu füttern. Wenn man Bewuchs in das Aquarium einbringt (wurzellose Wasserpflanzenstücke, z. B. Wasserpest (*Elodea canadensis*), in einer Schicht von grobem Aquarienkies auf dem Boden des Behälters befestigt), können die Larven an den Blättchen raspeln. Durch das Verwenden von Regen-, Tümpel- oder Gartenteichwasser entwickeln sich zudem sehr bald schwebende Algen, die von den heranwachsenden Kaulquappen aus dem Atemwasserstrom herausgefiltert werden. Auch an den Scheiben des Aquariums bilden sich bald Algenüberzüge, die man hin und wieder zumindest teilweise entfernen sollte, weil sie die Sicht durch die Scheiben beeinträchtigen.

Wenn die Larven etwas älter werden, sollte man zufüttern, z. B. mit handelsüblichem Trockenfutter. Altmeister Kopsch, der seine Grasfrosch-Larven in großen runden Standgläsern aufgezogen und ihre Entwicklung eingehend untersucht und beschrieben hat, bot als Zusatznahrung Dotter von hart gekochten Hühnereiern sowie Fischfleisch. Auch Brennnesselpulver, Brot, Teigwaren, Kartoffeln und abgekochten (!) Salat fressen die Tiere gerne. Ganz wichtig ist: Immer in Maßen füttern, damit das Wasser nicht trübe wird. Ohnehin sollte etwa alle 14 Tage ein Wasserwechsel vorgenommen werden. Von den älteren freischwimmenden Larven sollte ein Großteil herausgenommen und in das Herkunftsgewässer gebracht werden, da es sonst zu eng im Aquarium wird. Für das, was wir beobachten wollen, reichen wenige Larven; aus dem Laichballen schlüpfen jedoch viele Hundert bis einige Tausend.

Sobald die Vorderbeine der Quappen durchgebrochen sind, muss ihnen ein Landteil angeboten werden. Hierzu gibt man einen Ziegelstein ins Wasser und senkt den Wasserstand bis knapp unterhalb der Steinoberkante ab, sodass die jungen Fröschchen mühelos aus dem Wasser und auf den Stein gelangen können. Dort sollten noch einige feuchte Moospolster ausgelegt werden, in und unter denen sie sich bei Bedarf verbergen können. Die kleinen Frösche sollten aber bald an dem Gewässer ausgesetzt werden, aus dem der Laichballen entnommen worden war.

Achtung:
Frisch metamorphosierte Amphibien können problemlos Glasscheiben erklimmen! Durch das geringe Eigengewicht und die nasse Haut „haften" sie selbst an glatter Oberfläche und können so auch leicht den Beckenrand erklimmen. Ein Deckel mit luftdurchlässiger Gaze (Fliegendraht) verhindert das Entkommen und somit das sonst unweigerliche Absterben im für die Tiere viel zu trockenen Innenraum.

Landlurche

Der für den Grasfrosch beispielhaft geschilderte Entwicklungsgang mit einem wasserlebenden Ei- und Larvenstadium ist bei den Amphibien weit verbreitet und bei den heimischen Arten die Regel. Er wird im Allgemeinen als der ursprüngliche Fortpflanzungsmodus der Amphibien angesehen. Weltweit betrachtet, vor allem unter Einbeziehung der feuchten Tropen, muss man allerdings feststellen, dass sich viele Amphibien mit verschiedenen Strategien von Gewässern weitgehend oder sogar ganz unabhängig gemacht haben. So sind immerhin 20 %

der Froscharten der Tieflandwälder im Amazonasbereich von Wasserkörpern unabhängig. Bei weiteren 36 % folgt erst nach einer Embryonalentwicklung außerhalb des Wassers ein wasserlebendes Larvenstadium, und nur bei 42 % von 130 analysierten Froscharten dieses Gebietes findet sich eine durchgehend wassergebundene Entwicklung, wie wir sie bei den heimischen Fröschen ebenfalls vorfinden.

Unter den Schwanzlurchen sind vor allem die Vertreter der Familie der Lungenlosen Salamander (Plethodontidae) zu nennen, die mit zahlreichen Arten vorrangig in Amerika verbreitet sind. Aber auch in Europa (Italien inkl. Sardinien und Südfrankreich) leben einige dieser Arten. So auch der Italienische Höhlensalamander (*Speleomantes italicus*), der irgendwann in einem kleinen Gebiet Deutschlands ausgesetzt wurde und sich dort seit Generationen hält. Die Weibchen legen nur wenige dotterreiche Eier an immerfeuchten Stellen (in unterirdischen Gangsystemen oder Höhlen) ab und „bewachen" diese sogar. Die daraus schlüpfenden Jungtiere haben ihre Metamorphose in der Eihülle vollzogen und benötigen hierfür zwar eine hohe Luftfeuchtigkeit, aber kein Gewässer. Man nennt diesen Entwicklungsgang „Direktentwicklung".

Unter den heimischen Amphibien ist der Alpensalamander (*Salamandra atra*) allerdings die einzige Art, die in keiner Phase der Entwicklung ein Gewässer benötigt. Die Entwicklung der Larven findet stattdessen vollständig im Mutterleib statt, genauer gesagt in den paarigen Eileitern (Ovidukten) der Muttertiere, wo diese sich u. a. auch von sich nicht entwickelnden Geschwister-Eiern ernähren (Adelphophagie). Diese unter den Amphibien einzigartige Verhaltensweise führt dazu, dass Alpensalamander maximal ein oder zwei, dafür aber vollständig entwickelte Jungtiere pro Fortpflanzungsperiode absetzen.

Alpensalamander. Zeichnung: H. Harder. Aus: R. Sternfeld: Die Reptilien und Amphibien Mitteleuropas. Quelle & Meyer, Leipzig 1912

Beobachten und Bestimmen

Allgemeines zur Beobachtung und Bestimmung von Amphibien

Von Ausnahmen abgesehen kann man Amphibien bei uns nur in der wärmeren Jahreszeit beobachten, meist von Februar/März bis September/Oktober. Die kalte Jahreszeit, je nach Art von Oktober/November bis Februar/März, verbringen die Tiere in kältegeschützten Winterquartieren, die man manchmal zufällig entdeckt oder in Sonderfällen auch gezielt aufsuchen kann (z. B. alte verlassene Bergwerksstollen). Man sollte die Tiere aber grundsätzlich nicht in ihrer Winterruhe stören. Manchmal findet man in Kellern überwinternde Amphibien, die man dort möglichst belassen sollte. In warmen Wintern, wenn die Temperaturen also 4 – 6° Celsius oder mehr betragen, können einige Arten, insbesondere der Feuersalamander, aber auch ganzjährig an der Oberfläche beobachtet werden. Zudem überwintern die Larven einiger Froschlurche, Salamander und Molche in Gewässern, wenn die Metamorphose bis zum Herbst nicht abgeschlossen werden konnte. Diese sind dementsprechend auch noch während des Winters im Gewässer anzutreffen und eigentlich auch keine „absolute" Ausnahme.

Am auffälligsten sind viele Arten in der Paarungszeit, im Frühjahr oder Frühsommer. Die meisten Menschen machen dann ihre erste Bekanntschaft mit Lurchen. Aber auch in den Folgemonaten kommt es zu Begegnungen mit diesen Geschöpfen. Nachfolgend einige Beispiele:

- Nachts (seltener tagsüber) sind im Frühjahr (März/April) Kröten und andere Amphibien auf ihrer Wanderung zum Laichgewässer zu beobachten, oft in Scharen, zu Hunderten oder gar Tausenden. Wenn viel befahrene Straßen überquert werden müssen, werden viele von ihnen überfahren.
- Einige Arten verfügen über laute Stimmen und sind hierdurch gut nachweisbar: Laubfrosch (April), Kreuzkröte (April–Juli, manchmal bis in den September), am Gartenteich oft Wasserfrösche (April bis Juli).
- Im Gartenteich liegen im März manchmal faustgroße Gallertmassen, die Laichballen des Grasfrosches. Oder aber es schwimmen verschiedene Molcharten im Teich umher, bei klarem Wasser kann man dann sogar ihr Balzverhalten beobachten. Auch in Swimmingpools finden sich Amphibien ein.
- Bei der beginnenden Gartenarbeit im Frühjahr und auch später in den Sommermonaten findet man Lurche unter Steinen oder im Boden eingegraben, die bei der Bodenlockerung zum Vorschein kommen. Auch in Gewächshäusern kann man verschiedene Amphibienarten finden, z. B. Kröten. Insbesondere bei Regen treffen wir Amphibien an der Oberfläche an, vor allem nachts, aber auch tagsüber. Der im Volksmund auch „Regenmännchen" genannte Feuersalamander ist ein bekanntes Beispiel hierfür.

Weitere Möglichkeiten der Begegnung mit Lurchen eröffnet man sich durch den Einsatz des wichtigsten Arbeitsgerätes des Amphibienfreundes, des **Keschers**. Mit einem einfachen, oft selbst gebautem Kescher und einem Marmeladenglas oder Plastikeimer ausgestattet, lassen sich die ersten Tümpeleindrücke sammeln und dabei auch unsere Lurche nachweisen. Auf die zusätzlichen Möglichkeiten, die die Einrichtung eines Tümpelaquariums bieten, wurde bereits im vorangegangenen Kapitel eingegangen.

Hilfreich ist manchmal ein **Fernglas**. Viele Arten sind recht scheu, vor allem bei der Balz, und man sollte sie tunlichst nicht dabei stören. Mit einem Fernglas geringer Vergrößerung (7- bis 8-fach) kann man die Tiere aus der nötigen Distanz beobachten und hat seine Freude daran, ohne sie zu stören.

Die wichtigste Frage, die man sich naturgemäß stellt, wenn man ein Tier erstmals sieht: Welche Art ist das? Die Antwort ist das Ergebnis einer **Bestimmung**. Um sie durchführen zu können, muss man auf bestimmte Merkmale (Bestimmungsmerkmale oder diagnostische Merkmale) achten. Bei den Amphibien ist zunächst die **Gestalt** ein wichtiges Merkmal: Bei den Molchen und Salamandern ist Körper lang gestreckt, Vorder- und Hinterbeine sind etwa gleich lang. Der Schwanz ist auch nach der Umwandlung der Larve (Metamorphose) vorhanden, weshalb Molche und Salamander auch als Schwanzlurche zusammengefasst werden.

Laien unterscheiden oft nicht zwischen Eidechsen und Salamandern bzw. Molchen. Die Haut der Eidechsen, die zu den Kriechtieren oder Reptilien gehören, fühlt sich trocken an; sie haben eine mit einem Schuppenkleid bedeckte drüsenarme Haut. Die der Schwanzlurche fühlt sich dagegen wie bei fast allen Amphibien feucht, glatt und manchmal etwas schleimig an. Die Haut einiger Arten (z. B. Unken und Kröten) kann zu Lande aber auch trocken sein. Sie fühlt sich aber selbst dann „ledrig" an und ist nicht hart, wie es bei den beschuppten Reptilien der Fall ist. Die Oberfläche der Kröten und Unken ist zudem von teils spitzen Warzen bedeckt, also weniger glatt als die der Frösche und Salamander.
Bei den Kröten, Fröschen und Unken sind die Hinterbeine meist deutlich länger als die Vorderbeine. Sie werden als Froschlurche zusammengefasst. Der Schwanz der Froschlurch-Larven (Kaulquappen) ist zurückgebildet worden und fehlt den umgewandelten Tieren.
Zu den für eine Bestimmung wichtigen Gestaltmerkmalen (Morphologie) gehören auch **Größe** und **Erscheinungsbild** (Habitus). Manche Amphibien sind schlank und zierlich, andere gedrungen oder plump gebaut. Auch Körperproportionen, z. B. die relative Hinterbeinlänge bei Froscharten, geben Hinweise auf die Artzugehörigkeit.

Im Weiteren können **Färbung** und **Zeichnung** wichtig sein. Manche Arten sind damit auf Anhieb zu bestimmen, z. B. der Feuersalamander mit seinen gelben Flecken und Streifen auf schwarzem Untergrund. Oft aber variieren Färbung und Zeichnung bei ein und derselben Art sehr stark (z. B. bei Gras- und Moorfrosch), sodass man zusätzliche Merkmale benötigt.

Die **Unterscheidung der Geschlechter** ist äußerlich in der Regel nur bei erwachsenen Tieren möglich und mit prägnanten Merkmalen (so weit dies möglich ist) angegeben. Auf die Jungtiere wird in den Artporträts nur eingegangen, wenn es markante und für den Einsteiger gut erkennbare Unterscheidungsmerkmale zu den Erwachsenen gibt.

Wie bei anderen Lebewesen gilt auch für Amphibien: Mit wachsender Erfahrung und durch Vergleich vieler gesehener oder auch gehörter Tiere wird man immer sicherer bei der Bestimmung. Wichtig ist, die Anfangshürden zu nehmen und sich durch anfängliche Schwierigkeiten und dem Risiko der Fehlbestimmung nicht entmutigen zu lassen! In einigen Einrichtungen (z. B. Biologische Stationen, Schulbiologiezentren, zentrale Anlaufstellen, um Adressen zu erhalten s. S. 227) kann man in Bestimmungskursen von Profis lernen, diese Hürden schneller zu nehmen, als sich mühsam alles selbst beizubringen.

Tipp für den Umgang mit Lurchen
Alle Arten haben eine drüsenreiche Haut und sondern (vor allem wenn man sie in die Hand nimmt) schleimige Sekrete ab, die einen gewissen Schutz vor Feinden bieten sollen. Diese Absonderungen sind unterschiedlich giftig, bei einigen tropischen Arten sogar extrem! Generell gilt: Keine Lurche in den Mund nehmen (bei Kindern darauf achten!). Wenn man Lurche angefasst hat, erst die Hände gründlich abwaschen, bevor man mit den Fingern über die Schleimhäute (Augen, Mund, Nase) reibt. Im Gelände kann man dies ohne Seife tun: an einem Tümpel oder besser an einem Bach.

Anhand **markanter äußerer Merkmale** soll eine Artbestimmung der umgewandelten (metamorphosierten) Lurche ermöglicht werden. Dies ist in den meisten Fällen problemlos möglich. Schwierig ist die Bestimmung der Echten Frösche (Gattung *Rana*), vor allem der Vertreter der Wasserfrosch-Gruppe (Gattung *Pelophylax*). Deshalb finden sich hierzu zwei vergleichende Tabellen, die dem spezieller Interessierten bei der Bestimmung helfen sollen. Auch die Unterscheidung der Vertreter der Kammmolch-Gruppe erfordert ein genaueres Hinsehen; für die drei Arten des hier behandelten Gebietes (es gibt im restlichen Europa noch zwei weitere) wird deshalb ebenfalls eine vergleichende Tabelle aufgeführt. Eine gute Hilfe bei der Bestimmung der Froschlurche (Frösche, Kröten, Unken) bieten die **Hörbeispiele** unter den QR-Codes. Die Rufe sind nur in der Paarungszeit und bei vielen Arten meist nachts zu hören. In der Regel handelt es sich dabei um Paarungs-, also Lockrufe der Männchen. Aber es gibt auch Ausnahmen: Nur bei den Geburtshelferkröten (Gattung *Alytes*) rufen beide Geschlechter, die Weibchen aber zaghafter, leiser und seltener. Aufgrund der im Frühjahr meist in Massen zuwandernden Erdkröten ist zudem der Befreiungs- bzw. Abwehrruf im Allgemeinen häufiger aus dem Gewässer zu hören als der Lockruf. Dieser wird geäußert, wenn ein Männchen irrtümlich durch ein anderes umklammert wird. Eine weitere Besonderheit bilden die sogenannten Herbstrufe der Laubfrösche (Gattung ***Hyla***), deren Bedeutung noch nicht ganz sicher geklärt ist. Dabei ist zumindest anzunehmen, dass diese die Weibchen schon für die kommende Saison in die Umgebung der potenziellen Laichgewässer locken, da Laubfrösche nach der Paarungszeit oft weit von diesen abwandern.

Wichtig: In den Artporträts wird die Beschreibung ausschließlich auf Mitteleuropa bezogen. Die Variabilität (Färbung, Zeichnung) mancher Arten ist sehr groß, vor allem wenn man Süd- und Osteuropa mit einbezieht. Wer hierüber mehr erfahren will, muss in die zitierte weiterführende Literatur (s. S. 246) einsteigen. Auch bei den Angaben zur aktiven Zeit in den Monatsleisten und zu den Lebensräumen werden die Verhältnisse im mitteleuropäischen Raum zugrunde gelegt. Zu betonen ist, dass bei den Aktivitätszeiten die Spannen von Gegend zu Gegend und innerhalb einer Region von Jahr zu Jahr je nach Witterungsverlauf variieren können. Deshalb können die Angaben nicht mehr als grobe Richtwerte darstellen! Auch beziehen sich die Zeiten der jährlichen Aktivität auf die Art insgesamt. Die Aktivität der einzelnen Individuen kann hiervon deutlich abweichen.

Laich und Larven: In einigen Fällen lässt sich schon über das Foto eine Artbestimmung des Laichs oder der Larven vornehmen, Beispiele werden nachfolgend aufgeführt. Grundsätzlich sollte aber der vorangestellte **Bestimmungsschlüssel** benutzt werden, der auf einfache Merkmale abzielt. Nicht immer ist hiermit eine Bestimmung bis zur Art möglich. Wer sich in diese Thematik einarbeiten will, muss sich mit der im Literaturverzeichnis zitierten speziellen Bestimmungsliteratur vertraut machen.

Zur Kontrolle sollte man immer auch die Angabe in der Rubrik **Verbreitung** mit berücksichtigen. Man frage sich: „Kann die von mir bestimmte Art überhaupt in meiner Region vorkommen?“ Wenn dies verneint werden muss, hat man mit hoher Wahrscheinlich eine **Fehlbestimmung** vorgenommen, von der man sich aber nicht entmutigen lassen darf. Fehlbestimmungen gehören immer auch zum Bestimmungsalltag und passieren eigentlich jedem einmal. Möglich ist aber auch, dass man eine Art in einer Region nachgewiesen hat, in der sie bislang nicht bekannt war, oder aber die notgedrungen generalisierte Aussage im Abschnitt Verbreitung ist in diesem Punkt nicht genau genug. Erschwerend kommt leider hinzu, dass verantwortungsloser Weise Amphibien auch aus dem Auslandsurlaub mitgebracht oder im Handel erworben und dann im eigenen Gartenteich ausgesetzt werden. In seltenen Fällen kann es sich also um nicht-heimische Arten handeln, die sich auf kurz oder lang bei uns etablieren können. Im Zweifel wende man sich an eine Biologische Station, an ein Naturkundemuseum oder eine Universität. Eine wichtige Anlaufstelle ist die Geschäftsstelle der DGHT (Deutsche Gesellschaft für Herpetologie und Terrarienkunde, Adresse s. S. 243), die an einen Spezialisten weitervermitteln kann.

Vielfalt und System der Amphibien

Die Zahl der bekannten Amphibienarten steigt Jahr für Jahr. Vor allem aus den feuchten Tropen werden immer neue Arten beschrieben, aber selbst in Europa, einem an sich gut erforschten Kontinent, nimmt deren Zahl zu. Wurden hier 1960 noch 43 Amphibienarten unterschieden, so sind es heute rund 100! Mittlerweile liegt die Zahl der weltweit bekannten Amphibienarten bei mehr als 6.000, das sind weit mehr als an Säugetierarten bekannt ist (ca. 4.700), und jedes Jahr kommen etwa 70–100 neue hinzu. Das liegt überwiegend an echten Neuentdeckungen, zum anderen aber auch an neuen Auffassungen und neuen (molekulargenetischen) Methoden der Systematik, die dazu führen, dass altbekannte Arten in zwei oder mehrere neue aufgespalten werden. Ein Beispiel aus Europa sind die Kammmolche, die lange Zeit als eine Art, heute aber als acht Arten aufgefasst werden, von denen drei auch in Mitteleuropa vorkommen. Eine echte Neuentdeckung in Europa dagegen war Anfang der 1990er-Jahre die des Pyrenäenfrosches (*Rana pyrenaica*).

In Mitteleuropa nimmt sich die Artenzahl der Amphibien recht bescheiden aus. In den in diesem Buch berücksichtigten Ländern Deutschland, Österreich und der Schweiz kommen 24 Arten vor. Außerdem lebt ein sog. Hybride, der Teichfrosch, in unserem Gebiet. Auf den folgenden Seiten werden diese Formen vorgestellt. Die Artporträts enthalten damit auch alle in Skandinavien, den Beneluxländern und Ungarn vorkommenden Arten und mit Ausnahme des Karpatenmolches (*Lissotriton montandoni*) auch alle der in Polen und Tschechien lebenden Lurche.

Entsprechend der üblichen Schreibweise werden im gesamten Buch die wissenschaftlichen Namen der Gattungen und Arten in kursiv gedruckt.

Die heutigen Amphibien werden in drei Gruppen (sog. Ordnungen) unterteilt: Blindwühlen, Schwanzlurche und Froschlurche. Die Blindwühlen sind regenwurmartig aussehende, beinlose Lurche, die nur in den Tropen vorkommen und auf die hier deshalb nicht näher eingegangen wird. Von den beiden anderen Ordnungen dagegen haben wir Vertreter in der heimischen Fauna. In der Tabelle werden diese Arten aufgeführt und zugleich ihre Stellung im System der Amphibien verdeutlicht. Bei der Benennungen von wissenschaftlichen Namen gibt es durchaus unterschiedliche Auffassungen. In jüngster Zeit setzen sich so oft auch Art- oder Gattungsnamen durch, die im Internet schnelle Verbreitung finden (und nachfolgend auch in der Literatur), den Regeln der Nomenklatur aber nicht immer diszipliniert genug folgen. Ein solches Beispiel finden wir z. B. beim Bergmolch (*Mesotriton* statt *Ichthyosaura*). Das komplexe Thema der Klassifikation kann und soll aber hier nicht bewertet, diskutiert oder vertieft werden. Im Zweifel wurden deshalb bestimmte Namen in Klammern gesetzt.

Die in diesem Buch behandelten Amphibien und ihre Stellung im System der Amphibien

Systematische Kategorie	Deutscher Name	Wissenschaftlicher Name
Klasse	Lurche	Amphibia
Ordnung	Schwanzlurche	Urodela
Familie	Molche und Salamander	Salamandridae
Gattung	Salamander	*Salamandra*
Arten	Alpensalamander	*Salamandra atra*
	Feuersalamander	*Salamandra salamandra*
Gattung	Wassermolche (Bergmolch)	*Mesotriton* (*Ichthyosaura*)
Arten	Bergmolch	*Mesotriton alpestris* (*Ichthyosaura alpestris*)
Gattung	Wassermolche (Teichmolche)	*Lissotriton*
	Fadenmolch	*Lissotriton helveticus*
	Teichmolch	*Lissotriton vulgaris*
Gattung	Wassermolche (Kammmolche)	*Triturus*
Arten	Alpen-Kammmolch	*Triturus carnifex*
	Kammmolch	*Triturus cristatus*
	Donau-Kammmolch	*Triturus dobrogicus*
Ordnung	Froschlurche	*Anura*
Familie	Geburtshelferkröten	*Alytidae*
Gattung	Geburtshelferkröten	*Alytes*
Arten	Geburtshelferkröte	*Alytes obstetricans*
Familie	Unken	*Bombinatoridae*
Gattung	Unken	*Bombina*
Arten	Rotbauchunke	*Bombina bombina*
	Gelbbauchunke	*Bombina variegata*
Familie	Krötenfrösche	*Pelobatidae* (*Pelobatoidea*)
Gattung	Europäische Schaufelfußkröten	*Pelobates*
Arten	Knoblauchkröte	*Pelobates fuscus*

Systematische Kategorie	Deutscher Name	Wissenschaftlicher Name
Familie	Laubfrösche	*Hylidae*
Gattung	Echte Laubfrösche	*Hyla*
Arten	Europäischer Laubfrosch	*Hyla arborea*
	Norditalienischer Laubfrosch (Italienischer Laubfrosch)	*Hyla perrini (Hyla intermedia)*
Familie	Kröten	*Bufonidae*
Gattung	Echte Kröten	*Bufo*
Arten	Erdkröte	*Bufo bufo*
Gattung	Echte Kröten (Wechselkröten)	*Bufotes*
Arten	Wechselkröte	*Bufotes viridis*
Gattung	Echte Kröten (Kreuzkröte)	*Epidalea*
Arten	Kreuzkröte	*Epidalea calamita*
Familie	Echte Frösche	*Ranidae*
Gattung	Pelophylax (Grünfrösche / Wasserfrösche)	*Pelophylax*
Arten	Teichfrosch	*Pelophylax esculentus (Pelophylax kl. esculentus)*
	Kleiner Wasserfrosch	*Pelophylax lessonae*
	Seefrosch	*Pelophylax ridibundus*
Gattung	(Braunfrösche)	*Rana*
Arten	Moorfrosch	*Rana arvalis*
	Springfrosch	*Rana dalmatina*
	Italienischer Springfrosch	*Rana latastei*
	Grasfrosch	*Rana temporaria*

Aus der nachfolgenden Tabelle ist ersichtlich, welche Arten der in diesem Buch berücksichtigten drei Ländern (Deutschland, Österreich, Schweiz) jeweils vorkommen = X. (X) = Ausgesetzt.

Art	Deutschland	Österreich	Schweiz
Alpensalamander *Salamandra atra*	X	X	X
Feuersalamander *Salamandra salamandra*	X	X	X
Teichmolch *Lissotriton vulgaris*	X	X	X
Fadenmolch *Lissotriton helveticus*	X		X
Bergmolch *Mesotriton alpestris*	X	X	X
Kammmolch *Triturus cristatus*	X	X	X
Alpen-Kammmolch *Triturus carnifex*	*	X	X
Donau-Kammmolch *Triturus dobrogicus*		X	
Geburtshelferkröte *Alytes obstetricans*	X		X
Rotbauchunke *Bombina bombina*	X	X	
Gelbbauchunke *Bombina variegata*	X	X	X
Knoblauchkröte *Pelobates fuscus*	X	X	**
Erdkröte *Bufo bufo*	X	X	X
Kreuzkröte *Epidalea calamita*	X	X	X
Wechselkröte *Bufotes viridis*	X	X	
Laubfrosch *Hyla arborea*	X	X	X
Norditalienischer Laubfrosch *Hyla perrini*			X

Art	Deutschland	Österreich	Schweiz
Moorfrosch *Rana arvalis*	X	X	
Grasfrosch *Rana temporaria*	X	X	X
Springfrosch *Rana dalmatina*	X	X	X
Italienischer Springfrosch *Rana latastei*			X
Kleiner Wasserfrosch *Pelophylax lessonae*	X	X	X
Teichfrosch *Pelophylax esculentus*	X	X	X
Seefrosch *Pelophylax ridibundus*	X	X	(X)
Summe	20	20	18 (19)

* *Das Vorkommen von Triturus carnifex in Deutschland ist nicht ausreichend dokumentiert, nachgewiesen wurden aber Hybride zwischen Kammmolch und Alpenkammmolch im Raum Berchtesgaden.*

** *vermutlich ausgestorben*

Vereinfachte Bestimmungsschlüssel

Vorbemerkung

Die nachfolgend gebrachten Bestimmungsschlüssel I bis V wurden von Barbara und Dieter Glandt gemeinsam entwickelt. Man muss (von ganz wenigen Ausnahmen abgesehen) beim Vergleichen mit dem zu bestimmenden Tier stets mithilfe charakteristischer Merkmale die Entscheidung „Ja" oder „Nein" fällen. Durch den jeweiligen Seitenhinweis am Ende einer Entscheidungskette wird man zur ausführlichen Beschreibung der Merkmale einer Art hingeführt. Nicht enthalten in den Schlüsseln ist der eingeschleppte Nordamerikanische Ochsenfrosch.

Bestimmungsschlüssel I: Umgewandelte Tiere der Schwanzlurche

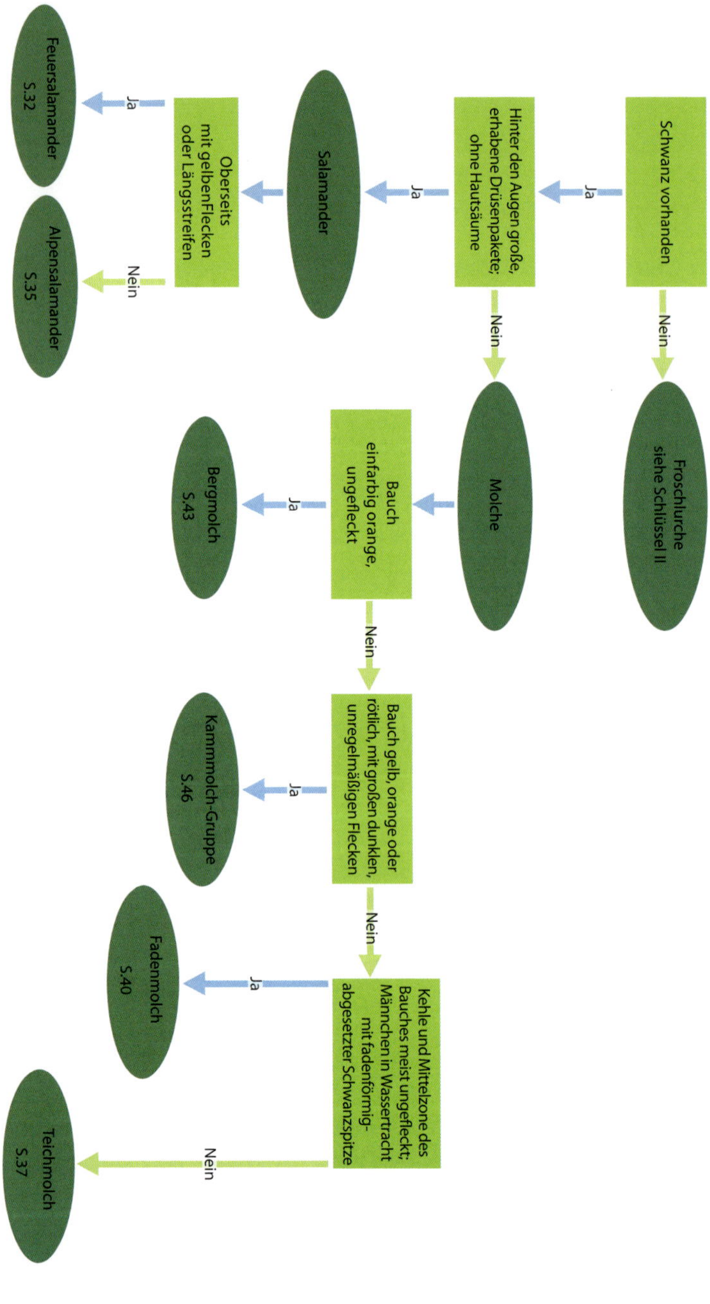

Bestimmungsschlüssel II: Umgewandelte Tiere der Froschlurche

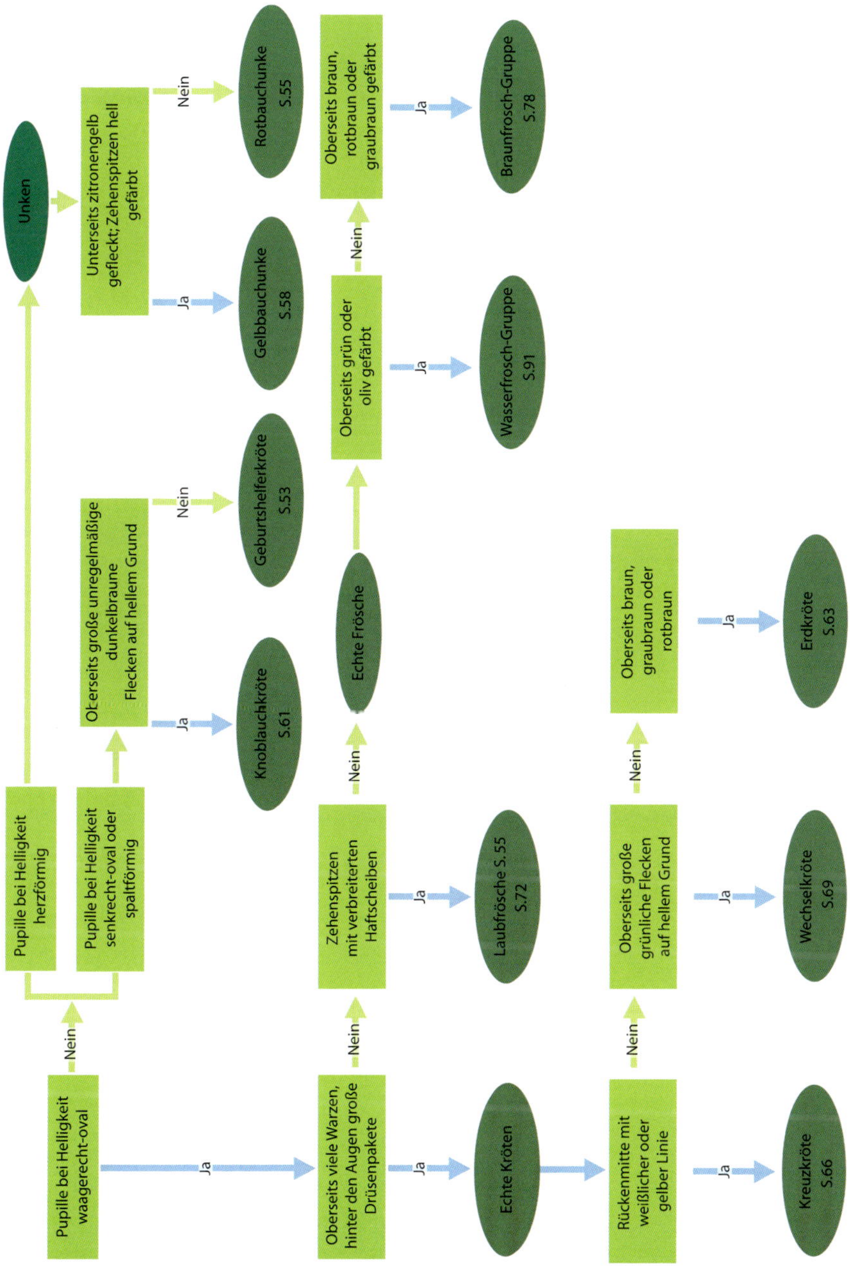

Bestimmungsschlüssel III: Ältere Larven der Schwanzlurche

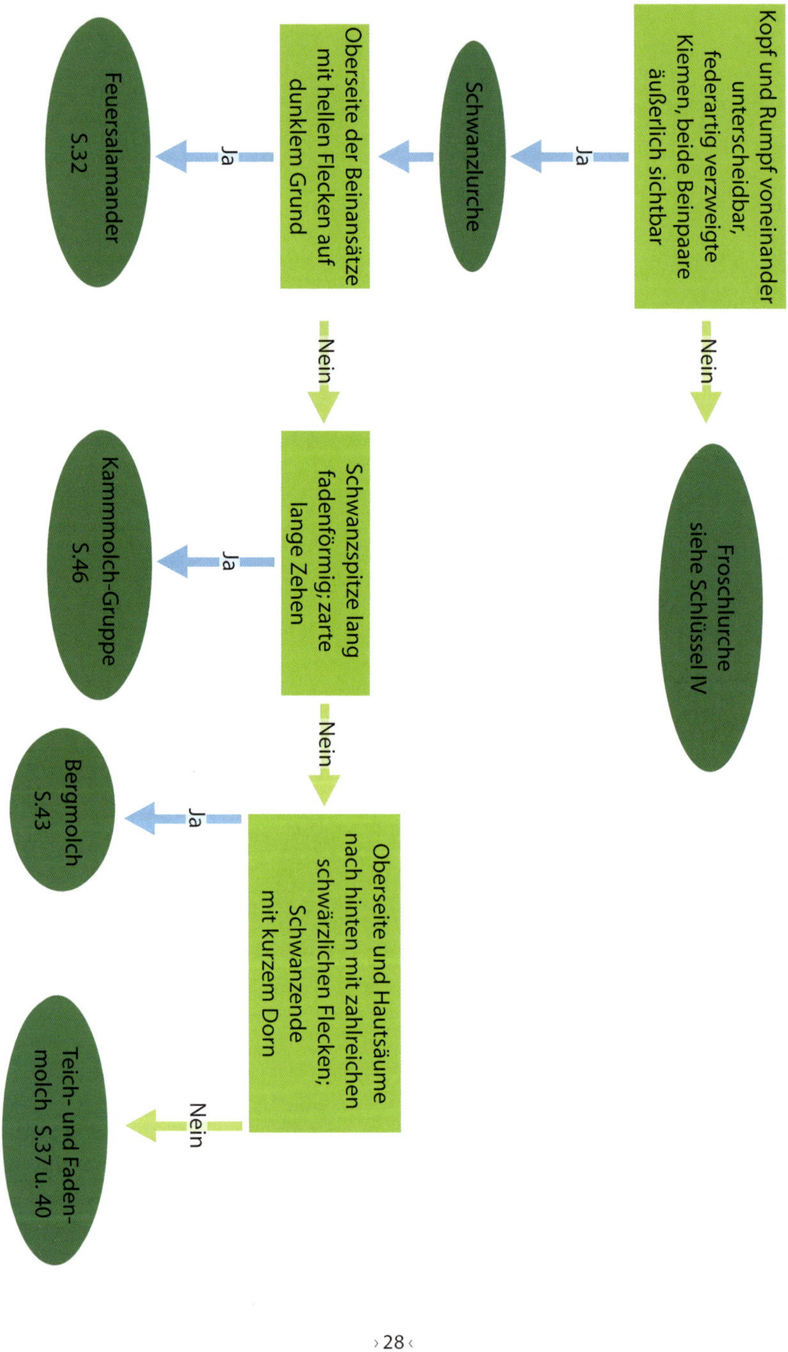

Bestimmungsschlüssel IV: Ältere Larven der Froschlurche

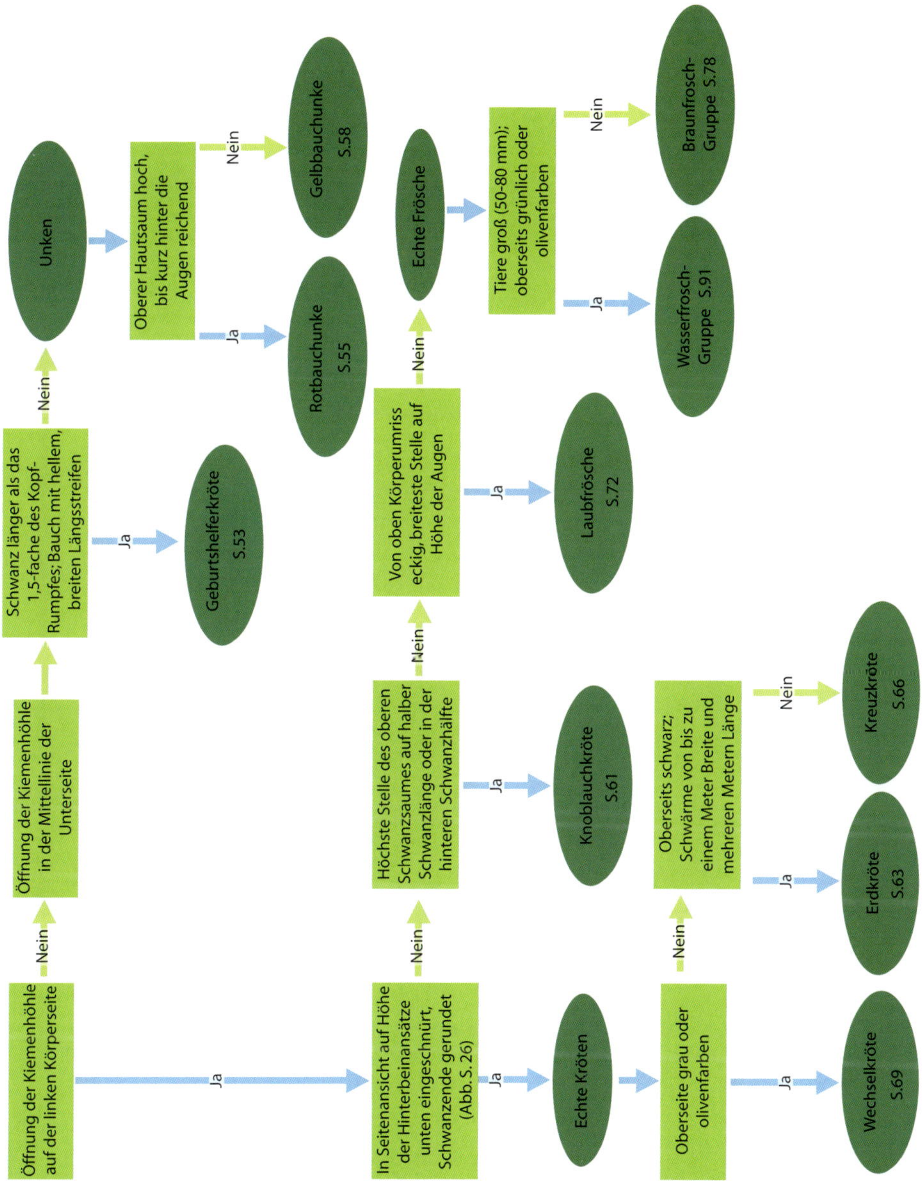

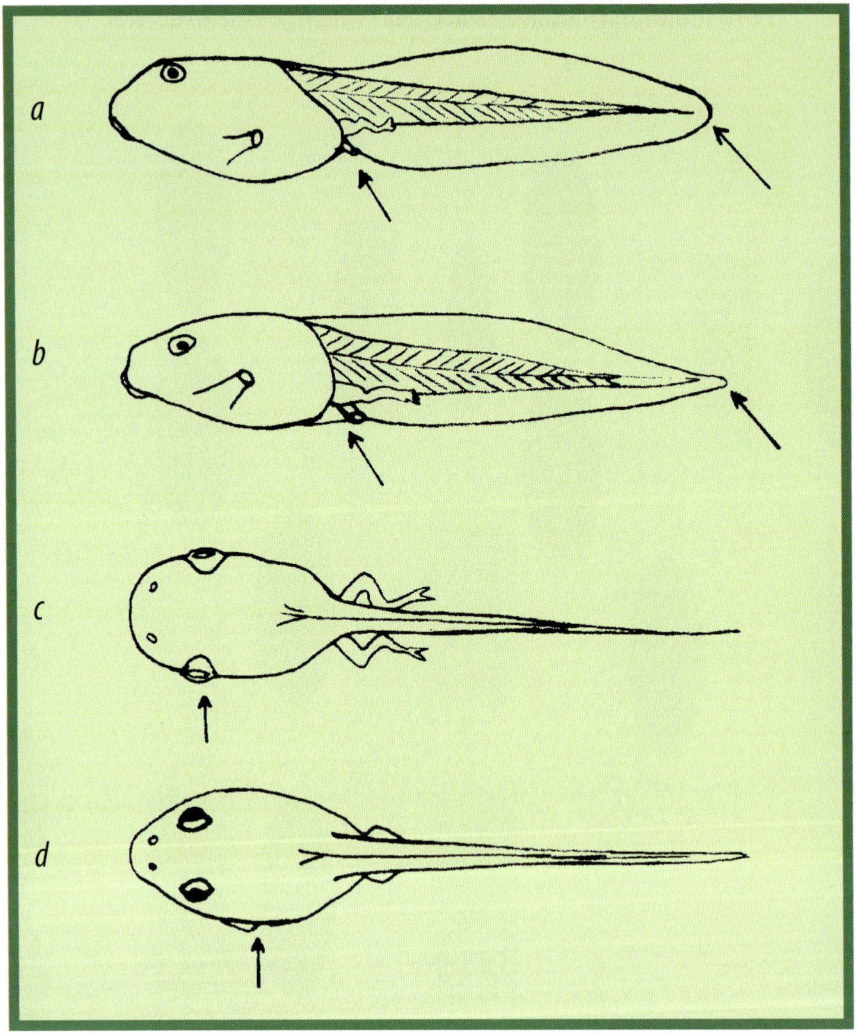

a. Ältere Larve einer Echten Kröte (hier Erdkröte) in Seitenansicht mit Einschnürung im Bereich der Hinterbeinansätze (Pfeil) und gerundetem Schwanzende (Pfeil).

b. Ältere Larve eines Echten Frosches (hier Moorfrosch) in Seitenansicht ohne auffällige Einschnürung im Bereich der Hinterbeinansätze (Pfeil) und mit spitzer auslaufendem Schwanzende (Pfeil).

c. Ältere Larve eines Laubfrosches von oben mit der breitesten Stelle auf Höhe der seitlich stehenden Augen (Pfeil).

d. Ältere Larve eines Echten Frosches (hier Moorfrosch) von oben mit der breitesten Stelle (Pfeil) hinter den auf der Oberseite stehenden Augen.

Vereinfacht nach Grillitsch. Zur besseren Vergleichbarkeit wurden alle Larven auf gleiche Länge gebracht.

Bestimmungsschlüssel V: Laich der Schwanz- und Froschlurche

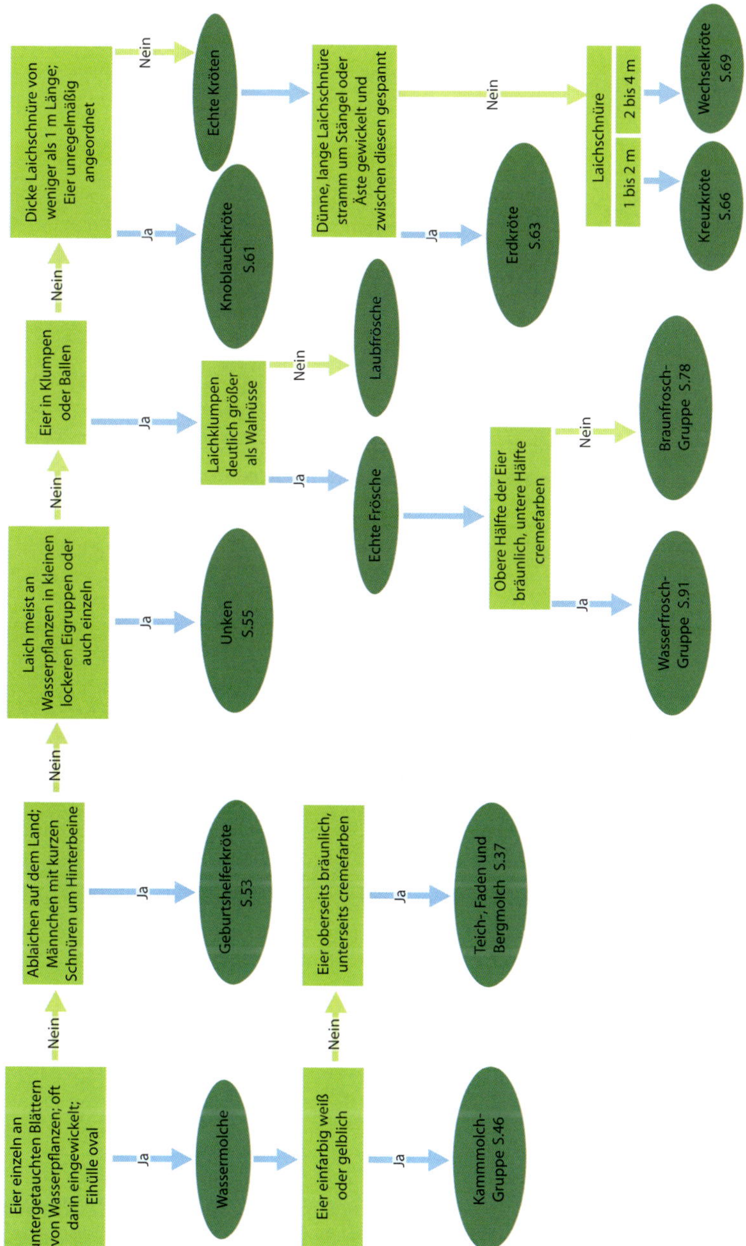

Feuersalamander

(*Salamandra salamandra*)

Verbreitung

In allen drei Ländern, aber in den höheren Alpenlagen fehlend, im Norddeutschen Tiefland zerstreut.

Lebensraum

Feuchte Laubmischwälder, besonders Buchenwälder.

Laichgewässer und Nachkommen

Kleine fischfreie Quellbäche, Quelltümpel und wassergefüllte Wagenspuren auf Forstwegen. Die ca. 2-6 cm langen Larven (kenntlich an den hellen Flecken auf den dunklen Beinansätzen) können ganzjährig in den Gewässern beobachtet werden. Meist werden 20-30 (in Einzelfällen bis 70 Larven und mehr) von einem Weibchen abgesetzt.

Nahrung

Regenwürmer, Schnecken, Spinnentiere und Insekten entsprechender Größe. Die Larven fressen kleinere Krebstiere (Bachflohkrebse, Ruderfußkrebse und Wasserflöhe), aber mehr oder weniger wahllos alle Wirbellosen (und Larven), die mundgerecht erscheinen. Bei Nahrungsmangel kann selbst Kannibalismus unter ihnen beobachtet werden.

J	F	M	A	M	J	J	A	S	O	N	D

Die Larven sind oberseits sehr dunkel mit hellen Flecken auf den Beinwurzeln.

Kennzeichen

Unverkennbar: Auf glänzend-schwarzem Untergrund finden sich gelbe Flecken, Bänder oder Streifen. **Männchen** mit deutlich vorgewölbter Kloakenregion, die bei den **Weibchen** und **Jungtieren** flach ist. Länge 14–18 cm, selten 20 cm und mehr.

Feuersalamander können sehr unterschiedlich gefleckt oder gestreift sein. Das Bild oben zeigt ein Tier aus dem Raum Passau in Bayern; unten ein Tier aus dem Bergischen Land in NRW.

Ein gestreifter Feuersalamander. Die Streifenzeichnung führte zur Beschreibung der Unterart Salamandra s. terrestris, die in Nordwesteuropa (Nord- und Westdeutschland, Schweiz) verbreitet ist.

In früheren Jahrhunderten warf man die Feuersalamander ins Feuer (Name!), weil man irrigerweise annahm, sie könnten es löschen. Durch eine bekannte Schuhmarke wurde das Tier später unter dem Namen „Lurchi" zum sympathischen Comic-Helden, der alles zum guten Ende führt.
In geeigneten Lebensräumen ist der Feuersalamander bislang noch eine häufige Amphibienart. Dennoch findet man ihn tagsüber nur selten, wohl aber häufiger bei Regen-

wetter, bei dem er dann an der Oberfläche Regenwürmern und Nacktschnecken leichter nachstellen kann. Am Tage findet man Salamander am besten durch Umdrehen von Totholz (dickere, nicht zu junge Baumstammstücke u. Ä.). Nachts laufen sie auf dem Waldboden umher und suchen nach Nahrung. Dabei können sie in einer einzigen Nacht mehr als 300 m zurücklegen, kehren aber gegen Morgen meist zu ihrem einmal gewählten Tagesversteck zurück. Trotz der nächtlichen Lebensweise orientieren sie sich bei ihren Wanderungen mit den Augen. Die Beutetiere werden dagegen vor allem geruchlich wahrgenommen. Erwachsene Salamander werden gelegentlich von Igel, Wildschwein, Dachs und Ringelnatter gefressen, Larven dagegen häufig von Fischen, Molchen und verschiedenen Insekten erbeutet. Eine große Gefahr besteht für diese vor allem durch sich ausbreitende Neozoen wie amerikanischen Flusskrebsen, also unnatürlichen Fressfeinden, die lokal zu enormen Bestandseinbußen führen können.

Paarungen finden meist zwischen März und September statt. Den Winter verbringen Feuersalamander in kältegeschützten Höhlungen. Berühmt sind alte verlassene Bergwerksstollen, in denen sie nicht selten mit Fledermäusen zusammen überwintern.

Feuersalamander können sehr alt werden. Im Freiland ist ein Höchstalter von über 20 Jahren belegt, für Terrarientiere von über 50 Jahren.

Das Bild zeigt ein „leuzistisches/amelanistisches" Exemplar, dem die schwarzen Farbpigmente fehlen, aber keine roten Augen (wie reine Albinos) zeigt.

Hier ein Exemplar mit roten Augen, aber ebenfalls mit fleischfarbener Grundfärbung, die normalerweise schwarz wäre.

Seltener kommen auch orange bis rot gefärbte Exemplare vor.

Beobachtungstipps

- Ab Mai: Tagesverstecke unter Totholz (dickere Baumstamm-Stücke umdrehen)
- In feuchten Nächten und besonders bei Regenwetter die Waldwege mit der Taschenlampe nach herumlaufenden Salamandern absuchen. Auf diesen sind sie eher zu finden als abseits der Wege. Zudem werden sie so nicht versehentlich zertreten, wenn sie unbemerkt unter dem Laub sitzen.
- Larven sollte man in ruhigen Buchten kleiner Quellbäche suchen.

Besonderheiten

Die Paarung der Feuersalamander findet ausschließlich an Land statt. Die Weibchen legen keine Eier, sondern setzen weit entwickelte Larven in flache Gewässerpartien ab, meist im Frühjahr (April/Mai), manchmal auch im Herbst (Oktober) und bei entsprechender Witterung (ab 4-6 °C) sogar ganzjährig.

Das gelbe Muster (Flecken, Streifen oder Bänder) auf schwarzem Untergrund ist individuell verschieden, bei jedem Tier also einzigartig - vergleichbar mit dem Fingerabdruck bei Menschen. Nur bei Jungtieren ist diese später konstant bleibende Zeichnung noch nicht vollständig ausgebildet und somit zunächst noch Änderungen unterworfen. Jedes halbwüchsige und ausgewachsene Exemplar kann aber mithilfe von Fotos dokumentiert und selbst Jahre später wiedererkannt werden, was eine zuverlässige Bestandsaufnahme im Freiland oder bei Langzeitstudien auch Rückschlüsse auf das Alter eines Exemplares ermöglicht.

Klassische Lebensräume sind Laubwälder mit kleinen bis mittelgroßen Bächen. In solchen Bereichen findet man die Larven der Feuersalamander.

Alpensalamander

(*Salamandra atra*)

Kennzeichen

Schlanker, bis 15 cm lang werdender, lack- oder braunschwarz gefärbter Landsalamander. Große Ohrdrüsen. Beiderseits der Rückenmitte und entlang der Körperseiten Reihen von halbkugelförmigen, mit kleinen Drüsenöffnungen versehenen Wärzchen.
Geschlechter äußerlich nur schwer unterscheidbar, Männchen mit etwas stärker gewölbter Kloake und etwas kleiner als Weibchen.

Der Alpensalamander ist die einzige einheimische Amphibienart, die völlig unabhängig von Gewässern ist.

Der Alpensalamander ist eine reine Gebirgsart, die selbst ein Leben unter extremen Umweltbedingungen meistert. Im Norden des Verbreitungsgebietes (Allgäu) ist er ab etwas über 700 m über Meereshöhe anzutreffen. In Oberösterreich lokal ab ca. 450 m, in Kärnten aber auch bis weit oberhalb der Baumgrenze bis knapp 2.800 m und in den Schweizer Alpen bis immerhin 2.400 m. Je nach Höhenlage beträgt die jährliche Spanne der oberirdischen Aktivität gerade einmal fünf Monate. Bis zu sieben Monate können die Tiere wegen der Schneedecke nicht an die Oberfläche kommen. Aber auch in den Sommermonaten sind die Tiere wegen ihres hohen Feuchtigkeitsbedarfs oft nur wenige Stunden aktiv, vorwiegend nachts, aber auch am Tage. Den größten Teil des Tages halten sie sich verborgen, leben vermutlich oft unterirdisch. Auch unter Lesesteinhaufen und ähnlichen Strukturen auf den Alpweiden kann man tagsüber manchmal gehäuft Alpensalamander finden. Bei Gewitterregen verlassen sie ihren Unterschlupf mitunter in großer Zahl.

Verbreitung

In allen drei Staaten, jedoch nur in den Alpen und in Deutschland, außerdem im Allgäu (Baden-Württemberg).

Lebensraum

Reine Gebirgsart von 420–2450 (meist 600–2000) m über NN vorkommend. In den unteren Lagen in lichten Buchen- und Mischwäldern, oberhalb der Waldgrenze in Zwergstrauchheiden und auf Alpweiden.
Die Art ist aufgrund ihrer Fortpflanzung (Gebären voll entwickelter Jungtiere) völlig unabhängig von Gewässern, jedoch auf hohe Luftfeuchtigkeit angewiesen.

Nahrung

Gefressen werden Wirbellose aller Art (Insekten, Spinnentiere, Asseln, Schnecken, Würmer etc.)

J F M A M J J A S O N D

Halbwüchsiger Alpensalamander aus den Bayrischen Alpen.

Im Allgäu bewohnt der Alpensalamander lichte Laubwälder, oft in der Umgebung von Bächen oder Quellen (erhöhte Luftfeuchtigkeit).

Beobachtungstipps

- Juni–August: Frühmorgens absuchen von Alpweiden oberhalb der Waldgrenze im Umfeld von Steinhaufen und Schuttkegeln
- Tagsüber kontrollieren von Versteckplätzen, vor allem umdrehen hohl liegender Steinplatten und morscher Holzstücke (bitte anschließend wieder genauso zurücklegen!)

Lebensraum des Alpensalamanders in den Karnischen Alpen (Österreich) auf etwa 1650 m.

Faszinierend ist die Fortpflanzung der Art, die als Anpassung an Hochgebirge mit ihren zu kalten oder auch fehlenden Gewässern gedeutet wird. Die Weibchen gebären zwei voll entwickelte, lungenatmende Jungsalamander. Aus den Eiern entwickeln sich zwar auch Larven, diese werden aber im hintersten Abschnitt der paarigen Eileiter zurückgehalten und machen hier ihre gesamte Umwandlung durch. Beim Schlupf haben die kleinen Salamander eine Gesamtlänge von 4–5 cm. Dabei ist die Entwicklungsdauer höhenabhängig, unterhalb 1.000 m über NN dauert sie zwei Jahre, zwischen 1.400 und 1.700 m 3 Jahre, und in noch höheren Lagen wahrscheinlich 4 Jahre. Alpensalamander werden im Alter von 2–4 Jahren geschlechtsreif und erreichen im Freiland ein Alter von zumindest 15, sehr wahrscheinlich sogar 20 Jahren und mehr. Sie haben nur wenige Feinde. In einzelnen Fällen wurden Rabenvögel (Elster, Kolkrabe, Alpendohle) beim Anpicken und Ausweiden der Salamander beobachtet, auch Kreuzotter, Ringelnatter, Blindschleiche und Igel werden als Fressfeinde angegeben.

Besonderheiten

Während der langen Entwicklungszeit ernähren sich die in den Eileitern (Ovidukten) der Salamandermütter heranwachsenden Jungen zunächst von der Dottermasse des eigenen Eies und danach vom Dotterbrei der nicht befruchteten Eizellen. Wenn dieses Material jedoch aufgebraucht ist, wird es spannend: Dann nämlich produzieren die Weibchen am vorderen Ende der Eileiter (in einer sog. Nährzone) Zellmaterial, das die Jungen regelrecht abweiden. Die Entdeckung dieser außergewöhnlichen Ernährung war seinerzeit in Fachkreisen eine kleine Sensation.

Alpensalamander sind normalerweise völlig schwarz, aber an zwei Stellen in den Alpen Oberitaliens kommen Tiere vor, die unterschiedlich stark gelb gefleckt sind. Diese Vorkommen sind zu eigenen Unterarten ernannt worden: *Salamandra atra aurorae* und *Salamandra atra pasubiensis.*

Teichmolch

(*Lissotriton vulgaris*)

Kennzeichen

Männchen: Maximal 11 cm lang werdend. Oberseits auf mittelbraunem Grund schwarze rundliche Flecken. Letztere auch auf dem Bauch, der in der mittleren Zone eine orangefarbene Grundfarbe aufweist. Schwanz allmählich auslaufend. Jederseits zwei dunkle Längsstreifen an den Kopfseiten und ein 5. Streifen auf der Kopfoberseite (deshalb manchmal auch „Streifenmolch" genannt). In der Paarungszeit (Frühjahr) mit hohem, leicht gewelltem Hautsaum auf Rücken und Schwanzoberseite, bläulichem und orangefarbenem Längsstreifen auf dem unteren Schwanzsaum sowie breiten, dunklen Hautsäumen an den Zehen („Hochzeitskleid"). Kloakenregion bohnenförmig gewölbt und dunkel gefärbt. Kehle meist mit größeren dunkelbraunen, unregelmäßigen Flecken auf hellem Grund.

Weibchen: Meist etwas kleiner als Männchen, maximal ca. 10 cm. Oberseits hell, gelblich-bräunlich, meist mit kleinen, verwaschenen gräulichen Punkten. Kopfstreifen undeutlicher als beim Männchen. Kloakenregion stempelförmig und hell gefärbt. An der Grenze des Rückens zu den Flanken je ein schmaler dunkelbrauner Längsstreifen, vom Nacken bis über den Schwanz verlaufend. Kehle und Bauch gewöhnlich mit dunkelbraunen Flecken, die jedoch deutlich kleiner als bei Männchen und bisweilen fast bis zur Unkenntlichkeit reduziert sind.

Jungtiere: Ähnlich den Weibchen, aber blasser gefärbt, gelblich-bräunlich, mit dunkelbraunen Längsstreifen an der Grenze von Rücken und Flanken, nicht oder nur spärlich dunkel gefleckt.

Verbreitung

In Deutschland fast flächendeckend. In Österreich verbreitet mit Ausnahme der höheren Alpenlagen, in der Schweiz nur Alpennordseite und dort in tieferen Lagen.

Lebensraum

Große Bandbreite unterschiedlichster Lebensräume, besonders in offeneren Landschaften der Tiefländer und unteren Mittelgebirgslagen. In Ortschaften bisweilen die häufigste Molchart, wo Gärten, Parks, Friedhöfe u. a. besiedelt werden.

Nahrung

Larven und im Wasser lebende umgewandelte Molche fressen bevorzugt Kleinkrebse, letztere aber auch verschiedene Insektenlarven und Würmer. Landlebende Molche erbeuten Insekten, kleine Schnecken und Regenwürmer.

Pärchen des Teichmolches im Laichgewässer. Nur zur Paarungszeit tragen die Männchen den prachtvollen Rückenkamm.

J F M A M J J A S O N D

Weibchen (links) und Männchen (rechts) sind spätestens an der Unterseite deutlich voneinander zu unterscheiden, was nebenbei auch in der Landtracht gilt.

Nachdem sie die kalte Jahreszeit in frostsicheren Erdhöhlen u. a. verbracht haben, wandern in milden Jahren Teichmolche schon ab Februar, spätestens aber ab März in ihre Laichgewässer ein. Dort bilden die Männchen bald ihr prächtiges „Hochzeitskleid" aus und balzen unermüdlich die Weibchen an. Letztere wickeln mit den Hinterbeinen Blätter oder Halme von Wasserpflanzen um jedes einzeln abgesetzte Ei, das mit der „klebrigen" Eihülle gut versteckt haften bleibt. Nach der Fortpflanzung verlassen die Erwachsenen das Gewässer mal früher oder später und leben für den Rest des Jahres an Land. In manchen Populationen kehrt ein geringer Anteil im Herbst zum Gewässer zurück, um dort zu überwintern. Während die Tiere im Wasser tagsüber und nachts aktiv sind, verbergen sie sich an Land unter Totholz, Moos, Laub, Steinen und Brettern und vielem anderen, um nur in feuchten Nächten auf Nahrungssuche zu gehen.

Sowohl Larven als auch umgewandelte Tiere werden von Wassernattern (Ringelnattern) und vielen Vogelarten gefressen. Auch verschiedene Säuger wie Igel, Wiesel, Wanderratten, Iltisse und Spitzmäuse sind hier zu nennen. In der Wasserlebensphase stellen ihnen u. a. Fische und räuberische Wirbellose nach (z. B. Gelbrandkäfer, Libellenlarven).

Weiblicher Teichmolch aus dem Bergischen Land (Deutschland).

Besonderheiten

Teichmolche haben manchmal zwei Fortpflanzungsperioden, zu der üblichen frühen kann (in tiefen Gewässern) eine zweite (späte) Laichzeit kommen. Die hieraus stammenden Larven schaffen oft die Umwandlung zum Jungmolch nicht vor Wintereinbruch, verbleiben im Gewässer und können im darauf folgenden Jahr eine beträchtliche Größe erreichen. In Ausnahmefällen kann es zu weiteren Gewässerüberwinterungen kommen, bis die Körperlänge der Erwachsenen erreicht wird. Solche Tiere sind kräftig gefärbt und können sich fortpflanzen, haben aber ihre Kiemen aus der Larvenzeit behalten.

Wenn sich die Tiere einer Art innerhalb verschiedener geografischer Regionen deutlich voneinander unterscheiden, können sie als verschiedene Unterarten aufgefasst und mit einem dreiteiligen wissenschaftlichen Namen belegt werden. Dies ist innerhalb der drei behandelten Länder z. B. auch beim Teichmolch der Fall.

In der Südschweiz (Kanton Tessin) leben Teichmolche, die sich von denen in der übrigen Schweiz, in Österreich und Deutschland deutlich unterscheiden. Bei dieser Unterart (*Lissotriton vulgaris meridionalis*) haben die Männchen im Hochzeitskleid nur einen niedrigen Hautsaum auf dem Rücken, der sich beginnend am Hinterkopf nach hinten allmählich erhöht, dabei aber nicht grob gewellt, sondern glattrandig (höchstens leicht gewellt) ist und ohne Unterbrechung in den ebenfalls glattrandigen oberen Schwanzsaum übergeht. Außerdem sind bei den Männchen zur Paarungszeit zwischen Rücken und Flanken Längswülste vorhanden. Diese, der glattrandige Rückenhautsaum und auch der fadenförmige Fortsatz am Schwanzende erinnern sehr an die als Nächstes zu behandelnde Art, den Fadenmolch. Im Gegensatz zu diesem weist aber das Männchen des Südlichen Teichmolchs kein scharf abgeschnittenes Schwanzende auf, an dessen Ende in Wassertracht der „Faden" erkennbar ist. Vielmehr läuft der Schwanz wie beim typischen Teichmolch allmählich fadenförmig aus. Südliche Teichmolche bleiben mit maximal 8-9 cm kleiner als die typischen Teichmolche.

Laichgewässer und Eier

Stehende und langsam fließende, vor allem kleinere, sonnenxeponierte und vegetationsreiche Gewässer: Tümpel, Teiche, Weiher, Seeuferbereiche. Auch in mäßig sauren Hochmoorgewässern und im Brackwasser an den Küsten.
Die Weibchen legen meist 100–300 oberseits bräunliche, unterseits helle Eier einzeln an untergetauchten Blättchen von Wasser- und Sumpfpflanzen ab.

Beobachtungstipps

- März/April: Beobachtung des Balzverhaltens in flacher Uferzone mit klarem Wasser von Tümpeln und kleinen Weihern oder im eigenen Gartenteich
- Balz- und Eiablageverhalten können am besten in einem mit Wasserpflanzen versehenen Tümpelaquarium beobachtet werden (behördliche Ausnahmegenehmigung für die Tierentnahme erforderlich!)
- Juni/Juli: unter Steinen, Brettern usw. Im Umfeld der Laichgewässer können Alt- und Jungtiere in Landtracht aufgefunden werden, erwachsene Männchen dann ohne Hautsäume.

Die Männchen der Unterart (L. v. meridionalis) tragen in Wassertracht glattrandige Hautsäume und einen fadenförmigen Fortsatz am Schwanzende.

Fadenmolch

(*Lissotriton helveticus*)

Verbreitung

In Deutschland nur im westlichen Teil. Fehlt in Österreich. In der Schweiz nur auf der Alpennordseite.

Lebensraum

Laub- und Mischwälder Mittel- und Westeuropas. Regional, z. B. im Tiefland Nordwestdeutschlands und den östlichen Niederlanden auch in offenen, baumarmen Heidelandschaften.

Laichgewässer und Eier

Stehende und langsam fließende, im Wald oder in Waldnähe liegende Gewässer unterschiedlichster Größe: von wassergefüllten Wagenspuren über Suhlen, Quelltöpfen und quellnahen Bachläufen, kleineren und größeren Weihern sowie Teichen bis zu Seeuferbereichen und Talsperren.

Die Weibchen legen etwa 300–450 Eier in einer Saison einzeln an Wasserpflanzen ab.

Kennzeichen

Männchen: Bis ca. 8,5 cm lang werdend. Oberseits grünlich-braun oder oliv mit verwaschenen dunklen Flecken. An den Kopfseiten und durch das Auge ziehend verläuft jederseits ein breiter dunkler Streifen. Kehle fleischfarben und meist fleckenlos. Bauch meistens ohne Flecken, regional jedoch mit kleinen oder größeren grau- oder dunkelbraunen Flecken. Während der Paarungszeit im Frühjahr (Wassertracht) mit niedrigem, gerade abschließendem (ungewelltem) Hautsaum auf dem Rücken, der auf der Schwanzoberseite an Höhe gewinnt. Oberer und unterer Schwanzsaum abgestutzt und mit einem zumeist 2-5 mm (ausnahmsweise bis 9 mm) langen dunklen Faden auslaufend (Name Fadenmolch!). Am Übergang des Rückens zu den Flanken jeweils eine längs verlaufende, leistenartig vorspringende Hautfalte (deshalb manchmal auch „Leistenmolch" genannt). Unterer Schwanzsaum mit bläulichem Längsband. Zehen der Füße mit dunklen Schwimmsäumen. Kloake bohnenförmig gewölbt.
Weibchen: Bis 9,5 cm lang werdend. Kein Hautsaum auf dem Rücken und Schwanzsäume deutlich niedriger als beim Männchen. Am Ende allmählich auslaufend, kein abgesetzter Schwanzfaden und keine dunklen Schwimmhäute. Kloake stempelförmig. An der Grenze des Rückens zu den Flanken je ein bräunlicher Längsstreifen. Ähnelt stark dem Teichmolchweibchen und ist manchmal nur schwer hiervon zu unterscheiden. Kehle aber meistens ungefleckt (Teichmolch gewöhnlich gefleckt!).

Pärchen des Fadenmolches in Wassertracht: Weibchen links, Männchen rechts.

Jungtiere: Die Jungtiere ähneln den Weibchen, sind aber noch uniformer, gelblich-hellbraun gefärbt.
In Landtracht (Sommermonate) zeigen Weibchen und jüngere Tiere zuweilen eine gelbliche oder orangefarbene Mittellinie auf dem Rücken, vor allem im vorderen Körperbereich.

Fadenmolche wandern ab Februar in ihre Laichgewässer ein. Nach der Paarung und Fortpflanzung verlassen sie diese im Juni/Juli wieder. Die Sommerlebensräume und Winterquartiere liegen in Wäldern der engeren Gewässerumgebung. Kühle, feuchte Verhältnisse sagen der Art am meisten zu. Die offene Agrarlandschaft, in der die anderen heimischen Molche durchaus auch zu finden sind, wird vom Fadenmolch weitgehend gemieden. In den baumarmen Heidegebieten Norddeutschlands und der Niederlande sind immerhin reichlich Zwergsträucher (Heidekraut, in feuchten Senken Glockenheide) und z. T. Pfeifengrasbestände als Versteckplätze vorhanden. Dennoch sind diese Landlebensräume bemerkenswert und bislang noch zu wenig untersucht.
Unter den Feinden des Fadenmolches sind vor allem zu nennen: Wasservögel, Schlangen (Ringelnattern), Fische (vor allem Forellen), Igel, Hermelin, Wiesel, Ratten, Spitzmäuse. Jungtiere werden u. a. von Spitzmäusen und Laufkäfern erbeutet.

Nahrung

Die Larven erbeuten vor allem Kleinkrebse, kleine Wasserinsekten und deren Larven.
Die Erwachsenen leben von einer großen Zahl an Tiergruppen, u. a. Kleinkrebse, Würmer, Insekten und deren Larven (unter Wasser z. B. Mückenlarven). Auch werden kleinere Kaulquappen sowie Eier und Larven von Molchen (auch der eigenen Art) verzehrt.

J	F	M	A	M	J	J	A	S	O	N	D

Das Schwanzende männlicher Fadenmolche in Wassertracht endet „abgestutzt", bevor sich der Schwanzfaden anschließt (vgl. Teichmolch (L. v. meridionalis)).

Links sieht man die Hinterbeine eines Weibchens während der Eiablage, bei der jedes einzelne Ei mit Pflanzenmaterial „umwickelt" wird. Rechts sind die eines Männchens in Wassertracht mit den deutlich erkennbaren und dunklen Hautsäumen an den Zehen abgebildet.

Beobachtungstipps

- März–Mai: Beobachtung von Balz und Eiablage in kleinen, flachen Gewässern mit klarem Wasser oder ggfs. im Aquarium (die Männchen wedeln bei der Balz intensiver, d. h. häufiger und länger als die des Teichmolches)
- Sommer: Totholz und andere Versteckplätze auf dem Waldboden in Gewässernähe umdrehen, um Tiere in Landtracht zu finden (die umgedrehten Materialien wieder in Ausgangslage zurücklegen, um die Bedingungen der von ihnen gewählten Verstecke zu erhalten).

Besonderheiten

Hin und wieder werden geschlechtsreife Fadenmolche mit großen Kiemen gefunden (vgl. Teichmolch). Zwischen Faden- und Teichmolch kommt es, wenn auch selten, zur Bastardierung.

In manchen Populationen überwintert zumindest ein Teil der Tiere im Wasser.

Männchen in Wassertracht mit gut erkennbarem, langen Schwanzfaden.

Bauch und Kehle der Fadenmolche (hier ein Männchen) sind gewöhnlich ungefleckt. Ausnahmen sind jedoch nicht selten.

Fadenmolche sind in Landtracht nur mit viel Übung von den Teichmolchen zu unterscheiden, besonders die Weibchen. Maßgeblich sind hier die in aller Regel ungefleckten Kehlen und Bauchseiten der Fadenmolche.

Bergmolch

(Mesotriton alpstris)

Alpenmolch

Kennzeichen

Mittelgroßer Molch mit stark ins Blaue gehender Oberseite. In Landtracht tief dunkelblau bis schwärzlich, dabei trockene, samtartige, nicht glänzende Haut. Unterseite leuchtend orangerot (Alpensalamander mit glänzender Haut und unterseits schwarz!). Bauch ungefleckt, Kehle einfarbig oder gelegentlich spärlich gefleckt.

Männchen bis 9 cm, an den Kopfseiten und Flanken auf weißlichem Untergrund unregelmäßige schwarze Flecken, darunter himmelblaues Längsband. In der Paarungszeit mit niedrigem Hautsaum auf dem Rücken, der abwechselnd gelb und schwarz gefleckt ist. Kloakenregion bohnenförmig, z. T. dunkel gefleckt.

Weibchen bis 12 cm lang werdend, oberseits blaugrau mit einem dunklen Netzmuster. Ohne Hautsaum, Kloakenregion stempelförmig und hellorange.

Jungtiere oberseits dunkel, schwarz-blau und oft mit einem orange-rötlichen Mittelstreifen im Nacken und der vorderen Körperhälfte.

Verbreitung

Im größten Teil Deutschlands, jedoch in der Norddeutschen Tiefebene zerstreut und in deren Osthälfte fehlend. In Österreich nahezu überall, fehlt im Nordosten und Osten. In der Schweiz überall, fehlt aber in den südlichsten Teilen.

Lebensraum

Sehr breites Spektrum an Lebensräumen, in Wäldern genauso wie in halb offenen Landschaften, z. B. in mit Hecken durchsetzten Grünlandgebieten. Im Tief-, Hügel- und Bergland sowie im Hochgebirge, auch oberhalb der Waldgrenze (Namen!).

J	F	M	A	M	J	J	A	S	O	N	D

Bergmolche sind die buntesten Wassermolche der hier behandelten Länder. Links ist ein Weibchen, darüber rechts ein Männchen.

Laichgewässer und Eier

Von Pfützen, wassergefüllten Wagenspuren sowie Wildschwein- und Rothirschsuhlen über Weiher und Teiche bis zu Seen werden alle Stillgewässertypen besiedelt, außerdem langsam fließende Gräben. Diese können im Voll- oder Halbschatten wie auch völlig sonnenexponiert liegen, pflanzenfrei oder dicht verkrautet sein.
Ein Weibchen legt je Saison 70–390 Eier ab, die einzeln in Unterwasserpflanzen eingewickelt oder an Falllaub, Äste oder Steine geheftet werden. Eier beigebraun und oberseits etwas dunkler als die des Teichmolchs.

Nahrung

Wasserinsekten und deren Larven (vor allem Mücken), Eintags- und Köcherfliegen, kleinere Krebse (Bachflohkrebse, Wasserflöhe), Wasserschnecken, Eier und Larven von Fröschen sowie ins Wasser gefallene Raupen, Käfer u. a.

Der Bergmolch ist wohl die hübscheste einheimische Molchart, vor allem die prächtigen Männchen im Paarungskleid. In milden Jahren suchen die Erwachsenen schon im Februar ihre Laichgewässer auf, und bald verfolgen die Männchen die Weibchen und wedeln sie ausdauernd an. Einige Zeit nach der Übernahme des Samenpakets legen die Weibchen ihre Eier ab. Die sich daraus entwickelnden Larven erreichen im Normalfall 3–5 cm Länge, vollenden im August/September ihre Metamorphose und gehen an Land. Die erwachsenen Tiere verlassen die Gewässer oft schon ab etwa Ende Mai. Zuwandern und Abwandern sowie Fortpflanzungszeiträume hängen entscheidend von der Höhenlage des Gewässers ab und können sich mit zunehmender Höhe stark nach hinten verschieben. In Gewässern, die im Frühsommer zeitweise austrocknen, kommt es zur Unterbrechung der Fortpflanzungsaktivitäten und u. U. zu deren Fortsetzung, wenn das Gewässer durch starke Regenfälle wiederbefüllt wird.
Während der Landphase sind die Tiere vor allem nachtaktiv, im Wasser dagegen sowohl nacht- als auch tagaktiv. Die meisten Bergmolche verbringen den Winter in frostgeschützten Unterschlupfen an Land, aber ein Teil der Tiere wandert im Herbst wieder zum Laichgewässer zurück, um hierin zu überwintern.
Wie bei allen Amphibien gehören Wassernattern, Vögel und Fische zu den Nahrungsfeinden. Unter Wasser bspw. auch Wasserspitzmäuse und räuberische Insekten (Gelbrandkäfer, Wanzen, Libellenlarven...).

Links oben: Stark marmoriertes Bergmolch-Weibchen in Landtracht. Die Zeichnung variiert jedoch schon innerhalb einer Population enorm.

Links unten: Männchen in Landtracht, die gestrichelte Rückenlinie ist noch erkennbar.

Rechts: Ein Weibchen in Wassertracht. Die ungefleckte Bauchseite ist hier gut zu sehen.

Besonderheiten

Wie keine andere einheimische bzw. europäische Molchart neigt der Bergmolch dazu, einen Teil seiner Larvenmerkmale (z. B. blasse Färbung und große Kiemen) lange Zeit beizubehalten. Im Extremfall werden Tiere mit großen Kiemen geschlechtsreif. Man hat sich sehr viel mit der Frage nach den Ursachen dieses Phänomens beschäftigt, ohne bislang eine abschließende Antwort gefunden zu haben. Letztlich wirken Umweltfaktoren wie Wassertemperaturen, Gewässertiefe, Lichtbedingungen und Wasserführung sowie Nährstoffgehalte einerseits und erbliche Faktoren andererseits in einer komplizierten und noch nicht gänzlich verstandenen Weise zusammen.

Beobachtungstipps

siehe Teichmolch (*Lissotriton vulgaris*)

Bergmolch-Larve: Sie von anderen Arten zu unterscheiden, bedarf reichlich Übung.

Porträt eines Weibchens.

Männliche Bergmolche sind an der gelb-schwarzen Rückenleiste gut zu erkennen.

Hinter dem Kopf der Männchen beginnt der helle Bereich, der kontrastreich gepunktet ist.

Kammmolch

(*Triturus cristatus*)

Verbreitung

In nahezu ganz Deutschland. In Österreich nur im Nordwesten und im äußersten Westen. In der Schweiz auf der Alpennordseite.

Lebensraum

Breites Spektrum an Lebensräumen, gern in der halb offenen, aufgelockerten Landschaft des Tief- und Hügellandes mit einer Mischung aus Gehölzstrukturen (Hecken, Waldflächen), Grünland und Ackerflächen. Auch in Abgrabungskomplexen (Kiesgruben etc.).

J F M A M J J A S O N D

Kennzeichen

Oberseite grau, beige oder braun, meist aber fast schwärzlich, mit großen dunkleren Flecken. Unterseite gelblich bis orange mit großen schwarzen unregelmäßigen, scharf begrenzten Flecken. Haut rau, grobkörnig. An den Kopfseiten und Körperflanken zahlreiche weiße Pünktchen.
Die bis 16 cm langen **Männchen** haben in Wassertracht einen prächtigen, hohen, tief gezackten Rückenkamm (Name!), der über der Schwanzwurzel stark eingebuchtet ist und sich dann in einen nur leicht gesägten oberen Schwanzsaum bis zur Schwanzspitze fortsetzt. An den Schwanzseiten mit silbrig glänzendem Längsband. Kloakenregion stark bohnenförmig gewölbt und dunkel gefärbt. **Weibchen** bis 18 cm lang, ohne Rückenkamm und mit gelblicher stempelförmiger Kloakenregion. **Jungtiere** ebenfalls ohne Rückenkamm, mit flacher, gelblicher Kloakenregion sowie mit weißlich-gelblicher Unterseite, auf der sich keine oder nur wenige kleine dunkle Flecken finden.

Männlicher Kammmolch (oben) im vollen Prachtkleid. Der hohe Kamm hält sich nebenbei nur unter Wasser aufrecht. Weibchen (unten) auch erkennbar an der hellen (gelblichen) Schwanzunterseite und ohne weißliche Aufhellung des Schwanzkiels.

Kammmolche sind die größten und imposantesten Molche unserer heimischen Gewässer. Es sind aber auch unsere gefährdetsten Molche, weshalb sie einer besonderen Aufmerksamkeit durch Naturschutzverbände und Behörden bedürfen.

Die Tiere werden mit 2–3 Jahren geschlechtsreif und erreichen im Freiland ein Lebensalter von ca. 18 Jahren.

Im Vergleich zu den kleineren heimischen Molcharten (Teich-, Faden- und Bergmolch) bleiben Kammmolche relativ lange im Wasser; in vielen Gewässern finden sich fünf bis sechs Monate lang Tiere im Wasser, wobei die individuelle Aufenthaltsdauer variiert. Danach suchen sie das Land auf, wobei sie sich meist im engeren Umfeld des Laichgewässers (bis 100 m, in manchen Fällen aber auch mehr) aufhalten. Manche Tiere kehren im Herbst zum Gewässer zurück, um hierin zu überwintern, die meisten aber verbringen die kalte Jahreszeit in frostsicheren Landquartieren, in Erdhöhlen, unter Moos, in Steinhaufen oder morschen Baumstämmen. Fische, verschiedene Vogelarten, Ringelnattern, Äskulapnatter und Iltis sind als Feinde der umgewandelten Kammmolche nachgewiesen. Viele Feinde haben die Larven, neben räuberischen Wirbellosen auch z. B. Enten, Rallen und vor allem Fische.

Laichgewässer und Eier

Vor allem mittelgroße und größere sowie tiefere (mehr als 0,5 m) Gewässer wie Teiche, Weiher und Altwässer. Eine gut entwickelte Unterwasservegetation sowie zumindest teilweise Besonnung sind förderlich.

Etwa 200 weißlich-cremefarbene (manchmal grünlich schimmernde) Eier werden je Saison von einem Weibchen einzeln an Wasserpflanzen geheftet.

Nahrung

Im Gewässer fressen die Erwachsenen Wasserschnecken, kleinere Krebse, Insekten und deren Larven, Würmer, Egel sowie Kaulquappen von Fröschen und Kröten, gelegentlich sogar ausgewachsene Teichmolche. An Land werden Regenwürmer, Landschnecken und Insekten erbeutet. Die Larven leben vor allem von Kleinkrebsen.

Die Larven der Kammmolche haben besonders große Kiemenbüschel, ihre Finger sind lang und spitz zulaufend. Die Schwanzflossensäume tragen große, abgesetzte Flecken und ein langer Schwanzfaden ist vorhanden.

Porträt eines Männchens in Wassertracht. Erkennbar sind die zahlreichen Gruben im Gesichtsfeld (z. B. vor und über den Augen), die in Landtracht kaum mehr zu erkennen sind.

Beobachtungstipps

- März–Mai: Nachts mit der Taschenlampe Gewässer absuchen, da sie bei Dunkelheit eher aus der Deckung und der Tiefe nach oben kommen.
- Sommer/Herbst: unter feucht liegenden Brettern u. Ä. in Ufernähe können Tiere unterschiedlichen Alters in Landtracht gefunden werden. Während sie im Wasser bisweilen hell gefärbt sind, erscheinen sie in Landtracht meist völlig schwarz, wodurch die dunklen Punkte an Rücken und Flanken manchmal kaum noch erkennbar sind. Männchen haben dann ihren Kamm zurückgebildet, sind aber noch an der schwarzen, dickeren Kloake von den Weibchen zu unterscheiden.

Besonderheiten

Im Gegensatz zu den kleineren einheimischen Molcharten treiben Kammmolch-Larven oft in der Gewässermitte und an der Wasseroberfläche, was sie für größere Fische zu einer attraktiven, leichten Beute macht. Kammmolche sind daher seltener in Gewässern mit Fischbesatz anzutreffen, in denen sie schon deshalb eine geringere Reproduktionsrate haben. Im Gewässer sind die Tiere rund um die Uhr aktiv, an Land vorwiegend nachts und bei feuchter Witterung (Nebel, Regen...).

Kammmolche erbeuten auch verhältnismäßig große Beutetiere! Hier ein Weibchen beim Vertilgen eines Regenwurms.

Oben: Bisweilen erscheinen Kammmolche in Wassertracht auch rötlich-braun wie dieses Männchen aus Süddeutschland.
Links: Anhand der Unterseite lassen sich die verschiedenen Molche gut unterscheiden: Die Bauchflecken des Kammmolches (hier ein Männchen) sind groß, die Kehle aber dunkel mit hellen Pünktchen.

Alpen-Kammmolch

(*Triturus carnifex*)

Kennzeichen

Oberseite grau, schwarzbraun oder oliv und mit großen dunklen, meist grünlich schimmernden Flecken. Unterseite gelb oder orange und mit großen schwarzen unregelmäßigen Flecken, die etwas verwaschen begrenzt sind. Im Unterschied zum Kammmolch Körperflanken ohne oder nur mit wenigen, blassen weißen Pünktchen.
Männchen bis 15 cm Gesamtlänge erreichend und Zacken des Rückenkamms oft spitzer auslaufend als beim Kammmolch. **Weibchen** (bis 15 cm, selten bis 18 cm) und **Jungtiere** häufig mit einer gelben Mittellinie, die vom Nacken über den Rücken und die Schwanzoberseite reicht.

Oben: männlicher Alpenkammmolch in Wassertracht.
Unten: Die Unterscheidung der Geschlechter ist bei allen Kammmolch-Arten praktisch identisch (s. Seite 46).

Alpen-Kammmolche sind leider an verschiedenen Stellen Europas künstlich angesiedelt worden, so im Raum Genf auf der Alpennordseite, in England und in den östlichen Niederlanden (Veluwe), ja sogar auf der Azoreninsel São Miguel. Solche unsinnigen Faunenverfälschungen können unliebsame Folgen für die ursprüngliche Fauna

Verbreitung

Fehlt in Deutschland. In Österreich in den Alpen weit verbreitet, mit Ausstrahlung ins Hügelland bis in den Westen der Stadt Wien. In der Schweiz ursprünglich nur Alpensüdseite (vor allem Tessin), ausgesetzt bei Genf.

Lebensraum

Große Bandbreite verschiedenster Lebensräume und Landschaften mit einem Schwerpunkt im Bereich von Grünlandflächen, Auwäldern, Laub- und Mischwäldern. Neben Tief- und Hügelländern (Schwerpunkt) werden auch höher gelegene Gebiete besiedelt, auf der Alpensüdseite bis über 1900 m über NN.

Laichgewässer und Eier

Ausdauernde Gewässer wie Teiche, Weiher, Altwässer werden bevorzugt, aber auch kleinere Gewässer (Gräben, Pfützen) sowie langsam fließende, verkrautete Bachläufe besiedelt.
Eier siehe Kammmolch.

Nahrung

siehe Kammmolch (*Triturus cristatus*)

J F M A M J J A S O N D

Beobachtungstipps

siehe Kammmolch (*Triturus cristatus*)

Ei des Alpenkammmolches. Auch die der anderen Kammmolch-Arten (Gattung Triturus) sind weiß.

Weibliche Alpenkammmolche zeigen in Landtracht oft einen auffällig gelben Rückenstreifen.

In der Region um Garmisch-Partenkirchen wurden Hybriden (Mischlinge) zwischen Triturus cristatus und Triturus carnifex nachgewiesen. Manche zeigen Merkmale beider, andere nur solche einer der beiden Arten.

haben. So wurden vor etwa 100 Jahren Alpen-Kammmolche bei Genf ausgesetzt, die allem Anschein nach zur allmählichen Verdrängung der eigentlich dort heimischen Kammmolche (*Triturus cristatus*) beigetragen haben und weiterhin beitragen.

Vieles in der Lebensweise dieser Molchart ist noch unbekannt. Vermutlich ähnelt die Art sehr stark dem Kammmolch, doch scheinen Alpen-Kammmolche stärker an Land zu leben als Kammmolche (Arntzen).

In einer österreichischen Gebirgspopulation auf knapp 1300 m Höhe über NN wurden Alpen-Kammmolche im Herbst beim Verlassen ihres Laichgewässers (eines kleinen Gebirgssees) mit Sendern ausgestattet und ihre Ortsbewegungen durch Anpeilen verfolgt. Sie entfernten sich vom Gewässer etwa 10 bis knapp 300 m weit, wo sie Versteckplätze (in Kleinsäugerhöhlen, in und unter Felsen und Steinen sowie in verrottenden Baumstümpfen) aufsuchten. Die Weibchen entfernten sich im Mittel deutlich weiter vom Gewässer als die Männchen.

Besonderheiten

Alpen-Kammmolch und Kammmolch sind nahe Verwandte und wurden früher als Unterarten einer Art aufgefasst. Wo die Verbreitungszonen aneinandergrenzen, sich teilweise auch überlappen, kommt es zur Vermischung (Hybridisierung) beider Arten. So z. B. im Berchtesgadener Land (Südost-Bayern). In Deutschland kommt der Alpen-Kammmolch zwar nicht mehr vor, wohl aber im genannten Gebiet eben solche „Hybride", die Merkmale beider Arten aufweisen können. Es ist aber auch möglich, dass sie rein äußerlich kaum von einer der beiden Arten unterscheidbar sind. Dies trifft auch für ihre Larven zu. Diese lassen sich äußerlich nicht sicher unterscheiden.

Donau-Kammmolch

(*Triturus dobrogicus*)

Kennzeichen

Grazilste und kleinste Art der Kammmolch-Gruppe mit auffallend schmalem Kopf. Oberseite hellbraun, rotbraun oder oliv mit dunklen Flecken. Unterseite orange bis ziegelrot mit vielen dunklen, scharf begrenzten Flecken, die oft symmetrisch angeordnet, manchmal zu Längsbändern verschmolzen sind. Körperflanken mit vielen kleinen weißen Pünktchen.

Männchen maximal 12–14 cm Gesamtlänge erreichend, Kehle schwarz mit zahlreichen weißen Flecken. Zur Paarungszeit mit hohem, unregelmäßig gezacktem Rückenkamm. **Weibchen** maximal 13 cm, ausnahmsweise 16–18 cm erreichend. Kehle dunkelgelb bis dunkelgrau mit zahlreichen kleinen weißen Punkten.

Leider sind Lebensweise und Umweltansprüche der Art bislang noch immer wenig bekannt. Sie scheint stärker als Kammmolche an Gewässer gebunden (Arntzen). Am meisten weiß man etwas über die Art im Raum Wien, da von der dortigen Universität aus Studien durchgeführt wurden. Im Wiener Raum ist der ursprüngliche Lebensraum, die dynamische Flussaue mit Auenwäldern und mit einer Vielfalt an stehenden und fließenden Gewässern durch den Ausbau der Donau zu einem Kanal weitgehend verändert worden. In der natürlichen Donau vor Jahrhunderten verhielten sich die Pegelstände bei Niedrigwasser zum mittleren jährlichen Hochwasser wie 1:6, der niedrigste und der höchste Pegelstand verhielten sich sogar wie 1:20. Das

Verbreitung

Fehlt in Deutschland und in der Schweiz. In Österreich im Osten und Nordosten, auch in Teilen der Stadt Wien.

Lebensraum

Auwälder und Feuchtwiesen in großen Flusstälern der mittleren und unteren Donau und der Theiß.

Laichgewässer und Eier

Unterschiedliche Stillgewässer wie Teiche, Altwässer, Auwälder, Sümpfe und Gräben.

Nahrung

siehe Kammmolch (*Triturus cristatus*)

J	F	M	A	M	J	J	A	S	O	N	D

Dieser männliche Donau-Kammmolch im „rötlichen" Prachtkleid stammt aus Orth an der Donau (Österreich).

Unterseite eines männlichen Donau-Kammmolches: Bauchflecken können miteinander verschmelzen, die Kehle ist schwarz mit weißen Pünktchen.

macht deutlich, mit welch beachtlichen Wasserstandsschwankungen und Überschwemmungen damals zu rechnen war. Der Donau-Kammmolch braucht offensichtlich eine solche Dynamik, nämlich wechselnde Wasserstände bis zum zeitweiligen Trockenfallen der Laichgewässer. Ob durch Schaffung von künstlichen Ersatzgewässern mit konstantem Wasserspiegel die Art dauerhaft erhalten werden kann, darf bezweifelt werden. Eine Langzeituntersuchung an einer Population auf der Wiener Donauinsel spricht dafür, dass regelmäßig Biotop-Pflegemaßnahmen an den Laichgewässern erforderlich sind, um die verloren gegangene natürliche Dynamik wenigstens teilweise zu ersetzen. Die Wasserstandsdynamik kann man damit aber nicht wiederherstellen. Hierzu müsste man technische Vorrichtungen schaffen, wie sie aus der Teichwirtschaft bekannt sind, aber selbst dies wäre heute im ursprünglichen Umfang nicht mehr möglich und wegen der vielen Menschen, die heute in diesem Raum leben, auch nicht mehr durchsetzbar.

Besonderheiten

Der Donau-Kammmolch wird aufgrund seines relativ kleinen Verbreitungsgebietes und der recht engen Bindung an Flussniederungen und Auenlandschaften als eine der gefährdetsten europäischen Molcharten angesehen. Schutzmaßnahmen und schutzbezogene Grundlagenuntersuchungen sind deshalb dringend nötig.

Beobachtungstipps

siehe Kammmolch (*Triturus cristatus*)

Donau-Kammmolche sind deutlich graziler, langgestreckter gebaut als ihre nahen Verwandten.

In Landtracht ähneln sich die Kammmolch-Arten sehr und sind am ehesten durch den Fundort identifizierbar.

Geburtshelferkröte

(*Alytes obstetricans*)
Glockenfrosch, Fesslerkröte

Kennzeichen

Gestalt des bis 5,5 cm lang werdenden Froschlurchs krötenähnlich, aber Pupille bei Helligkeit senkrecht-schlitzförmig (Echte Kröten: quer-oval). Oberseits mit rauer, warzenreicher Haut. Hinter dem Auge befindet sich ein deutlich sichtbares Trommelfell. An den Körperlängsseiten beiderseits je eine Reihe größerer, hell gefärbter Warzen (Drüsen-Leiste), nicht selten mit oranger oder rötlicher Spitze. Weitere orange-rötliche Flecken finden sich vereinzelt auch auf der gesamten Oberseite.

Männchen: Eier tragende Tiere sind stets Männchen.
Weibchen: Während der Fortpflanzungszeit (Frühsommer/Hochsommer) oft an den gelblichen, durch die schwach gefärbte hintere Bauchhaut durchscheinenden Eiern zu erkennen.

Das Faszinierendste an dieser Art ist zweifellos ihre Fortpflanzung (ausführliche Darstellung s. S. 130). Zur Paarung und Eiablage wird kein Gewässer aufgesucht, beide Geschlechter leben nach ihrer Umwandlung ausschließlich auf dem Lande. Die Weibchen geben die Eier in zwei Schnüren ab, die sich die Männchen umgehend um die Hinterbeine wickeln und etwa 3–6 Wochen mit sich herumtragen. Sie sehen dann wie gefesselt aus, deshalb im Volksmund auch der Trivialname „Fesslerkröte". Sind die Larven schlüpfreif, begeben sich die Männchen an ein geeignetes Gewässer und setzen die Eier dort ab. Je nachdem, wann dies passiert und wie hoch die Wassertemperaturen sind, schaffen die Larven ihre Entwicklung noch im selben Jahr und erreichen bis zu 7 cm Länge, um dann ihre Umwandlung zur kleinen „Kröte" zu vollziehen. Nicht selten überwintern die Larven jedoch und erreichen dann über 10 cm. Frisch umgewandelte (metamorphosierte) Exemplare können unter Umständen beinahe so groß sein wie ausgewachsene. Aufgrund der lang gezogenen Fortpflanzungsperiode von mehreren Monaten (schwerpunktmäßig April bis Juli) findet man oftmals sehr unterschiedlich große Larven zeitgleich im selben Gewässer.
Geburtshelferkröten sind dämmerungs- und nachtaktiv und halten sich tagsüber in meist selbst gegrabenen Erdröhren, Spalten oder unter Steinen auf. Feinde der umgewandelten Geburtshelferkröten sind Wassernattern und einige Vogelarten (z. B. der Waldkauz). Verschiedene Fische, Molche, Gelbrandkäfer und Großlibellenlarven fressen die Larven.

Verbreitung

In Deutschland in den Mittelgebirgen des Westens und im südwestlichen Baden-Württemberg. Fehlt in Österreich. In der Schweiz nur Alpennordseite, fehlt in den höheren Lagen der Alpen und auf der Alpensüdseite.

Die bei Helligkeit senkrecht-schlitzförmige Pupille ist ein gutes Erkennungsmerkmal. Von der Knoblauchkröte (ebenfalls mit senkrechter Pupille) ist sie u. a. durch die warzige Haut und die gesamte Körperproportion gut zu unterscheiden.

Lebensraum

Sonnige Wiesentäler, Steinbrüche, Sand-, Kies- und Tongruben, Industriebrachen, Böschungen.

Gewässer und Laich

Von kleinen Tümpeln und flachen, vegetationslosen Pfützen über Weiher und Teiche bis zu Seeufern sowie in langsam durchflossenen Bachstauen. Auch in gemauerten Gewässern, z. B. Brunnen, Wasservorratsbehälter.
Ein Weibchen gibt in einer Saison 2–4 kurze Laichschnüre mit jeweils 20–80 Eiern ab.

Nahrung

Ameisen, Heuschrecken, Käfer, Wanzen, Tag- und Nachtfalter (sowie deren Raupen!) und andere Insekten, außerdem Regenwürmer, Nacktschnecken, Spinnen, Tausendfüßer

J F M A M J J A S O N D

Beobachtungstipps

- Mai/Juni: Bei Einbruch der Dämmerung an milden Abenden Rufe der Männchen. Rufbereite Tiere lassen sich durch menschliches Pfeifen stimulieren (gelegentlich können Tiere auch tagsüber an sonnigen Tagen aus ihrem Versteck heraus gehört werden).
- Tiere unterschiedlicher Größe tagsüber gern unter Steinen
- Larven unterschiedlicher Größe in Gewässern (Brunnen, Steinbruchweiher) ganzjährig anzutreffen, große Larven vor allem im April/Mai und September/Oktober. Vorsicht bei gemauerten tiefen Gewässern (Brunnen u. Ä.) mit Kindern!

Leider sind die Geschlechter kaum sicher voneinander zu unterscheiden. Erschwerend kommt hinzu, dass bei dieser Gattung (Alytes) auch die Weibchen rufen können.

Rufe

Die Geburtshelferkröte ist die einzige heimische Froschlurchart, bei der beide Geschlechter Rufe äußern können. Die hellen kurzen Einzelrufe klingen wie kurze Pfiffe und erinnern stark an die der Zwergohreule. Zumindest im südlichen Verbreitungsgebiet besteht somit eine Verwechslungsgefahr. Aus größerer Entfernung sollen sie an ein Glockengeläut erinnern, deshalb der volkstümliche Name „Glockenfrosch". Manche Autoren verglichen den Ruf mit dem Klingeln eines hellen Glasglöckchens.

Besonderheiten

Brutpflegeverhalten der Männchen (s. S. 130). Der Name „Geburtshelferkröte" rührt von der unter heimischen Amphibien einzigartigen Brutpflege.

Männchen mit fast fertig entwickelten (dunklen) Eiern. Diese sind zu Beginn hellgelb gefärbt.

Rotbauchunke

(*Bombina bombina*)

Kennzeichen

Gestalt krötenähnlich, aber deutlich flacherer Körper und ohne Ohrdrüsen. Mit nur 4–5 cm Körperlänge merklich kleiner als die einheimischen Krötenarten. Pupille bei Helligkeit herzförmig (bei Kröten quer-oval). Unterseite zu mehr als 50 % dunkel (schwärzlich-grau) mit orangen bis rötlichen Flecken (Name). Die dunklen Anteile sind fein weiß getüpfelt. Oberseits dunkelgrau und im vorderen Bereich oft mit verwaschenen grünen Flecken, dazu mit dunklen, rundlichen oder länglichen Warzen, die obenauf dunkle Höckerchen, aber keine stachelartigen Enden tragen. Finger- und Zehenspitzen in der Regel dunkel gefärbt (vgl. Gelbbauchunke).

Männchen besitzen kräftigere Vordergliedmaßen, jedoch ist der Unterschied nur mit etwas Erfahrung erkennbar. Zudem tragen diese während der Fortpflanzungsperiode dunkle Brunftschwielen an der Innenseite der Unterarme und jeweils an den ersten beiden Fingern. Bei rufenden Tieren kann es sich nur um Männchen handeln.

Verbreitung

In Deutschland im Nordosten und Osten, in Österreich im Nordosten, Osten und Südosten. Fehlt in der Schweiz.

Lebensraum

Wiesen, Weiden, Ackerflächen, sonnenexponierte Waldränder, Röhrichtzonen und Überschwemmungsgebiete in Niederungen und Flussauen

Laichgewässer und Laich

Sonnenexponierte Stillgewässer mit dichter Sumpf- und Wasserpflanzenvegetation, z. B. Feldsölle, überschwemmtes Grünland, flache Uferzonen von Seen und ehemaligen Abbaugruben (Ton, Lehm, Kies, Sand). Ein Weibchen heftet bis 300 Eier in mehreren kleinen Laichklümpchen an Wasserpflanzen.

Bei Rotbauchunken sind (hell-) grünliche Flecken auf dunkelgrauem Untergrund keine Ausnahme.

Nahrung

Neben einem hohen Anteil an Mückenlarven (Stech- und Zuckmücken) werden Käfer, Wanzen, Springschwänze, Wasserasseln, Spinnentiere, Doppelfüßer und Schnecken erbeutet, teils im Wasser, teils auf dem Lande.

Die Rotbauchunke laicht, anders als ihre gelbbäuchige Verwandte, eher in größeren und oft auch ausdauernden Gewässern. Schließlich lebt sie vorwiegend im Tiefland (manchmal auch Tieflandunke genannt), während die Gelbbauchunke (auch Bergunke) vorzugsweise im Hügel- und Bergland, lokal bis in alpine Bereiche vorkommt. Rotbauchunken-Männchen haben zwei innere Kehlblasen, die deutlich sichtbar aufgebläht werden können. Diese Blasen werden zunächst mit Luft gefüllt, desgleichen der Mundraum.

An Wasserpflanzen festhaltend treiben Rotbauchunken gerne an der Oberfläche von etwas vegetationsreicheren Gewässern. Entgegen den nahe verwandten Gelbbauchunken sitzen sie seltener am offenen Ufer und werden gewöhnlich auch nicht in kleinen, temporären Pfützen angetroffen.

J F M A M J J A S O N D

Dann wird diese Luft durch die Stimmritze in die Lungen gepumpt, und hierbei werden die unverkennbaren Unkenrufe erzeugt. Als Schallverstärker dienen bei dieser Art die Lungen und nicht die Kehlblasen, die streng genommen keine Schallblasen darstellen. Bei den anderen Froschlurchen (mit echter Schallblase) werden die Rufe genau auf dem umgekehrten Wege erzeugt: Hier wird die Luft aus der zuerst aufgepumpten Lunge in die Schallblasen gepresst, die dann als Resonanzkörper fungieren.

Rotbauchunken-Männchen halten sich mit charakteristischen Rufen (Paarungsrufen) untereinander auf Distanz, wobei Abstände von etwa 1–1,5 m eingehalten werden. Sie bilden kleine Reviere, die gegenüber gleichgeschlechtlichen Eindringlingen verteidigt werden. Dabei versucht der Revierinhaber, den Eindringling durch Untertauchen zum Verlassen seines Reviers zu zwingen. Taucht aber ein ablaichbereites Weibchen auf, wird dieses sehr schnell umklammert, und das klammernde Männchen hört mit dem Rufen auf.

Zu den Feinden der Rotbauchunke gehören Wasserspitzmäuse und verschiedene Vogelarten (z. B. Reiher, Störche, Waldkauz).

Rufe

Das lang gezogene, oft stundenlange „Uuuh...uuuh...uuuh" der geschlechtsreifen Männchen, das man tagsüber wie nachts hört, ist ein eindrucksvolles Erlebnis. Dabei treiben die Tiere prall aufgebläht auf der Wasseroberfläche und strecken die Hinterbeine abgewinkelt von sich. Da Rotbauchunken lauter als Gelbbauchunken rufen und dabei sehr ausdauernd sind, liegt über einem gut besetzten Laichgewässer eine „angenehme, ständig schwingende Klangglocke" (Nöllert).

Besonderheiten

In einer langen, durch das östliche Mitteleuropa (z. B. südliches Polen und östliches Österreich) und Südosteuropa verlaufenden Kontaktzone mit der Gelbbauchunke kommt es in einem sehr schmalen Streifen zu Bastardierungen. Die Hybriden weisen Merkmale beider Arten auf und sind bemerkenswerterweise fruchtbar, d. h. können sich untereinander oder mit einer ihrer Elternarten fortpflanzen.

Beobachtungstipps

- Mai/Juni: Die Rufe der Männchen sind vor allem bei warmer Witterung, speziell nachmittags und abends zu hören.
- Ufer langsam abschreitend sorgfältig absuchen, da Tiere manchmal an Land beobachtet werden können (vor allem morgens).

Die Unterseite der Rotbauchunke weist orange Flecken auf, die im Normalfall weniger oder bis zu 50 % der Fläche einnehmen (vgl. Gelbbauchunke). Auf der dunklen Grundfärbung verteilen sich zudem kleine weiße Punkte.

Gelbbauchunke

(*Bombina variegata*)

Verbreitung

In Deutschland im Süden und Westen. Fehlt in der Norddeutschen Tiefebene und im größten Teil Ostdeutschlands. Im größten Teil Österreichs vorkommend bis auf die höheren Alpenlagen und die Tiefländer im Nordosten. In der Schweiz nur auf der Alpennordseite.

J F M **A M J J A S** O N D

Kennzeichen

Gestalt ähnlich sehr ähnlich der Rotbauchunke. Mit nur 4–5 cm Körperlänge deutlich kleiner als die einheimischen Krötenarten. Pupille bei Helligkeit herzförmig (bei Kröten quer-oval). Haut warzig und sich rau anfühlend, da die Warzen in der Mitte jeweils mit mehreren kleinen schwarzen stachelartigen Spitzen versehen sind. Oberseits braun, grau, lehmfarben oder gelegentlich mit leicht olivem Farbstich. Unterseite zu mehr als 50 % gelb (Name), darauf dunkle Flecken, die nicht weiß getüpfelt sind (vgl. Rotbauchunke). Mindestens innere, oft mehrere Finger und Zehen mit gelber Spitze.

Männchen: an der Innenseite der Unterarme und an den zwei oder drei inneren Fingern mit zur Paarungszeit dunkelbraunen Brunftschwielen, außerhalb der Paarungszeit und bei jüngeren Männchen hellbraun.

Jungtiere und **Weibchen** ohne Schwielen.

Laich der Gelbbauchunke in einem für sie mittlerweile typischen Lebensraum. Hier also der vegetationsarmen Schlammpfütze eines Abbaugebietes in Rheinland-Pfalz.

Unken charakterisieren sich u. a. durch eine flache, breite Schnauze und die „herzförmigen" Pupillen.

Wie die Kreuzkröte, mit der sie im Nordwesten ihres Verbreitungsgebietes (z. B. im Rheinland) manchmal zusammen vorkommt, ist die Gelbbauchunke eine klassische „Pionier-Art", die vorzugsweise neu entstandene Gewässer besiedelt. Da Gelbbauchunken und ihre Larven zudem wärmeliebend sind, finden sie sich vorrangig in gut besonnten Gewässern. In wassergefüllten Wagenspuren und kleinsten Pfützen, oft ohne oder nur mit sehr spärlichem Pflanzenwuchs, kommt sie gut zurecht. Die Entwicklung der Larven ist aufgrund der erhöhten Austrocknungsgefahr in solchen (temporären) Gewässern nur möglich, wenn die Metamorphose

schnellstmöglich vollendet werden kann. Unter günstigen Bedingungen, wozu Wassertemperaturen zwischen 18 und 27 °C gehören, kann die gesamte Entwicklung bis zum Abschluss in ein bis eineinhalb Monaten abgeschlossen sein. Bei kühlem Wetter dauert dieser Prozess länger, im Extrem bis zu zweieinhalb Monate.
Die Art gehört zu den „Langzeitlaichern". Die Fortpflanzung beginnt meist im Mai und kann sich bis Juli/August erstrecken. Dabei halten sich die einzelnen Individuen nicht ständig am selben Gewässer auf. Vielmehr kann es sowohl während einer Saison als auch mehrjährig zu einem oder mehreren Gewässerwechseln kommen, wozu bis zu mehrere hundert Meter weite Wanderungen unternommen werden.

Lebensraum

In Mitteleuropa heute vorwiegend in vom Menschen geschaffenen Lebensräumen, vor allem Abgrabungen, Industriebrachen, Truppenübungsplätze. Natürliche Lebensräume finden sich in lichten Wäldern und Auen der Bäche und Flüsse. Vorwiegend im Hügelland und Mittelgebirge (Name Bergunke).

Nahrung

Vorwiegend Insekten, insbesondere Käfer, Schmetterlingsraupen, Mückenlarven, daneben Spinnen, Milben, kleinere Krebstiere (Bachflohkrebse, Asseln) und Schnecken.

Laichgewässer und Laich

Meist kleine oder sehr kleine, stehende oder langsam durchflossene und vegetationsarme Gewässer, z. B. wassergefüllte Fahrspuren, Tümpel und Pfützen in Abgrabungen, Wildschweinsuhlen, Überschwemmungstümpel in Auen, Bachkolke sowie Quelltümpel.
Ein Weibchen heftet je Saison bis ca. 170 Eier in kleinen Klümpchen von meist 2–20 (ausnahmsweise über 100) an untergetauchte Grashalme oder ähnliche Strukturen.

Kaulquappe der Gelbbauchunke (oben) und fast fertig entwickelter Froschlurch zum Ende der Metamorphose (unten). Die gelb-schwarze Färbung der Bauchseite ist in diesem Stadium noch nicht vollständig ausgebildet.

Beobachtungstipps

- Mai–August: Tagsüber leicht in kleinen und kleinsten Gewässern zu beobachten, vor allem bei sonnigem Wetter. Sitzen meist direkt an der Wasserkante oder treiben an der Oberfläche (auch mitten im Gewässer). Kleine Laichklumpen an im Wasser hängenden Grashalmen gut zu finden. Nachts Rufe
- Spätsommer: Erwachsene und Jungtiere unter Verstecken (Steine, Totholz usw.)

Links oben: Der Gelbanteil auf der Unterseite der Gelbbauchunke nimmt mindestens die Hälfte der Fläche ein, meist aber deutlich mehr (vgl. Rotbauchunke).

Links unten: typische Haltung im meist flachen Laichgewässer: Unken treiben, Arme und Beine weit gestreckt an der Wasseroberfläche und sind so leicht zu finden.

Rechts: Im Paarungsgriff (Amplexus) wird das Weibchen in der Lendenregion umklammert (vgl. Grasfosch, Erdkröte...).

Rufe

Da Gelbbauchunken-Männchen über keine Schallblasen verfügen, sind ihre Rufe leise. Die melodischen Paarungsrufe, die mit „uuh...uuh...uuh" umschrieben werden können, ähneln denen der Rotbauchunke, aber die Ruffrequenz ist bei der Gelbbauchunke viel höher: Bei 16 °C Wassertemperatur rufen diese im Durchschnitt 60-mal pro Minute, Rotbauchunken-Männchen dagegen nur 15-mal.

Besonderheiten

Das dunkle Fleckenmuster auf der gelben Bauchseite ist bei den Unken individuell verschieden (vgl. Fingerabdruck des Menschen, Rückenmuster beim Feuersalamander). Da es sich im Laufe des Lebens kaum ändert, kann es bei fotografischer Erfassung auch nach Jahren zur individuellen Wiedererkennung genutzt werden.

Bei Gefahr wird eine charakteristische Schreckstellung eingenommen: Arme und Beine werden hochgebogen, wodurch die zitronengelbe Farbe der Unterseite der Gliedmaßen und der Kehle sichtbar wird, und zugleich wird der Rücken durchgebogen. Die hierdurch resultierende konkave Haltung wird auch als „Kahnstellung" oder „Unkenreflex" bezeichnet. Im Extrem wird der Rücken so weit durchgebogen, dass sich Finger und Zehen fast berühren.

Knoblauchkröte

(*Pelobates fuscus*)

Kennzeichen

Gedrungen gebauter Froschlurch mit krötenähnlicher Gestalt, aber glatter Haut mit deutlich weniger Warzen als beispielsweise bei der Erdkröte. Oberseits große dunkle Flecken auf hellem Untergrund, die eher zu einer gestreiften, als unregelmäßig gefleckten Zeichnung führen.
Pupillen bei Helligkeit senkrecht geschlitzt (Echte Kröten und Frösche haben waagerechte Pupillen!). Auf der Unterseite der Fersen je eine kleine, harte, weißlich-grau bis hellbraun gefärbte Schwiele (Grabschaufel).
Männchen: ca. 5–7 cm; zur Paarungszeit je eine größere ovale Drüse an der Außenseite der Oberarme.
Weibchen: bis 8 cm

Kennzeichnend für die Knoblauchkröte sind die klar begrenzten, großen und unregelmäßigen Flecken auf der Oberseite.

Knoblauchkröten sind die „Untertage-Clowns" unter den einheimischen Amphibien. Ihr Gesichtsausdruck wirkt etwas lustig, clownartig. Werden die Tiere behelligt oder sind gestresst, sondern sie ein nach Knoblauch riechendes Sekret ab. Außerhalb der Paarungszeit (im Gewässer) sind sie streng nachtaktiv und verbringen den Tag ca. 20–40 cm tief eingegraben im Erdboden. Leuchtet man die Tiere nachts mit der Taschenlampe an, sieht man in stark vergrößerte, fast rundliche Pupillen. Durch längeres Anleuchten oder bei Tageslicht verengen diese sich zu senkrechten Schlitzen (ähnlich wie bei Katzen).
Die Paarungszeit liegt im März/April. Dann sitzen die Männchen auf dem Boden der Gewässer und lassen ihre leisen Paarungsrufe hören. Um diese wahrnehmen zu können, muss man sich ganz ruhig verhalten und darf am Ufer und

Verbreitung

In Deutschland vorwiegend in der Norddeutschen Tiefebene und in Ostdeutschland. In Süddeutschland nur regional. In Österreich in den Tiefländern im Norden, Nordosten und Südosten. Fehlt in der Schweiz.

Lebensraum

Trockene, lockere und grabfähige Böden in vom Menschen geschaffenen Lebensräumen, z. B. Heidegebiete, Sand- und Kiesgruben, Industriebrachen und Ackerflächen (Spargel-, Kartoffel- und Gemüsefelder).

Laichgewässer und Laich

Stillgewässer (Weiher, Teiche, Überschwemmungstümpel, Wiesengräben u. a.) mit Röhricht und gut entwickelter Unterwasservegetation.
Die Weibchen befestigen die bis zu 1 m langen und etwa 2 cm dicken Laichschnüre, in denen die oberseits dunkelgrauen bis schwärzlichen ca. 1.200–3.400 Eier in mehreren Reihen unregelmäßig angeordnet sind, an den Stängeln der Unterwasserpflanzen oder legen sie locker in dichte Vegetation.

Bei Helligkeit verengt sich die Pupille zu einem senkrechten Schlitz (ähnlich den Katzenaugen).

J F M A M J J A S O N D

Nahrung

Vorwiegend bodenlebende Käfer, vor allem kleinere Laufkäfer-Arten, daneben Schmetterlingsraupen, Spinnen, Schnecken und Regenwürmer. Die Larven leben von pflanzlichen (Algen etc.) und tierischen Organismen sowie Aas.

Beobachtungstipps

- In der Paarungszeit (März/April) unmittelbar am Ufer stehend auf die leisen Rufe achten
- Bei nächtlichem Regen Feldwege mit der Taschenlampe abgehen
- Im Umfeld der Rufplätze nach den kurzen dicken Eischnüren suchen
- Tiere aller Altersgruppen in Eimerfallen an Amphibienschutzzäunen (Kontaktaufnahme mit örtlicher Naturschutzgruppe, die solche Fangzäune betreut!)

Entwicklungsstadien der Larven: relativ junge Larve (oben), fast fertig entwickelter Froschlurch mit sich noch langsam zurückbildendem Schwanzrest (Mitte) und frisch metamorphosierte Knoblauchkröte (unten).

im Wasser keine Erschütterungen erzeugen. Es lohnt nicht, nach den Tieren zu keschern; man sieht sie meist nicht, und sie würden durch Erschütterungen beunruhigt und sich verbergen. Bei der Paarung umklammern die Männchen ihre Weibchen in der Lendengegend.
Knoblauchkröten werden u. a. von Ringelnattern, Waldkäuzen, Wildschweinen, Jungtiere auch von Spitzmäusen gefressen. Die Larven werden von vielerlei Tieren erbeutet (Graureiher, Stockente, Fische, räuberische Wirbellose).

Rufe

Knoblauchkröten verfügen über verschiedene Ruftypen. Die charakteristischen Paarungsrufe der Männchen klingen abgehackt-hölzern und können mit „klock-klock" oder „wock-wock" umschrieben werden, manchmal auch mit „klock-klock-klock" oder „wock-wock-wock".

Besonderheiten

Bedrohte Tiere können bisweilen laute Schreie von sich geben, die an das von rolligen Hauskatzen erinnert. Auch Sprünge mit weit aufgerissenem Maul in Richtung des Angreifers, verbunden mit solchen Lautäußerungen, können beobachtet werden. Die ohnehin großen Larven können nach einer selten zu beobachtenden Überwinterung ausnahmsweise 18–22 cm Länge erreichen („Riesenlarven").

Der Laich der Knoblauchkröte ist unverkennbar. In den dicken Schläuchen liegen die Eier scheinbar asymmetrisch und dicht beieinander (bei Echten Kröten in schlankeren Schnüren, gewöhnlich erkennbaren Reihen und eher regelmäßigen Abständen).

Erdkröte

(*Bufo bufo*)

Kennzeichen

Plumpe, kräftig gebaute Kröte von ca. 9 **(Männchen)** bis 11 cm **(Weibchen)** Länge. In der Südschweiz (Tessin) deutlich größer. Hinter den Augen verläuft jeweils bis oberhalb der Vordergliedmaßen eine auffällig erhöhte Drüsenleiste (Parotide), die unten dunkel (meist schwarzbraun) gesäumt ist. Iris kupferfarben bis rotgold gefärbt. Oberseits meist bräunlich oder rötlichbraun, manchmal ins gelbliche, olivfarbene oder gräuliche gehend. Unregelmäßig dunkel gefleckt, was auf nasser Haut deutlicher zu erkennen ist als auf trockener.

Männchen: Zur Paarungszeit an den ersten drei Fingern längliche, schwarzbraun gefärbte, raue Polster (Brunftschwielen)

Die Erdkröte ist meist das Sinnbild für Kröten schlechthin: dunkle Färbung, runzelige warzenreiche Haut, plumper Körperbau und eine etwas unbeholfen wirkende hoppelnde Fortbewegung. Wurde sie in früheren Märchen eher als „hässlich" bezeichnet, entdecken heute viele Menschen eine gewisse „Schönheit" an ihr, z. B. beim Anblick der hübsch gefärbten Regenbogenhaut (Iris). Entgegen sich offenbar noch immer haltenden Mythen und Aberglauben sind die Tiere natürlich völlig harmlos! Man bekommt weder Warzen von der Berührung mit ihnen, noch sind sie im Stande, Brunnen zu vergiften oder dergleichen. Wie bei anderen Amphibien dienen die Hautdrüsen dazu, ein Hautgift (Bufotoxin) auszuscheiden, was unter anderem zur Verteidigung gegen Fressfeinde, aber auch Schimmelbildung auf der feuchten Oberfläche dient. Weniger stark als beim Feuersalamander oder den beiden Unkenarten,

Verbreitung

Im gesamten Gebiet, in den inneralpinen Hochlagen zerstreut oder fehlend.

Lebensraum

Fast alle Lebensräume Mitteleuropas, von Meeresspiegelhöhe bis ins Hochgebirge, bei einer Bevorzugung von Wäldern (Laubwälder, Mischwälder).

Laichgewässer und Laich

Vorwiegend größere stehende und tiefere Gewässer, z. B. Weiher, Teiche (einschließlich Fischteiche) und Seen. 3000–8000 schwarze Eier, in 2–4 Reihen angeordnet, finden sich in den 3–5 m langen Laichschnüren, die straff um vertikale Strukturen (Pflanzen, Äste) gewickelt werden.

Nahrung

Vor allem Insekten, daneben Regenwürmer, Spinnen, Tausendfüßer und Landschnecken.

Die Erdkröte ist die am weitesten verbreitete, häufigste und vermutlich auch bekannteste Kröte Europas.

Beobachtungstipps

- März: Mithelfen beim Leeren von Eimerfallen an Krötenschutzzäunen (örtliche Naturschutzgruppe oder Biologische Station kontaktieren)
- März/April: Paarungsverhalten und Laichabgabe sind leicht vom Gewässerrand aus zu beobachten, besonders nach Sonnenuntergang mit einer Taschenlampe. Hält man einem Männchen ein paar Finger hin, werden diese oft umgehend umklammert, was gerade für Kinder sicher ein besonderes Erlebnis ist.
- Juni–Juli: Das oft massenhafte Abwandern der frisch umgewandelten winzigen Jungtiere kann auch tagsüber beobachtet werden.

Die Erdkröten in der Süd-Schweiz (Tessin) werden deutlich größer als im übrigen hier besprochenem Verbreitungsgebiet. Auffällig sind hier auch die großen, spitzen Warzen des Weibchens, direkt hinter dem Kopf.

Ein ungewöhnlich hell gefärbtes Exemplar aus Wuppertal (NRW).

kann es jedoch auch bei ihr zu Reizungen (Brennen) führen, wenn man sich nach der Berührung in Auge, Nase oder Mund fasst. Einfaches Händewaschen in Teich oder Bach reichen aus, um solche Missgeschicke zu vermeiden. Erdkröten sind Früh- und Explosivlaicher. Sie wandern im März/April innerhalb kurzer Zeit in auffälligen Massen zu ihren Laichgewässern. Nach der Ablage der 3–5 m langen Laichschnüre wandern sie bald wieder ab und leben dann in unterschiedlichsten Lebensräumen, besonders in Wäldern. Diese können bis zu 3 km weit vom Laichgewässer entfernt liegen. Im Herbst wandern die Tiere wieder Richtung Laichgewässer. In deren Nähe überwintern sie in frostsicheren Erdhöhlen.

Viele Vogel- (z. B. der Waldkauz) und einige Säugerarten gehören zu den natürlichen Feinden. Unter den Säugetieren ist vor allem der Iltis bekannt, der im Frühjahr, wenn sich die Kröten massenhaft am Laichgewässer aufhalten, die Tiere oft in großer Zahl durch gezielte Bisse tötet und zu Haufen aufschichtet. Frösche und Kröten bilden neben kleinen Nagetieren die Hauptbeute des Iltis. Es ist allerdings umstritten, ob das massenhafte Töten von Kröten und Fröschen als Anlegen von Nahrungsdepots zu deuten ist oder eher eine Art „Tötung im Affekt" darstellt. Neuerdings gehört auch der sich immer weiter ausbreitende Waschbär zu den Feinden von Kröten, nicht nur dieser Art. Die aus Nordamerika eingeschleppten Tiere ziehen den wehrlosen Kröten die „giftige" Haut über den Kopf und verspeisen das darunterliegende Gewebe. Im Laichgewässer umherschwimmende Häute von Kröten werden seit einigen Jahren vielerorts vermehrt vorgefunden.

Ein ungewöhnlicher Feind der Erdkröten ist die Krötengold-

Auf den deutschen Inseln eher ein seltener Fund: obwohl die Erdkröte auf Fehmarn (sowie den meisten anderen Inseln) nicht natürlich verbreitet ist, konnte dieses (scheinbar ausgesetzte) Exemplar dort angetroffen werden.

fliege. Sie legt ihre Eier in der Kopfregion oder an anderen Stellen auf der Haut ab. Die schlüpfenden Larven kriechen meist durch die Nasenlöcher in das Innere der Lurche und ernähren sich „parasitär" vom dabei oft noch tagelang weiterlebenden Wirt.

J F M A M J J A S O N D

Rufe

Die hellen, schrappenden und etwas heiser klingenden Rufe im Frühjahr sind keine Paarungsrufe, sondern die Befreiungs- oder Abwehrrufe der Männchen. Da diese gegenüber den Weibchen weit in der Überzahl sind und alles klammern, was ihre Größe hat und sich bewegt, kommt es ständig zu Fehlpaarungen, auch bspw. mit Fröschen, Feuersalamandern und sogar mit im Wasser treibenden Flaschen. Versehentlich umklammerte Männchen geben den Befreiungsruf ab, woraufhin das klammernde Tier in aller Regel wieder loslässt. Die schnarrenden Paarungs- oder Lockrufe sind deutlich seltener zu hören. Beim Abgeben des Paarungsrufes sitzen die Männchen einzeln und ragen mit dem Kopf aus dem Wasser, seltener auch an Land.

Erdkröte aus dem Alpenraum (bei Füssen) mit stark marmorierter Zeichnung.

Besonderheiten

Zu den Krötenfeinden gehören auch die beiden bei uns heimischen Ringelnatter-Arten (Ringelnatter & Barren-Ringelnatter). Gegen diese verteidigt sich eine betroffene Kröte durch Großmachen, indem sie Arme und Beine gerade durchstreckt, sich hierdurch hoch aufstellt und dabei noch kräftig aufbläht. Manchmal, aber nicht immer, führt dies dazu, dass die Ringelnatter die nun deutlich größere Beute nicht mehr verschlingen kann und von ihr ablässt.

Pärchen im Paarungsgriff (Amplexus). Schon bei der Zuwanderung zum Laichgewässer nehmen die Männchen auf der Partnerin Platz und lassen sich mittragen.

Junge Erdkröten sind oft lebhafter (meist rötlich) gefärbt und gezeichnet als Alttiere.

Erdkrötenlarven versammeln sich oft in dichten Schwärmen.

Kreuzkröte

(*Epidalea calamita*)

Verbreitung

Fast in ganz Deutschland, aber mit größeren Lücken. In Österreich nur an wenigen Stellen in Niederösterreich und Tirol. In der Schweiz nur auf der Alpennordseite.

Lebensraum

Trocken-warme Lebensräume mit spärlicher Vegetation und grabfähigem, sandigen oder kiesigen Untergrund. An den Küsten und auf Inseln in Nord- und Ostsee gerne in Dünen und Heideflächen. Im Binnenland ursprünglich in der Überschwemmungszone größerer Flüsse (Kiesbänke), die jedoch kaum noch existieren. In Abbaugebieten (Steinbrüche, Sand-, Ton- und Kiesgruben), aber auch baumfreien Brachflächen (Industriebrachen, Abraumhalden) finden sie vielerorts ein letztes Zuhause.

Laichgewässer und Laich

Flache, sonnenexponierte vegetationslose oder -arme kleinere Stillgewässer, besonders auch Pfützen, die nicht selten schon früh im Jahr austrocknen.
Meist 3.000–4.000 schwarze Eier, die in 1–2 Reihen angeordnet sind, finden sich jeweils in den 1–2 m langen, locker abgelegten oder wenig gespannten Laichschnüren.

Kennzeichen

Ca. 8–9 cm lang werdende Kröte mit grauer, bräunlicher oder ins gelblich gehender Oberseite und verwaschenen dunklen, grünlichen oder oliven Flecken. Über die Rückenmitte (Rücken = Kreuz, deshalb der Artname) zieht sich ein schwefelgelber (bei Jungtieren beigefarbener) schmaler Streifen. Zeichnung und Färbung sind allerdings sehr variabel. Auch der Streifen kann mal breiter, mal dünner und in seltenen Fällen auch bis zur Unkenntlichkeit reduziert sein. Ohrdrüsen (Parotiden) eher oval als lang gestreckt, bisweilen unscheinbar (vgl. Erdkröte). Iris gelb-grünlich, durchzogen von feinen unregelmäßigen schwarzen Linien.
Männchen: An der Innenseite der ersten drei Finger dunkle Brunftschwielen, zumindest während der Fortpflanzungszeit.

Kreuzkröten laichen in möglichst vegetationslosen Flachwasserbereichen in oft nicht mehr als einer Regenpfütze.

Links unten: Auch auf den Norddeutschen Inseln ist die Art weit verbreitet. Dieses Exemplar stammt von Fehmarn.
Rechts unten: Frisch umgewandeltes Jungtier.

Im Gegensatz zur Erdkröte ist die Kreuzkröte kein Explosiv- oder Kurzzeitlaicher, sondern ein Langzeitlaicher mit einer mehrmonatigen Fortpflanzungsperiode. Paarung und Laichabgabe dauern in Mitteleuropa von April bis September. Dies gilt jedoch nur für eine Kreuzkröten-Population als Ganzes. Die einzelnen Weibchen verbringen nur kurze Zeit an einem Gewässer und wandern nach dem Ablaichen bald in die meist nahe gelegenen Sommerlebensräume ab. Die Männchen bleiben dagegen deutlich länger, in Einzelfällen mehr als 100 Tage.
Kreuzkröten legen ihre Laichschnüre oft in kleinste Gewässer, z. B. wassergefüllte Wagenspuren, Pfützen u. Ä., die rasch austrocknen. Dabei können viele Kaulquappen vertrocknen, ehe sie die Umwandlung zur Jungkröte schaffen. In der Regel aber schafft es ein Gutteil, die Entwicklung abzuschließen und an Land zu gehen. Kreuzkröten haben nämlich eine extrem kurze Larvenentwicklung von nur wenigen Wochen. Rekordzeiten von 17–19 Tagen sind schon beobachtet worden. Das schafft keine andere Froschlurchart Mitteleuropas. Der Vorteil in derart kurzlebigen Gewässern abzulaichen, ist das weitgehende Fehlen von Kaulquappenfeinden. Die Feindarmut wird allerdings mit einem hohen Austrocknungsrisiko erkauft.

Nahrung

Wirbellose aller Art, insbesondere Käfer. Jungtiere fressen Milben, Springschwänze oder ähnlich kleine Insekten und Spinnentiere.

J F M A M J J A S O N D

Beobachtungstipps

- Milde Mai- und Juni-Nächte: Auf Rufe der lautstarken Chöre achten. Mit der Taschenlampe kann man einzelne Rufer kurz anleuchten, um die stark aufgeblasene Kehlregion zu sehen.
- Tagsüber: Im engeren Umfeld der Laichgewässer flache Steine, Bretter, Müll (z. B. Plastikfolien) anheben, unter denen oftmals die erwachsenen Tiere und zum Sommer hin auch die 6–13 mm langen, frisch umgewandelten Jungtiere zu finden sind.

Links oben: In flacher Regenpfütze abgesetzte Laichschnur der Kreuzkröte.

Links unten: Nur bei den Larven der Wechsel- und Kreuzkröten findet man solche kleinen Trichter, die jede einzelne Larve auf dem schlammigen Boden schafft.

Rechts unten: Die Larven der Kreuzkröte sind schwarz und kleiner als die anderer Froschlurche, auch noch kurz vor der Umwandlung.

Kreuzkröten-Pärchen im Kalksteinbruch Oetelshofen (Wuppertal).

Rufe

Neben denen des Laubfrosches sind die Paarungsrufe der Kreuzkröte die lautesten unter den einheimischen Amphibienarten. Je nach Wetter und Umgebung sind die als hartes, lautes (rätschendes) „ärr...ärr...ärr" umschreibbaren Rufe mehr als 1 km weit zu hören.

Besonderheiten

Während andere Kröten noch hoppelnde kleinere Sprünge vollziehen, können Kreuzkröten wegen ihrer kurzen Hinterbeine keine großen Sprünge machen. Stattdessen laufen sie sehr rasch, beinahe an den Gang von Mäusen erinnernd. Wenn man Kreuzkröten etwas länger in die Hand nimmt, verbreiten sie einen eindringlichen, lauchähnlichen Geruch.

Rufendes Männchen mit weit aufgeblähter Schallblase, die als Resonanzkörper dient.

Wechselkröte

(*Bufotes viridis*)

Kennzeichen

Auf weißem, grauem, beigem, hell-grünlichem und manchmal, zumindest stellenweise auch zartrosa bis orangem Grund finden sich oberseits grüne Flecken, die sich scharf vom stets helleren Untergrund abheben. Sie sind unregelmäßig angeordnet, können einzeln stehen und miteinander verschmelzen. Hierdurch entsteht ein für jedes Tier individuelles „Tarnmuster", das spätestens nach dem 2. Lebensjahr weitgehend konstant bleibt. Einzelne Warzen setzen sich orange oder rötlich ab, wobei sich diese Färbung meist auf die Spitzen der einzelnen Warzen konzentriert. In seltenen Fällen entsteht zwischen den dunkleren Flecken eine Fläche ohne Zeichnung in der Rückenmitte, wodurch der Eindruck eines helleren Streifens (Dorsallinie) entsteht. Er besteht aber aus der helleren Grundfarbe, ist also farblich nicht abgesetzt wie bei der Kreuzkröte und gewöhnlich auch weniger gradlinig als bei dieser.

Männchen: Bis 8 cm Länge. Flecken hellgrün und manchmal nur verwaschen auf ebenfalls hell grünlichem Grund. An den ersten drei Fingern Brunftschwielen, die zur Paarungszeit dunkel gefärbt, sonst blass sind.

Weibchen: Bis 9 (selten 10) cm Länge. Deutlich kontrastreichere Zeichnung als bei den Männchen: kräftig grüne, schärfer abgesetzte Flecken auf hellerem Grund.

Verbreitung

In Ostdeutschland verbreitet, in West-, Südwest- und Süddeutschland nur stellenweise vorkommend. In Österreich nahezu beschränkt auf die Tiefländer im Norden, Osten und Südosten. Fehlt in der Schweiz.

Lebensraum

Vegetationsarme Flächen im trockenen Grasland (Magerrasen), Küsten- und Binnendünen, ursprünglich auch entlang der Überschwemmungsbereiche natürlicher Flussläufe. Sekundärbiotope (Großteil der Bestände), aber heute in Abbaugebieten (z. B. Steinbrüche, Sand, Kies- und Tongruben) und auf Abraumhalden (Bergbau-Folgelandschaften).

J	F	M	A	M	J	J	A	S	O	N	D

Pärchen der Wechselkröte.

Junge Kaulquappen dieser Art sind anfangs noch dunkel gefärbt, hellen im späteren Verlauf aber auf.

Die östlichen Wechselkröten wurden zeitweise als eigenständige Art (Bufotes variabilis) oder eben Unterart (Bufotes viridis variabilis) angesehen. Hier ein solches Exemplar von der Ostseeinsel Fehmarn.

Wegen der grünen Flecken wird die Art manchmal auch „Grüne Kröte" genannt, während der häufigere Name „Wechselkröte" auf die Fähigkeit zu einem Farbwechsel von heller nach dunkel hindeutet. Doch ist das Farbwechselvermögen bei dieser Art längst nicht so ausgeprägt wie beim Laubfrosch.

Die Wechselkröte ist eine wärmeliebende Art, die aus den Steppen Asiens zu uns eingewandert ist. Schwerpunktmäßig findet sie sich in unserem Raum in klimatisch günstigen Lagen Ost- und Süddeutschlands sowie in den Tiefländern Österreichs. Ihre Lebensräume ähneln sehr denen der Kreuzkröte, mit der sie in verschiedenen Regionen, z. B. in Sachsen und im Rhein-Main-Gebiet vergesellschaftet ist.

Tagsüber verbergen sich die Tiere unter Brettern, Steinen, in Steinhaufen, Kaninchenbauten, Mauselöchern und in selbst gegrabenen Höhlen. Nachts kommen sie hervor, um auf

Rufende Wechselkröte aus Baden-Württemberg mit kehlständiger Schallblase.

Als Sekundärbiotop werden zu einem hohen Anteil Steinbrüche und andere aktive oder stillgelegte Abbaugebiete bewohnt. Diese Aufnahme entstand in Böblingen (Baden-Württemberg).

Nahrungssuche zu gehen oder sich zu paaren. Im Herbst ziehen sie sich in ihre Winterquartiere zurück, wobei nicht selten auch Häuser, Stallanlagen, Keller und alte Bunker genutzt werden.
Die Wechselkröte toleriert hohe Salzgehalte im Wasser, indem sich die Larven noch bei einer Salinität von mehr als 10 ‰ entwickeln. Gewässer mit derartigen Salzgehalten finden sich an der Ostsee und im Binnenland in Braunkohletagebaugebieten.
Unter den Feinden sind vor allem Fische zu nennen, die zu einer ernsten Bedrohung werden können. Vor allem vom Menschen in die Laichgewässer eingesetzte Karauschen und aus Nordamerika stammende Sonnenbarsche erbeuten in großer Zahl die Kaulquappen. Normalerweise stellen verschiedene Vogelarten und die Ringelnattern den Larven wie den umgewandelten Kröten nach.

Rufe

Die Paarungsrufe sind ein lang gezogenes melodisches Trillern, das dem Zirpen der Maulwurfsgrille oder dem „Rollen" der Kanarienvögel ähnelt.

Besonderheiten

Wo die Wechselkröte zusammen mit der Kreuzkröte vorkommt, finden gelegentlich Kreuzungen zwischen beiden statt. Dabei sind nur Nachkommen der Kreuzung Kreuzkröten-Männchen und Wechselkröten-Weibchen lebensfähig. Die Mischlinge (Hybride), die im Aussehen zwischen beiden Elternarten liegen, sind aber wahrscheinlich nicht fruchtbar.

Laichgewässer und Laich

Flache, meist kleine bis mittelgroße stehende Gewässer, ohne oder mit nur wenig Pflanzenbewuchs. Etwa 2000–15000 schwarze Eier werden in 2–4 m langen, locker oder wenig gespannten Laichschnüren abgelegt.

Nahrung

Ameisen, Käfer, Spinnen und andere Gliederfüßer, Schnecken und Regenwürmer. Jungtiere leben vor allem von Pflanzenläusen, Springschwänzen, kleinen Käfern und Milben.

Beobachtungstipps

- Milde April-, Mai- und Juni-Nächte: Laute, helle, trillernde Rufe.
- Tagsüber: Im engeren Umfeld der Laichgewässer flache Steine, Bretter, Müll (z. B. Plastikfolien) hochheben, unter denen häufig die erwachsenen Tiere und zum Sommer hin auch die frisch umgewandelten Jungtiere zu finden sind. Bitte alle umgedrehten Materialien wieder vorsichtig in die alte Position zurücklegen!

Oben: Wie die Larven der Kreuzkröte bilden auch solche der Wechselkröte kleine Trichter im Bodenschlamm.
Rechts: Frisch metamorphosierte Wechselkröten haben noch keine deutliche Fleckenzeichnung.

Europäischer Laubfrosch

(*Hyla arborea*)

Verbreitung

Im größten Teil Deutschlands, aber mit größeren Verbreitungslücken. In Österreich in den Tiefländern des Nordens, Ostens und Südens (z. B. Kärntner Becken) sowie am Alpenrhein (Vorarlberg). In der Schweiz nur auf der Alpennordseite.

Lebensraum

Lichte Auwälder, feuchte Wiesen und Weiden, Hecken und Waldsäume, Abgrabungskomplexe (Kies-, Sand- und Tongruben), in Mitteleuropa meist unterhalb 1000 m NN.

Laichgewässer und Laich

Stehende, vor allem reich strukturierte Gewässer unterschiedlicher Größe, von Pfützen bis Seeufer-Bereichen, Teichen und Altarmen. Neu entstandene Gewässer werden oft rasch besiedelt.
Pro Weibchen werden 2-10 etwa walnussgroße Laichklumpen abgesetzt, die jeweils bis zu 80 Eier enthalten können. Mit den Hinterbeinen ertastet das Weibchen Pflanzen oder Stängel, die zwischen 10 und 50 cm unter der Wasseroberfläche liegen und haftet die Laichklumpen an diese. Über die Gesamtzahl der Eier eines Weibchens (über eine Laichperiode) existieren unterschiedliche Angaben: Binnen einer Saison wird von einigen Hundert bis über 1.400 Eiern pro Weibchen berichtet. In Einzelfällen sollen Weibchen demnach auch ein zweites Mal pro Jahr zur Reproduktion schreiten.

Nahrung

Vorwiegend Zweiflügler (Fliegen), Käfer und Spinnentiere, die meist im Sprung erbeutet werden.

Kennzeichen

Kleiner Frosch von 4–5 cm Länge, selten größer. Oberseits meist grasgrün gefärbt und in der Regel fleckenlos. Vom Nasenloch bis in die Nähe der Hinterbeinansätze seitlich je ein dunkles, nach oben hell gesäumtes Längsband verlaufend, das am hinteren Ende ein kleines Stück hakenförmig nach oben zieht (sog. „Hüftschlinge"). Finger- und Zehenspitzen mit rundlichen Haftscheiben.
Männchen: Kehle faltig und bräunlich, gelblich oder orange, z. T. schmutzig grün gefärbt.
Weibchen: Kehle glatt und weiß bis beige, manchmal mit grasgrünen Flecken.
Jungtiere: sind oft blass-gelblich oder goldgelb gefärbt

Von April bis in den Juni hinein halten sich die Erwachsenen in Laichgewässernähe auf. Paarung und Ablaichen einer Population ziehen sich über viele Wochen hin. Danach wandern die Tiere in ihre Sommerlebensräume ab, die manchmal nur wenige Meter, nicht selten aber bis mehrere Hundert Meter oder mehr als einen Kilometer entfernt liegen. Dort leben sie in Hochstauden, Gebüschsäumen und in Bäumen, in denen sie auch in die Kronen bis mehr als 25 m Höhe hinaufsteigen. Gerne sitzen die Tiere auf Blättern, was ihnen den Namen Laubfrosch eingebracht hat, wobei Arme und Beine unter den Körper geschoben sind und der Rücken leicht gewölbt ist. Durch diese halbkugelige Körperhaltung reduzieren sie die Wasserverluste bei ihren ausgiebigen Sonnenbädern. Von Ende Oktober bis März/April halten die Laubfrösche Winterruhe (Winterstarre) in Hecken, Gebüschen und Wäldern, wo sie sich in frostsicheren Verstecken verbergen.
Feinde der Laubfrösche sind z. B. Neuntöter, verschiedene Reiherarten und die Ringelnattern (*Natrix natrix* & *N. helvetica*), während die Larven von räuberischen Wasserinsekten und deren Larven (Gelbrandkäfer-, Libellenlarven...) gefressen werden. Entgegen den Kaulquappen anderer Froschlurch-Gattungen schwimmen die der Laubfrösche vermehrt in der Mitte der Gewässer und an deren Oberfläche. Dies macht sie zur leichten Beute von Fischen! Ausgesetzte Goldfische, Karauschen und insbesondere Forellen, aber auch vielerorts auch in Teichen „entsorgte" Haustiere wie Schmuckschildkröten, können kleine und ohnehin instabile Populationen bis zur Ausrottung bedrohen.

Rufe

Laubfrosch-Männchen verfügen mit über die lautesten Rufe unter den heimischen Amphibien, die noch in mehreren hundert Meter Entfernung zu hören sind. Dies verdanken sie einer imposant aufblähbaren kehlständigen Schallblase, die als Resonanzkörper dient. Der Paarungsruf ist ein rätschendes „äpp, äpp, äpp", das im Konzert von mehreren Männchen zu einer ununterbrochenen Geräuschkulisse verschmelzen kann.

Besonderheiten

Unter den heimischen Amphibien sind Laubfrösche (Gattung *Hyla*) die einzigen, die hervorragend klettern können, selbst an senkrechten und glatten Oberflächen (z. B. Glasscheiben). Diese Kletterkünste sind nur möglich, weil sie an den Finger- und Zehenspitzen rundliche Haftscheiben tragen. Im Elektronenmikroskop konnte man bei starker Vergrößerung nachweisen, dass jede Haftscheibe etwa 13.000–19.000 winzige Saugnäpfe aufweist.

J F M A M J J A S O N D

Die Larven der Laubfrösche sind mit etwas Übung leicht von denen anderer Froschlurche zu unterscheiden. Unter anderem an dem hoch aufgewölbtem Schwanzflossensaum, der knapp hinter den Augen beginnt.

Von vorne gesehen fallen die beiden hellen Flecke zwischen den Augen auf, die in dieser Form einzigartig für die Kaulquappen des Europäischen Laubfroschs sind.

Bilder links: Üblicherweise sind Laubfrösche grün gefärbt (oben). Binnen einiger Minuten vermag ein Tier sich heller oder dunkler zu färben, sogar bis ins rötlich-braune oder graue (unten) – mit oder ohne Flecken-Zeichnung.

Eine weitere Besonderheit stellt das Farbwechselvermögen der Laubfrösche dar. Meist sind die Tiere oberseits dunkel- oder hellgrün gefärbt, manchmal aber grau, braun oder gelblich. Zusätzlich können dunkle Flecken oder eine Marmorierung ausgebildet sein. Die Umfärbung kann grundsätzlich rückgängig gemacht werden, nicht jedoch bei blauen Laubfröschen, die es manchmal auch gibt. Dieser Farbton kommt dadurch zustande, dass ihnen der gelbe Hautfarbstoff fehlt. Das Grün der Rückenhaut resultiert durch Mischung einer gelben und blauen Farbkomponente. Fehlt die gelbe Komponente, bleiben die Tiere blau.

Laubfrösche wurden früher als „Wetterfrosch" in Gläsern mit kleinen Leitern gehalten, weil man glaubte, man könne durch sein Verhalten (Auf- oder Absteigen der Leiter) das Wetter vorhersagen. Ein trauriges Beispiel für Aberglauben, der ganz sicher unzählige Tiere das Leben kostete.

Beobachtungstipps

- April – Juni: lautstarke Rufkonzerte sind besonders nach Regen und in milden Nächten zu erwarten. Bekannte Gewässer sollten bei Einbruch der Nacht aufgesucht werden (am besten durch Naturschutzverband oder Biologische Station geführte Exkursion in kleiner Gruppe!). Erfolgversprechend ist die Suche im Uferbereich, wo die Männchen sowohl in der Ufervegetation sitzend als auch aus dem Wasser rufen. Ruhiges Verhalten und möglichst wenig mit der Taschenlampe herum leuchten führt am ehesten zum Ziel. Auch sollten keine zu hellen Lampen benutzt werden, schwaches Licht beunruhigt Wildtiere generell weniger. Erfolgt die Annäherung im Zeitlupen-Tempo, kommt man problemlos bis auf gut 1 m an sie heran, ohne dass sie flüchten. Gestörte Tiere hören zunächst auf zu rufen. In dem Fall empfiehlt es sich, ruhig stehen zu bleiben und das Licht auszuschalten. Nach kurzer Zeit beginnt das Froschkonzert dann von neuem und man kann das „schwache" Licht wieder einschalten.
- Juli – Oktober: an trockenen, sonnig-warmen Tagen sonnenexponierte (!) Gebüschsäume (vor allem Brombeerhecken) in Nachbarschaft zu den Laichgewässern sorgfältig absuchen. Die Tiere sind durch ihre grüne Farbe gut getarnt und flüchten bei rascher Annäherung schnell ins Innere der Gebüsche. Nähert man sich aber mit langsamen Bewegungen bleiben sie gewöhnlich im Vertrauen auf ihre Tarnung, sitzen. Im Spätsommer und Herbst sollte auf sogenannte „Herbstrufe" geachtet werden, die (meist einzeln) aus Hecken und Baumkronen zu hören sind.

Oben: Trotz seiner geringen Körpergröße verfügt der Laubfrosch über einen der lautesten Rufe aller Europäischen Froschlurche.
Unten: Laubfrosch-Pärchen im Paarungsgriff (Amplexus). Entgegen anderen Gattungen werden bei den Laubfröschen (Hyla) neben der festen Klammerung durch die Arme auch die Finger zum Festhalten genutzt.

Oben: Weit entwickelte Laubfrosch-Larve, bei der schon ansatzweise die Haftzehen zu erkennen sind.
Unten: Laubfrösche jagen vor allem Fluginsekten, die im Sprung erbeutet werden.

Norditalienischer Laubfrosch

(*Hyla perrini*)

Verbreitung

Fehlt in Deutschland und Österreich. In der Schweiz nur im südlichsten Teil (Tessin), meist zwischen 200 und 400 m über NN.

Lebensraum

Offene, gut besonnte Lebensräume, Wiesen, Weiden, Gebüsch- und Waldsäume, Abgrabungen, Baustellengelände und Gärten.

Laichgewässer und Laich

Unterschiedlichste stehende Gewässer, selten in langsam fließenden Gewässern. Weiher, Teiche, Gräben sowie Pfützen auf Baustellen und Äckern.
Bis zu 1000 oberseits hellbraune Eier werden je Weibchen in zahlreichen kleineren Laichklumpen an untergetauchten Pflanzen abgelegt.

Nahrung

vermutlich wie Laubfrosch

J	F	M	A	M	J	J	A	S	O	N	D

Kennzeichen

Kleiner Frosch von 4–5 cm Länge, selten größer. Oberseits meist grasgrün gefärbt und in der Regel fleckenlos. Vom Auge bis in die Nähe der Hinterbeinansätze seitlich je ein dunkles, nach oben hell gesäumtes Längsband verlaufend, das am hinteren Ende ein kleines Stück hakenförmig nach oben zieht (sog. „Hüftschlinge"). Finger- und Zehenspitzen mit rundlichen Haftscheiben.
Im Grunde ist der Italienische Laubfrosch äußerlich kaum vom Europäischen Laubfrosch zu unterscheiden. Die im Folgenden genannten Merkmale bzw. Unterschiede sind aufgrund der nahen Verwandtschaft beider Arten oft nur marginal ausgeprägt. Eine sichere Bestimmung ist daher am ehesten durch den Fundort (Verbreitungsgebiet) möglich.
Unterschiede zum Europäischen Laubfrosch (*Hyla arborea*): dunkler Streifen zwischen Nasenloch und Auge schmaler und oft unvollständig, manchmal komplett fehlend. Dunkles Band zwischen Trommelfell und Augenhinterrand deutlich schmaler. Trommelfell überragt das dunkle Band nach unten hin deutlich. Beim Europäischen Laubfrosch läuft hingegen das Band oft breit über das Trommelfell hinweg.
Männchen: Kehle faltig und bräunlich, gelblich oder orange.
Weibchen: Kehle glatt, weiß bis beigefarben.

Im Jahre 1995 wurde der Italienische Laubfrosch (*Hyla intermedia*) aufgrund genetischer Unterschiede als eigene Art vom Europäischen Laubfrosch (*Hyla arborea*) abgespalten. Neuere Untersuchungen führten zu der Erkenntnis, dass seine nördlichen Populationen sich genetisch auf Artniveau noch einmal signifikant von den süditalienischen unterscheiden, bei denen der Name (*Hyla intermedia*) nunmehr als Süditalienischer Laubfrosch verbleibt. Die ersteren wurden als Norditalienischer Laubfrosch (*Hyla perrini*) erst 2018 als eigenständige Art beschrieben. Sie sind in der Po-Ebene (Nord-Italien) bis östlich an die Soča (Slowenien) verbreitet und erreichen das hier bearbeitete Gebiet im Schweizer Tessin.

Die „sichtbaren" Unterschiede zum Europäischen Laubfrosch sind oft nur mit gutem Willen oder gar nicht zu erkennen. Die nahe Verwandtschaft und innerartliche Variationen können bei der Bestimmung gelegentlich sogar eher irritieren. Auch ökologisch werden die gleichen Nischen in den jeweiligen Verbreitungsgebieten besetzt, deutliche Unterschiede sind somit am ehesten im Labor zu messen.

Rufe

Der Paarungsruf ist dem des Europäischen Laubfrosches sehr ähnlich. Als Unterscheidungsmerkmal im Gelände sind die sehr geringen Unterschiede, die sich im Labor messen ließen, vermutlich nicht wahrnehmbar.

Beobachtungstipps

- siehe Laubfrosch

Besonderheiten

siehe Europäischer Laubfrosch

Norditalienischer Laubfrosch mit aufgeblähter Schallblase in der Aufsicht.

Moorfrosch

(*Rana arvalis*)

Verbreitung

In Deutschland vor allem im Norddeutschen Tiefland und im Nordosten Bayerns, in anderen Landesteilen fehlend oder nur lokal vorkommend. In Österreich in den Tieflandgebieten des Nordens, Ostens und Südens. Fehlt in der Schweiz.

Lebensraum

Lebt vorwiegend in Randbereichen von Hochmooren, Heidegebieten, Flussauen, feuchtem Grünland, Bruch- und Auwäldern und in lichten Kieferforsten mit krautigem Unterwuchs.

Laichgewässer und Laich

Altwässer, Altarme und Tümpel in Flussauen, Hochmoor- und Heideweiher, Gräben, Grünlandtümpel und überschwemmte Wiesen.

Die Weibchen legen zwischen 500 und 3.000 Eier in einem Ballen ab. Bevorzugt werden Flachwasser bis zu 50 cm Tiefe, wo sich gewöhnlich mehrere Tiere zu Balz und Paarung versammeln. In solchen Bereichen kommt es oft zu großflächigen „Laich-Teppichen", wenn die nahezu zeitgleich abgesetzten Ballen miteinander verschmelzen. Laich und Larven der Moorfrösche vertragen einen niedrigen (sauren) pH-Wert weitaus besser als die anderer Arten. Solche Werte, die leicht sauer (pH 4,5-5), aber eben nicht zu sauer sind, werden von Moorfröschen noch angenommen, von anderen Arten aber weitgehend gemieden. Zum Vergleich: Regenwasser (dementsprechend auch Teichwasser) weist üblicherweise einen pH-Wert von 5,6 oder höher auf.

Dieser Umstand macht die Art in vielen Moorgebieten nahezu konkurrenzlos.

Kennzeichen

Zierlich gebauter, meist 5–6 cm, selten bis 8 cm langer Frosch mit zugespitztem Kopf. Oberseits bräunlich bis rötlich gefärbt, ohne oder mit dunklen Flecken. Bei vielen Tieren ein breites, helles und scharf abgesetztes Rückenband, das auf der Kopfoberseite beginnt und sich über den ganzen Rücken erstreckt. Vom sehr ähnlichen Grasfrosch auch durch die Größe des Trommelfells (hinter den Augen) gut zu unterscheiden. Dessen Durchmesser ist beim Moorfrosch „deutlich" kleiner als der des Auges.

Männchen: Zur Paarungszeit oft auffällig bläulich oder himmelblau gefärbt. Die Färbung kann von einer zur anderen Population intensiver oder weniger bunt sein und dauert generell nur wenige Tage an. An den Daumen dann mit schwarzbraunen Verdickungen (Brunftschwielen).

Moorfrosch-Pärchen aus der Diepholzer Moorniederung (Niedersachsen).

Zur Laichzeit versammeln sich oft dutzende bis hunderte Moorfrösche an geeigneten Stellen.

Moorfrösche zählen zu sogenannten „Explosivlaichern", die im Frühjahr (gewöhnlich März) nahezu zeitgleich zu ihren Laichgewässern finden, nur kurze Zeit balzen und umgehend ablaichen. Ein solches Verhalten wird auch bei anderen Braunfröschen (Grasfrosch, Springfrosch, Italienischer Springfrosch) und der Erdkröte beobachtet. Von der Zuwanderung der ersten bis zur Abwanderung der letzten Tiere vergehen oft nur ein bis zwei, maximal drei Wochen. Danach verteilen sie sich im Umkreis von bis über 1 km auf die Landhabitate, die bei Moorfröschen in Wiesen, feuchten Heiden, lichten Bruch- und Auwäldern oder auch etwas trockeneren Moorpartien mit Pfeifengras liegen.

In vielen Populationen wandern sie im Herbst wieder in Richtung Laichgewässer, um in dessen Nähe in Erdhöhlen oder im Gewässer selbst zu überwintern. Die Lebensräume sind sehr vielfältig und der Name „Moorfrosch" trifft nur in Teilen des Verbreitungsgebietes zu, z. B. in Nordwestdeutschland. In Süddeutschland, Österreich und auf dem Balkan werden auch große Flussauen (z. B. Oberrheinebene, Donau, Drau, Save) besiedelt. Aber auch in Norddeutschland wird der eigentliche Hochmoorbereich zumindest als Laichbiotop gemieden. Die Art lebt hier mehr an den Rändern. Der Grund: Hochmoore weisen ein stark saures Wasser auf, mit pH-Werten unter 5 (bis 3,5), in welchem der Laich abstirbt. Die Randbereiche der Moore bestehen dagegen aus Mischwasser mit pH-Werten über 4,5 (mäßig sauer).

Positiv wirkt sich hier auch die Beweidung durch Schafe (z. B. Moorschnucken) auf potenzielle Laichgewässer aus. Diese „Landschaftspfleger" verbeißen nicht nur die entwässernden Birken im Moor und sorgen so für den Erhalt des Lebensraumes. Auch entlang beweideter Flächen eingetragener Urin der Wiederkäuer sorgt mit seinen leicht alkalischen Eigenschaften für eine gewisse Neutralisierung des pH-Wertes. So liegen auch bspw. in der Diepholzer Moorniederung (Niedersachsen/NRW) die dichter besiedelten Laichgewässer des Moorfroschs genau entlang der regelmäßig von Herden begangenen Pfade.

Feinde des Moorfrosches sind viele Vogel- und Säugerarten (Waschbär, Hauskatze, Iltis...). Unter den Schlangen insbesondere Ringelnattern, Barrenringelnatter und Kreuzotter.

Nahrung

Insekten, Asseln, Doppel- und Hundertfüßer, Spinnen, Schnecken und Regenwürmer. Unter den Insekten spielen vor allem Käfer, Schmetterlingsraupen, Zweiflügler und Springschwänze eine große Rolle.

J	F	M	A	M	J	J	A	S	O	N	D

Beobachtungstipps

- Im März sich vorsichtig den Laichgewässern nähern (behutsam auftreten, langsam in gebückter Haltung nähern, da Tiere sehr scheu!) und nach den blubbernden Rufen hören, mit Fernglas balzende Tiere beobachten
- Im Juni/Juli frisch verwandelte Jungtiere in Ufernähe suchen
- Im Herbst (September/Oktober) Wiesen, Feuchtheiden, Pfeifengrasflächen in Laichgewässernähe durchstreifen.

Moorfrosch aus Brandenburg mit klassischem Rückenstreifen (nicht immer vorhanden!).

Stark geflecktes Moorfrosch-Männchen zur Laichzeit.

Larven der Moorfrösche zeigen goldgelbe Pünktchen auf dunklem Grund.

Rufe

Der häufigste Ruf ist ein charakteristisches Blubbern, das dem Geräusch ähnelt, das entsteht, wenn man eine leere Flasche unter Wasser taucht.

Besonderheiten

Die intensiv-blaue Färbung auf der Oberseite männlicher Moorfrösche in der Paarungszeit ist etwas Einzigartiges und nicht mit der zart bläulichen Färbung männlicher Grasfrösche (hier besonders an der Kehle) während der Laichperiode vergleichbar. Im Extrem kann bis auf Bauch und Beinunterseiten alles leuchtend himmelblau gefärbt sein. Wie diese Färbung genau entsteht, ist noch nicht vollständig geklärt. Sie entsteht aber (vereinfacht ausgedrückt) durch hormonelle Veränderungen und erhöhte Speicherung von Flüssigkeit unter der Haut. Durch die Lichtbrechung auf der dadurch aufgequollenen Oberfläche erscheint ein kräftiges Blau, dessen Intensität aber offenbar auch vom Erregungszustand des einzelnen Individuums abhängt. Weiterhin ist bekannt, dass die Blaufärbung auch regional sehr unterschiedlich sein kann, es also Populationen mit mal mehr oder weniger extrem bläulichen Männchen gibt.

Moorfrosch-Männchen in einer Ansammlung von bereits abgesetzten Laichballen.

Grasfrosch

(*Rana temporaria*)

Kennzeichen

Großer, plump wirkender Frosch mit stumpf gerundetem Kopf, bis 11 cm lang. Oberseits bräunlich, braun-grau, rötlich-braun, schmutzig olivgrün oder ähnlich gefärbt und gewöhnlich mit dunklen, schwarz-braunen Flecken, oft recht bunt.

Männchen: Unterseits hell, meist grau gefleckt oder marmoriert (manchmal dunkelgrau). Zur Paarungszeit „aufgequollen" erscheinend, mit schwarzbraunen Brunftschwielen an der Hand-Innenseite. Die Kehle ist dann sehr hell (dadurch zeichnungslos), weiß oder dezent bläulich gefärbt. Auch weitere Kopfpartien (Oberlippen, Trommelfell...) können blau erscheinen, jedoch weit weniger intensiv und auffällig als bei den Moorfrosch-Männchen.

Weibchen: Unterseits auf gelblichem Untergrund gewöhnlich orange-rötlich gefleckt oder marmoriert. In der Paarungszeit an Flanken und Hinterbeinen mit feinen weißlichen „Pickeln".

Ansammlung von Grasfröschen in der Flachwasserzone ihres Laichgewässers.

Junge Larven des Grasfroschs sind noch gelb gefleckt. Im späteren Verlauf erscheinen sie deutlich weniger kontrastreich.

Verbreitung

In allen drei Ländern nahezu flächendeckend vorkommend. Fehlt im östlichsten Teil Österreichs.

Lebensraum

Fast alle Lebensräume Mitteleuropas, von Meeresspiegelhöhe bis ins Hochgebirge, wobei kühle und schattige Bereiche bevorzugt werden.

Laichgewässer und Laich

Die unterschiedlichsten stehenden und langsam fließenden Gewässer, von kleinen Pfützen und schmalen Gräben bis zu Verlandungsbereichen größerer Seen und Teiche, auch in Garten- und Schulteichen.

Etwa 700–4500 oberseits braun-schwarze Eier in einem Ballen setzt das Weibchen auf unbewachsenem Gewässergrund oder auf untergetauchten Pflanzen meist im seichten Uferbereich ab.

Nahrung

Käfer, Heuschrecken, Spinnen, Asseln, Schnecken und andere Kleintiere; die Larven leben vor allem von Algen, nehmen daneben aber auch tierische Nahrung zu sich, z. B. Urtierchen sowie absterbendes tierisches und pflanzliches Material.

J	F	M	A	M	J	J	A	S	O	N	D

Beobachtungstipps

- Entwicklung vom Ei zum fertigen Frosch
- Durchstreifen von begrasten Böschungen an Straßengräben und Bachufern (Gummistiefel!)
- Mithelfen beim Leeren von Eimerfallen an Amphibienschutzzäunen im Frühjahr (örtliche Naturschutzgruppe kontaktieren)

Grasfrösche finden wir vermehrt in feuchten Wiesen und Laubwäldern.

Grasfrosch-Pärchen inmitten von bereits abgesetztem Laich der Artgenossen .

Grasfrösche sind trotz mancherorts zu beklagender Bestandsrückgänge die verbreitetsten Frösche Mitteleuropas. Zur Paarungszeit bilden sie Laichgemeinschaften von bis zu einigen hundert Tieren. Die Sommerlebensräume liegen oft im Umkreis von 400 – 800 m vom Laichgewässer, gelegentlich auch mehr. Bei den Wanderungen bleibt es leider nicht aus, dass die Tiere auch stärker befahrene Straßen überqueren, auf denen dann so mancher Frosch überfahren wird. Je nach Lebensraum ist der Grasfrosch gleich nach der Erdkröte die häufigste Art an Straßenleitsystemen (Krötenzäunen).

Tagsüber verbergen sich Grasfrösche gerne in hohem Gras (Name!), also nassen Wiesen, aber auch entlang von Bächen oder Flüssen, in Hecken, Au-, Laub- und Mischwäldern. Die Hauptaktivität liegt in der Dämmerung und bei Nacht, aber in entsprechend feuchten Bereichen (oder bei Regen) trifft man sie ebenso bei Tage an.

Von einigen hundert Eiern pro Laichballen erreichen nur wenige Tiere die Geschlechtsreife, bedeuten doch Laich, Larven und fertig entwickelte Frösche Nahrung für etliche Tierarten, die höher in der Nahrungskette stehen. Hier schließt sich dann auch ein Kreis, denn mehr Grasfrösche und deren Laich bedeuten somit auch eine reichhaltigere Fauna von Insekten (z. B. Libellen), Vögeln und Säugetieren in Natur oder Garten. Zur Laichzeit findet man am Ufer der Gewässer nicht selten aufgequollene Laichgallerten („Meteorgallerte") oder teilweise ausgeweidete tote Grasfrösche. Dies können Zeichen dafür sein, dass Vögel oder Säuger die Gunst der Stunde genutzt und Grasfrösche erbeutet haben, und hat nicht immer zwingend etwas mit Wasserverschmutzung zu tun.

Grasfrösche überwintern seltener an Land als in stehenden und fließenden Gewässern. Besonders in Folien-Gartenteichen, deren Tiefe unter einem Meter liegen, sterben regelmäßig etliche von ihnen während der Wintermonate. Dies kann unterschiedliche Gründe haben, etwa Auszehrung der wechselwarmen Tiere bei zu hohen Temperaturen in warmen Wintern bis an den Grund führenden Frost in kalten Jahren, vor allem aber Sauerstoffmangel. Sichtbar werden diese Folgen meist erst im Frühjahr, wenn die obere Frostschicht geschmolzen ist. Froschfreundliche Gartenteiche sollten so gestaltet (oder umgestaltet) werden, dass sie mindestens 1,20 cm Tiefe haben und eine Schlamm- oder Laubschicht an dessen Grund liegen bleibt. Auch muss man sich leider entscheiden, ob man Frösche oder Zierfische im

Teich haben möchte. In solch kleinen Lebensräumen wird jeder Goldfisch den Larven so lange nachstellen, bis nichts mehr übrig bleibt.

Ansammlung von Laichballen im flachen Uferbereich eines insgesamt viel größeren Teiches .

Rufe

Die Männchen haben zwei Schallblasen, die jedoch nicht nach außen gestülpt werden können (sog. innere Schallblasen). Da sie deshalb nur geringfügig aufgebläht werden können, sind die Rufe vergleichsweise leise. Die harmonisch brummenden Paarungsrufe werden aus der Flachwasserzone von stehenden oder langsam fließenden Gewässern geäußert, in der auch Paarung und Laichabgabe vollzogen werden.

Besonderheiten

In Färbung und Zeichnung variieren Grasfrösche außerordentlich stark; es gibt wohl kaum ein Tier, das dem anderen genau gleicht.

Bei Bedrohung nehmen manche Grasfrösche eine merkwürdige „Abwehrhaltung" ein, indem sie sich an den Boden drücken, dabei die Vorderbeine nach vorne strecken und die „Hände" mit nach oben weisenden Innenflächen auf die Augen legen.

Ein besonders hell gefärbtes Männchen aus den Österreichischen Alpen .

Springfrosch

(*Rana dalmatina*)

Kennzeichen

Oberseits rötlich-braun, gelb-braun, grau-braun oder sandfarben gefärbter, ca. 6–8 cm lang werdender Frosch. Nicht selten ohne Flecken auf dem Rücken. Sind sie vorhanden, dann aber mehr als zu länglichen Streifen oder längs verlaufenden Punkt-Reihen tendierend als bei Gras- oder Moorfrosch. Hinter dem Kopf liegt oberseits häufig eine „V"-förmige Zeichnung, die in zwei Striche aufgelöst sein kann, sich dabei stets nach hinten öffnet. Direkt dahinter ist die Rückenmitte nicht selten aufgehellt, aber weniger deutlich als bei „typischen" Moorfröschen. Nicht immer sichtbar, aber einzigartig ist zudem eine bananengelbe Färbung in der Achselregion und dem Bereich, der von den im Sitzen anliegenden Beinen verdeckt wird. Unterseits gewöhnlich ungefleckt, hell beigefarben. Graziler Körperbau mit langen Hinterbeinen: bei seitlich an den Körper angelegtem Hinterbein ragt das sog. Fersengelenk bei erwachsenen Tieren über die Schnauzenspitze hinaus (Gras- und Moorfrosch haben kürzere Beine). Trommelfell (schräg hinter dem Auge) ungefähr so groß wie Augendurchmesser (bei Moorfrosch deutlich kleiner).

Männchen: Im Februar–April (Paarungszeit) mit grauen (!) Schwielen auf der Innenseite der Daumen.

Springfrösche bei der Paarung (im Amplexus) unter Wasser.

Verbreitung

In Deutschland zerstreut, vorwiegend in der südlichen Landeshälfte und im südlichen Ostdeutschland. In Norddeutschland nur an wenigen Stellen (vor allem östliches Niedersachsen und Kölner Bucht). In Österreich in den Tieflandlagen des Nordens, Ostens und Südens. In der Schweiz weit auseinanderliegende Vorkommen im nördlichsten Teil, im Südwesten und im Tessin.

Lebensraum

Lichte und warme Laubwälder (Buche, Eiche), vor allem der Ebenen, Flussauen und Mittelgebirgslagen, seltener auch Grünland mit Gebüschen.

Laichgewässer und Laich

Meist stehende Gewässer unterschiedlicher Größe, von Wegpfützen und Gräben über kleinere Weiher und Teiche bis zu Altarmen. In der Regel liegen diese im Wald, in Waldrandlagen oder zumindest waldnah.

Meist werden 400–1800 oberseits braun-schwarze Eier in einem Ballen, angeheftet an Ästen oder Pflanzenstängeln, von einem Weibchen abgegeben.

Nahrung

Vor allem Insekten (Falten, Fliegen, Käfer...), daneben Spinnen, Schnecken, Regenwürmer, Ohrwürmer und Hundertfüßer.

J	F	M	A	M	J	J	A	S	O	N	D

Im Gegensatz zu Gras- und Moorfrosch ist der Springfrosch recht einheitlich blass gefärbt. Viele Tiere erinnern an die Färbung des herbstlichen Falllaubes.
Im zeitigen Frühjahr sind die geschlechtsreifen Tiere meist die ersten Frösche am Laichgewässer. Sogar Zuwanderungen im Januar kommen vor, in manchen Gegenden (z. B. Rheinland) wird schon im Februar abgelaicht, doch kann sich die Paarungszeit bis in den April hineinziehen. Die Weibchen bleiben oft nur eine Nacht im Gewässer, um ihren Laichballen abzulegen. Springfroschembryonen und -quappen sind wärmebedürftiger als die des Grasfrosches. Dies hat zur Folge, dass sie bei gleicher Wassertemperatur eine deutlich längere Entwicklungszeit bis zur Umwandlung zu Jungfröschen benötigen.
Während Gras- und Moorfrosch in größeren Laichgemeinschaften große, kompakte Laichballenansammlungen zurücklassen, ist für den Springfrosch die Ablage einzelner rundlicher Laichballen charakteristisch, die in der Regel an längliche Strukturen (lebende oder tote Pflanzenteile) geheftet werden.

Bauchseite mit gut sichtbarem Mundfeld einer Springfrosch-Kaulquappe.

Die blasse, zeichnungsarme Oberseite ist typisch für Springfrösche.

Beobachtungstipps

- Nachtexkursion im zeitigen Frühjahr an ein bekanntes Laichgewässer (nur in bestimmten Gegenden möglich, da Art fleckenhaft verbreitet, am besten in Teilen Hessens, Baden-Württembergs, Bayerns, im Saarland und in Sachsen möglich; in Norddeutschland nur örtlich, z. B. Lüneburger Heide, Insel Rügen, Kölner Bucht).
- Mithelfen beim Leeren von Eimerfallen an Amphibienschutzzäunen im Frühjahr (örtliche Naturschutzgruppe oder Biologische Station kontaktieren)
- Im Sommer Durchstreifen von Wäldern oder Absuchen von Weg- und Wiesenrändern im Umfeld der Laichgewässer (Achtung: Die Tiere fliehen sehr schnell und mit großen Sprüngen)

Da die Art für viele nicht eindeutig vom Grasfrosch unterschieden werden kann, wäre es wenig überraschend, wenn die Verbreitung mancherorts noch nicht vollständig erfasst wurde. Deshalb lohnt es (insbesondere bei den sich ähnelnden Braunfröschen) auch mal etwas genauer hinzuschauen! Ein Belegfoto kann bei der fachmännischen Bestimmung hilfreich und ggf. ausreichend sein.

Rufe

Springfrosch-Männchen haben im Gegensatz zu den anderen heimischen Froscharten keine Schallblasen, geben aber dennoch Rufe von sich, die allerdings recht leise sind. Dabei dienen die Lungen als Resonanzkörper. In der Regel rufen die Tiere ab Einbruch der Dunkelheit und unter Wasser, bei höheren Temperaturen auch über Wasser. Die sehr leisen, zudem durch das Wasser noch gedämpften Rufe können mit einem schnell aufeinander folgendem „og...og...og...og" gut beschrieben werden.

Besonderheiten

Dank der langen Hinterbeine flüchtet der Springfrosch mit großen, bis etwa 2 m weiten und 1 m hoch reichenden Sätzen (Name!).

Zur sicheren Unterscheidung von ähnlichen Arten wird u. a. die Größe des Trommelfells im Vergleich zum Augendurchmesser herangezogen (siehe Seite 89).

Springfrösche wickeln ihre Laichballen meist um längliche Strukturen wie hier an Grashalmen. Dadurch sehen die Ballen wie aufgespießt aus.

Italienischer Springfrosch

(*Rana latastei*)

Kennzeichen

Graziler mittelgroßer Braunfrosch, Weibchen maximal 7,5 cm, Männchen nur bis 5,5 cm lang werdend. Oberseite rotbraun oder blass gräulich-braun, meist nur blass- oder auch ungefleckt. Eindeutiges Bestimmungsmerkmal ist im Zweifelsfall ein deutlich abgesetzter, heller Streifen, der aber erst direkt am unteren Augenrand beginnt und dann, wie bei anderen Braunfröschen auch, am Mundwinkel endet. Hinterbeine lang. Vom Springfrosch, mit dem sie oft zusammen vorkommt, unterscheidet sich die Art durch die kräftig gefleckte Kehle (Springfrosch in aller Regel ungefleckt), die eine helle Mittelzone aufweist und durch das kleinere Trommelfell (max. 2/3 des Augendurchmessers), das sich außerdem kaum vom Untergrund absetzt und somit oft nur schwer erkennbar ist. Weiterhin ohne Gelbfärbung in Achsel- und Lendenregion (vgl. Springfrosch). **Männchen:** Während der Laichzeit (Februar–April) Innenseite der Hinterbeine orange gefärbt (beim **Weibchen** weißlich) und an den Daumen mit dunkelbraunen Brunftschwielen.

Pärchen des Italienischen Springfroschs im Tessin (Schweiz).

Wie der Springfrosch ist auch der Italienische Springfrosch ein langbeiniger Vertreter, der mit weiten Sprüngen flüchtet. Am Ende einer Fluchtetappe drückt er sich an den Boden. Ergreift man ihn, äußert er bisweilen Abwehrrufe, die wie „kek-kek-kek" klingen und die früher für Paarungsrufe gehalten wurden.

Paarungen und Laichabgaben beginnen bereits im Februar, die letzten finden Mitte April statt. Die Erwachsenen verlassen danach das Wasser und suchen ihre Sommerlebensräume am Lande auf, wo man sie seltener findet. Im

Verbreitung

Fehlt in Deutschland und Österreich. In der Schweiz nur im Südtessin.

Lebensraum

Ein Frosch der Ebene, der lichte Laubwälder, Auenwälder an Flüssen und Sumpfwälder an Ufern kleiner Seen besiedelt, die alle hoher Grundwasserstand und krautreicher Unterwuchs auszeichnet.

Laichgewässer und Laich

Altwässer, Gräben, Tümpel und Pfützen unter Grundwassereinfluss sowie ufernahe Flachbereiche langsam fließender Gewässer. Die Weibchen legen je Saison einen Laichballen, der zwischen 400 und 1200 Eier enthält. Er wird, wie beim Springfrosch, an schräg ins Wasser hängenden Zweigen, im Gewässer liegenden Ästen, Halmen und dergleichen befestigt. Vom Laich des Springfroschs ist er in dieser Hinsicht kaum zu unterscheiden, im direkten Vergleich aber sichtlich kleiner.

Nahrung

keine Untersuchungen bekannt

J	F	M	A	M	J	J	A	S	O	N	D

> ### Beobachtungstipps
> - Wegen der nächtlichen Lebensweise und dabei fast ausschließlich unter Wasser sind die Tiere zur Laichzeit nur schwer zu beobachten. Einfacher ist es, im Herbst (September/Oktober), wenn sie sich wieder in Laichgewässernähe aufhalten, nach ihnen im Uferbereich zu suchen.

Bei den "Braufröschen" (Gattung Rana) reicht ein schneller Blick oft nicht aus, um sie der entsprechenden Art sicher zuzuordnen. Auf der folgenden Seite werden deshalb die wichtigsten Bestimmungs-Merkmale genauer beschrieben.

September/Oktober steigt deren Aktivität wieder an. Sie finden sich dann in Nähe ihrer Laichgewässer ein. Die Überwinterung findet laichgewässernah am Lande oder auch im Wasser statt.

Die Männchen werden in den wärmeren Zonen des Verbreitungsgebietes (zentrale Poebene) bereits nach einem Winter geschlechtsreif, d. h. im 2. Lebensjahr, was ungewöhnlich früh ist. Die Weibchen werden ein Jahr später geschlechtsreif. Im Freiland erreichen die Männchen ein Durchschnittsalter von nur drei, die Weibchen von vier Jahren. In den kühleren am Rande liegenden Verbreitungsgebieten (Südschweiz) ist wahrscheinlich überall ein Jahr dazuzurechnen (Grossenbacher).

Rufe

Die Männchen, die keine Schallblase haben, geben ihre Paarungsrufe unter Wasser ab. Rufe mit langen Pausen, die wie ein krächzendes „ä" klingen und „entfernt an Katzenmiauen" (Grossenbacher) erinnern.

Besonderheiten

Die Art gehört zu den seltensten und wohl auch gefährdetsten Froscharten Europas. Das liegt vor allem an der Vernichtung vieler Auwälder in der Poebene, wo die Art früher häufiger war. Im Südtessin (Schweiz), einer stark vom Menschen überformten und bebauten Landschaft, kommen nur noch wenige, meist kleinere Bestände nahe der italienischen Grenze vor.

Der Laich ähnelt dem des Springfroschs, ist aber deutlich kleiner.

Ein sicheres Bestimmungsmerkmal (nur innerhalb der Schweiz) ist die marmorierte Kehle mit dem hellen Strich in der Mitte.

Bestimmung von Braunfröschen

Moorfrosch

- Trommelfell-Durchmesser (1) deutlich kleiner als Auge. Grüner Kreis stimmt exakt mit Augengröße überein
- Abstand von Trommelfell zu Auge (2) größer als bei allen anderen Braunfröschen.
- Schnauze (3) kurz und spitzer als bei den verwandten Arten

Grasfrosch

- Trommelfell (1) groß, 2/3 bis gleich großer Durchmesser des Auges
- Abstand von Trommelfell zu Auge (2) geringer als bei Moorfrosch, größer als bei Springfrosch (über 2 mm)
- Schnauze (3) stumpf, in der Aufsicht breit und rundlich

Springfrosch

- Trommelfell (1) so groß wie Auge
- Abstand zwischen und Trommelfell und Auge (2) sehr gering (unter 2 mm)
- Schnauze (3) lang und spitz
- Heller Streifen zwischen Auge und Oberlippe (4), weiter nach vorne reichend als bei Italienischem Springfrosch

Italienischer Springfrosch

- Trommelfell (1) kleiner als Auge, meist undeutlich abgesetzt
- Abstand zwischen und Trommelfell und Auge (2) sichtlich größer als bei Springfrosch
- Heller Streifen zwischen Auge und Oberlippe (3) endet abrupt am unteren Augenrand

Fersenprobe

Achtung: *Die Fersenprobe sollte nur im Zweifelsfall und von möglichst geübten Personen durchgeführt werden, um Verletzungen am Tier zu vermeiden! Sie hat in der Abbildung eher symbolischen Charakter, denn in aller Regel sind vorangegangene Bestimmungsmerkmale aussagekräftig genug.*

Nur bei Springfrosch (hier abgebildet) und Italienischem Springfrosch überragt das Fersengelenk die Schnauzenspitze mit großem Abstand (blaue Markierung). Bei Moor- und Grasfrosch reicht das Innere des Fersengelenkes (in gleicher Position) nur etwa bis auf Augenhöhe.

Kleiner Wasserfrosch

(*Pelophylax lessonae*)
Tümpelfrosch

Kennzeichen

Oberseits hell- oder grasgrün, manche Tiere blaugrün oder auch braun. Häufig ist ein heller grünlicher Rückenstreifen ausgebildet. Auf dem Rücken nur wenige kleine dunkle, schwarze und scharf begrenzte Flecken. Unterseits meist weißlich oder nur wenig gefleckt. Oberschenkel innen und außen mit intensiven gelben oder orangen Flecken (vor allem zur Paarungszeit). Kleinste europäische Art der Wasserfroschgruppe (Name!).
Männchen maximal 7,5 cm lang, mit grauen Brunftschwielen an den Daumen, zwei seitlich ausstülpbaren weißlichen Schallblasen und zur Paarungszeit mit hell gelbgrüner bis zitronengelber Oberseite. **Weibchen** maximal 8 cm lang, ohne Schallblasen und Brunftschwielen sowie ohne gelbe Umfärbung.

Die gelblichen Männchen sind während der Paarungszeit leichter von ähnlichen Arten zu unterscheiden als Weibchen. Ob es sich beim hier abgebildeten Weibchen um den Kleinen Wasserfrosch oder einen Teichfrosch handelt, kann nicht mit Sicherheit geklärt werden.

Frischer Laich des Kleinen Wasserfroschs, bei dem die Zellteilung gut erkennbar ist.

Verbreitung

In Deutschland weit verbreitet, aber mit größeren Lücken. In Österreich zerstreut in den Tieflandregionen vor allem des Nordens, Ostens und Südens. In der Schweiz in den höheren Alpenlagen fehlend.

Lebensraum

Wiesen und Weiden, aufgelockerte Wälder z. B. Erlenbrüche, Hochmoorrandbereiche, Flussauen. Vorwiegend im Tief- und Hügelland.

Nahrung

Breites Spektrum an Insekten (vor allem Käfer, Zweiflügler, Zikaden, aber auch Libellen), Spinnen, Würmer und Schnecken, kleinere Wirbeltiere (auch kleinere Artgenossen).

Laichgewässer und Laich

Kleinere und mittelgroße stehende Gewässer (Name Tümpelfrosch!) sowie langsam fließende Wiesengräben, neben Feld-, Wald- und Wiesen- sowie Auengewässern und Fischteichen auch leicht saure Heideweiher und Moorrand-Gewässer.
Vom Weibchen werden pro Saison zwischen 400 und 4500 Eier in mehreren kleinen Ballen an Pflanzen angeheftet. Eier mit einem Durchmesser von 1,5–2 mm und oberseits hell-bräunlich, unterseits weißlich.

J F M A M J J A S O N D

Der Fersenhöcker an der Basis der kürzesten Zehe ist beim Kleinen Wasserfrosch besonders groß und halbrund.

Nach einer Überwinterung in frostgeschützten Landquartieren wandern die Kleinen Wasserfrösche ab März, schwerpunktmäßig im April in ihre Laichgewässer ein. Im Mai und Juni ist die Hauptfortpflanzungszeit, und die Männchen lassen ausgiebig vom späten Vormittag (vor allem bei sonnig-warmem Wetter) bis tief in die Nacht hinein ihre Paarungsrufe ertönen. Hierbei versammeln sie sich oft zu Gruppen von 10–30 Tieren. Es werden kleine Reviere besetzt, die mit speziellen Revierrufen oder auch durch Anschwimmen und z. T. durch wild aussehende „Ringkämpfe" gegen andere Männchen verteidigt werden. Paarungsbereite Weibchen schwimmen auf die balzenden Männchen zu und werden von diesen in der Achselgegend umklammert. Ende Juni/Anfang Juli klingen die Paarungsaktivitäten aus. Dann verlassen viele Tiere das Gewässer und begeben sich auf Wiesen, Weiden und in Wälder. Im September suchen Kleine Wasserfrösche ihre Winterquartiere auf, die meist an Land, gelegentlich aber auch im Wasser liegen.

Rufe

Die Paarungsrufe sind lang gezogen und schnarrend; für das menschliche Ohr klingen sie höher und nicht abgehackt wie beim Seefrosch (siehe dort). Von den Rufen des Teichfrosches sind sie oft nur schwer zu unterscheiden.

Besonderheiten

Die Bestimmung der Grünfrösche ist selbst für Fachleute nicht immer leicht. Um ganz ehrlich zu sein, kann die tatsächliche Verbreitung des „Kleinen Wasserfroschs" nur erahnt werden, denn es muss angenommen werden, dass dieser etliche Fehlbestimmungen zugrunde liegen. Der Vereinfachung halber werden hier äußerliche Merkmale genannt, die aber auch in ähnlicher Form beim Teichfrosch auftreten können. Wirkliche Gewissheit geben letztendlich nur genetische Untersuchungen, wenn man von der Expertise der Biologen absieht, die auf diese Gattung spezialisiert sind.

Beobachtungstipps

- Mai/Juni: Bei sonnigem Wetter mittags und am frühen Nachmittag an kleineren Gewässern (oft auch an Gartenteichen) balzende Männchen und Paarungen beobachten (ggf. Fernglas benutzen!).
- Wer sich still am Gewässerrand hinsetzt und regungslos verharrt, kann Wasserfrösche aus nächster Nähe beobachten. Besonders eindrucksvoll ist der Fang von niedrig über dem Wasser fliegenden Libellen, die im weiten Sprung erbeutet werden.
- Juli–August: die großen Larven und ihre Umwandlung zu Landtieren beobachten. Bei trockenem Wetter findet man tagsüber die frisch umgewandelten Jungfrösche unter Brettern, Steinen etc.

Absetzen des Laichs bei zeitgleicher Besamung durch das oben aufsitzende Männchen.

Männchen sind zur Paarungszeit oft leuchtend gelb gefärbt und tragen schneeweiße Schallblasen.

Weit entwickelte Larve mit bereits entwickelten Hinterbeinen.

Seefrosch

(*Pelophylax ridibundus*)

Verbreitung

In Deutschland weit verbreitet, aber zerstreut und über große Strecken fehlend (z. B. im größten Teil Mecklenburg-Vorpommerns). In Österreich in den Tieflandlagen des Nordens, Ostens und Südens sowie Vorarlbergs. In der Schweiz ausgesetzt und sich dort vor allem im Südwesten ausbreitend.

Lebensraum

Offene Landschaften, vor allem Flussauen und Marschen mit weitläufigen Grünlandgebieten.

Laichgewässer und Laich

Größere und tiefere, sonnige, pflanzenreiche Stillgewässer, z. B. Altarme und Altwässer in Flussauen, Flussausbuchtungen, Kanäle mit naturnah ausgebauten Ufern sowie breite Gräben, Weiher und Seen, daneben in größeren Abgrabungsgewässern.
Vom Weibchen werden in einer Saison 1000–12.000 (ausnahmsweise mehr) Eier in kleineren Klumpen an Wasserpflanzen abgelegt.

Nahrung

Neben zahlreichen wirbellosen Tieren werden auch kleinere Wirbeltiere erbeutet, z. B. Fische, Molche, Frösche (auch der eigenen Art) und Mäuse.

Kennzeichen

Oberseits olivgrün, grünbraun, graubraun oder braun mit großen braunen, unregelmäßigen und verwaschen begrenzten Flecken. Unterseits dunkel bis schwärzlich marmoriert oder gefleckt. Oberschenkel nie mit gelben Flecken. Oft mit grüner Rückenlinie.
Männchen bis 10 cm lang, mit grauen Brunftschwielen an den Daumen und zwei seitlich ausstülpbaren grauen bis schwärzlichen Schallblasen, die den **Weibchen** fehlen. Letztere können maximal 14 cm lang werden und stellen damit die größten einheimischen Frösche dar (Ausnahme: der stellenweise eingebürgerte Nordamerikanische Ochsenfrosch).

Seefrosch mit reduzierter Flecken-Zeichnung aus Münster.

Von den drei Wasserfroschformen Mitteleuropas ist der Seefrosch am stärksten an Gewässer gebunden. Von begrenzten Wanderungen zwischen verschiedenen Gewässern abgesehen lebt er fast ganzjährig in und an Gewässern. Überwintert wird im Bodenschlamm, was die Bevorzugung tieferer Gewässer, die nicht bis zum Grunde durchfrieren, verständlich macht. Dabei können die Überwinterungsgewässer andere sein als die Fortpflanzungsgewässer. In einem bekannten Fall suchten Seefrösche im Frühjahr einen Fischteich auf, um sich darin fortzupflanzen, im Herbst wanderten sie aber in einen nahe gelegenen Fluss, um dort zu überwintern.

Die Fortpflanzungszeit dauert in der Regel von Mitte Mai bis Mitte Juni, wobei die Larven gewöhnlich bis zu 7 cm lang werden. Im Juli/August gehen die Jungfrösche an Land. Manchmal aber überwintern die Larven und erreichen dann eine Länge von 10 cm und mehr, ehe sie sich umwandeln.

Rufe

Die Paarungsrufe sind sehr charakteristisch und gut vom Kleinen Wasserfrosch und Teichfrosch zu unterscheiden. Es sind Serien von klar begrenzten, fast abgehackten Strukturen mit deutlich wahrnehmbaren Intervallen, wodurch der Ruf wie ein „Meckern" („ä ä ä ä ä") klingt. Der Erstbeschreiber der Art, Peter Simon Pallas, verglich den Ruf mit menschlichem Gelächter, weshalb er die Art *ridibundus* (von lat. lachend) nannte.

Besonderheiten

Seefrösche sind verschiedentlich ausgesetzt worden, auch in Gebieten, wo sie ursprünglich nicht vorkamen. So gehen wohl sämtliche Tiere in der Schweiz auf Aussetzungen zurück. In der Westschweiz hat sich die Art stark ausgebreitet, was dort möglicherweise zur Verdrängung der einheimischen Wasserfroschformen führt. Es ist deshalb unbedingt zu vermeiden, Seefrösche (und Wildtiere oder Pflanzen generell) auszusetzen.

Beobachtungstipps

- Mai–Juni: an sonnig-warmen Tagen Paarungsrufe verhören und Paarungsverhalten beobachten (wegen der Größe der Gewässer evtl. Fernglas benutzen).
- Juli-August: bei feuchtem Wetter in Ufernähe der Laichgewässer abwandernde Jungtiere beobachten.

J F M A M J J A S O N D

Seefrösche können farblich und in der Fleckung stark variieren.

Typische Fleckenzeichnung des Seefroschs, die aber in Form und Farbe sehr variiert.

Teichfrosch

(*Pelophylax esculentus*)

Verbreitung

In Deutschland weit verbreitet mit nur wenigen Lücken. In Österreich und der Schweiz verbreitet in den Tieflandregionen, in den höheren Alpenlagen fehlend.

Lebensraum

Sehr breites Spektrum an unterschiedlichsten Lebensräumen (siehe Kleiner Wasserfrosch und Seefrosch), auch im Siedlungsbereich.

Laichgewässer und Laich

Von kleinsten bis großen Stillgewässern sowie in langsam fließenden Bächen und Flüssen. Auch in künstlichen Gewässern, z. B. Garten-, Schul- und Stadtparkteiche, Schwimmteiche, Betonbecken unterschiedlicher Nutzung. Gelegentlich auch im Brackwasser.
Je Weibchen werden in einer Saison zwischen 3000 und 8000 oberseits hellbraune, unterseits weißliche Eier in mehreren kleinen Ballen an Wasserpflanzen ablegt. Durchmesser der Eier 0,9–2,5 mm.

Nahrung

Ähnlich wie Kleiner Wasserfrosch. Die Larven fressen sowohl pflanzliches Material als auch tote Tiere (Aas).

J F M A M J J A S O N D

Beobachtungstipps

siehe Kleiner Wasserfrosch

Kennzeichen

Der Teichfrosch ist ursprünglich aus Kreuzungen zwischen Kleinem Wasserfrosch und Seefrosch hervorgegangen. Deshalb zeigt er in der Ausprägung vieler Merkmale eine Mittelstellung bei z. T. deutlichen Überschneidungen mit den Elternarten, vor allem mit dem Kleinen Wasserfrosch. Anhand bestimmter biometrischer Merkmale lassen sich die meisten Teichfrösche aber sicher bestimmen.
Oberseite hell- oder grasgrün, selten blaugrün, braun oder bronzefarben. Darauf kleine schwarze rundliche Flecken. Meist mit breitem, hell grünlichem Rückenstreifen, der von der Schnauzenspitze bis zur Kloakenregion reicht. Unterseite weiß, grau marmoriert oder intensiv schwarz-grau gefleckt. Oberschenkel oft mit gelben Flecken (vor allem zur Paarungszeit).
Männchen mit grauen Brunftschwielen und zwei seitlich ausstülpbaren, weißlichen bis grauen Schallblasen.

Männchen des Teichfrosches.

Teichfrösche überwintern teils an Land, teils im Wasser und zeigen auch hierin ihre Zwischenstellung zwischen Kleinem Wasserfrosch und Seefrosch. Landwinterquartiere befinden sich z. B. in Wäldern unter Moos, Falllaub und modernden Baumstämmen. Durch Markierungsexperimente (mit Sendern ausgestattete Frösche) konnte gezeigt werden, dass einzelne Tiere wiederholt die Winterquartiere innerhalb eines Winters wechselten.
Teichfrösche haben eine große Zahl an Feinden. Verschiedene Fischarten stellen ihnen bzw. ihren Larven nach, z. B. Hecht und Barsch. Wassernattern, eine Reihe Vogelarten (z. B. Reiher und Möwen) und verschiedene Säuger (Fuchs, Marderarten, Dachs, Fischotter, Katzen, Wanderratte, Spitz-

mäuse) zählen ebenfalls zu den Feinden des Teichfrosches. Die Larven werden zudem von räuberischen Wirbellosen (z. B. Gelbrandkäfer und dessen Larven) und Molchen dezimiert.
Das lateinische Wort „esculentus" im wissenschaftlichen Namen bedeutet essbar. Das rührt daher, dass in früheren Jahrhunderten gerne Froschschenkel verzehrt wurden, weshalb die Tiere in großer Zahl gefangen wurden, was heute glücklicherweise durch den Schutz aller Wasserfrösche bei uns verboten ist.

Die Schallblasen des Teichfroschs sind in aller Regel etwas dunkler als die des Kleinen Wasserfroschs (nicht schneeweiß), aber deutlich heller als die der Seefrösche.

Rufe

Die Paarungsrufe ähnlich denen des Kleinen Wasserfrosches, sind aber nicht so schnarrend, die einzelnen Elemente sind besser getrennt wahrnehmbar.

Besonderheiten

Wie schon erwähnt, entstand der Teichfrosch ursprünglich aus Kreuzungen zwischen Kleinem Wasserfrosch und Seefrosch. Heute reproduziert sich die Form meistens durch sog. Rückkreuzungen mit einer der beiden Elternarten (in der Regel Kleiner Wasserfrosch). In den meisten Gebieten leben aber nur reine Teichfroschpopulationen, für deren Erhalt Individuen mit dreifachem Chromosomensatz notwendig sind.
Die Entdeckung des Hybridcharakters des Teichfrosches Ende der 1960er-Jahre durch den polnischen Zoologen Lezek Berger war eine zoologische Sensation. Denn in den meisten Fällen sind die Nachkommen von Kreuzungen verschiedener Tierarten zwar durchaus überlebensfähig, aber nicht unbedingt auch fruchtbar.

Teichfrosch an einer Ansammlung von mehreren Laichballen.

Typisches Teichfrosch-Gewässer mit Schwimmblatt-Vegetation. Weniger vorteilhaft erweisen sich zu dichte Seerosen-Teppiche, die das gesamte Gewässer beschatten und somit abkühlen.

Neozoen und invasive Arten

Gefahren drohen den heimischen Amphibien auch durch Aussetzen von Tieren, die aus anderen Ländern bzw. Kontinenten stammen und deshalb auch nicht in unsere Lebensräume gehören. Jede Ausbringung gebietsfremder Arten hat Auswirkungen auf die heimische Fauna (und Flora) und führt nie zu etwas Gutem! Das bezieht sich auch auf Lebewesen, die mutmaßlich sogar zu einem gewissen „Nutzen" gepflanzt/ausgewildert werden. Mit Beispielen könnte man etliche Bücher füllen. Besonders verheerend aber wirkte sich bspw. die Auswilderung Südamerikanischer Agakröten in Australien aus, die als „Biologische Schädlingsbekämpfer" dienen sollten, heute jedoch viele andere Wildtiere fressen als nur jene, die in der Landwirtschaft als „Schädling" verstanden werden. Schlimmer noch, sie verbreiten sich mittlerweile unaufhörlich über weite Teile des Kontinents, da sie selbst dort keine natürlichen Feinde haben. Durch ihr hoch wirksames Hautgift, an welches australische Beutegreifer (Säuger, Vögel, Reptilien...) evolutionär nicht angepasst sind, sterben viele von ihnen nach dem es im Verdauungstrakt angekommen ist. Auch „gut gemeinte" Maßnahmen dieser Art sind also im höchsten Maße verantwortungslos und durch nichts zu vertreten! Unter mitteleuropäischen Klimabedingungen hätte die Agakröte zwar bei uns weniger Überlebenschancen, andere Tier- und Pflanzenarten (z. B. aus Nordamerika) aber durchaus.

Was bedeutet der Begriff „Neozoon" (Plural „Neozoen")?

Per Definition gelten alle Lebewesen (Pflanzen & Tiere), die nach der Entdeckung Amerikas (1492) in Regionen (Länder) gelangten, in denen sie ursprünglich nicht verbreitet waren, als „**Neobiota**". Gemeint sind jedoch nicht auf natürlichem Weg zugewanderte Arten, sondern solche, die nur durch menschliche Einflüsse zu uns gelangen konnten. Hier unterscheiden wir noch einmal „**Neozoen**" (bei Tieren), „**Neophyten**" (bei Pflanzen) und darunter zusätzlich den „**Invasiven Arten**" (Biologische Invasion). Letzter Begriff erklärt sich dabei selbst! Es handelt sich also um Neozoen (oder Neophyten), die sich nach ihrer Ansiedlung massiv ausbreiten. Sie führen in aller Regel zu einer komplexen, niemals positiven Veränderung des ökologischen Gleichgewichtes und können heimische Arten dabei auch bis zur (zumindest lokalen) Ausrottung verdrängen! Ein Beispiel für eine **nicht invasive** Amphibienart, die aber in Deutschland dennoch ein **Neozoon** ist, ist der Italienische Höhlensalamander (*Speleomantes italicus*), der seit Generationen in einem kleinen Gebiet Niedersachsens lebt, sich aber nicht weiter auszubreiten vermag. Welche Folgen Aussetzungen schon weniger und selbst einzelner Tiere (z. B. im eigenen Gartenteich) haben können, ist vorab nicht abzusehen. Niemand kann wirklich wissen, ob dadurch vielleicht eine nicht erkannte Krankheit mit eingeschleppt wird, die damit schlimmstenfalls auf die gesamte Umwelt übertragen wird. Dies gilt bei weitem nicht nur für Amphibien, sondern für alle Lebewesen, wie einige der folgenden Beispiele belegen.

Italienischer Höhlensalamander (Speleomantes italicus).

Ochsenfrosch

Nordamerikanische Ochsenfrösche (*Lithobates catesbeianus*), ursprünglich als Froschschenkel-Lieferanten gedacht, sind mittlerweile an verschiedenen Stellen Europas eingebürgert und haben sich hier erfolgreich etabliert. Ihre Kaulquappen wurden früher sogar für Gartenteiche im Handel angeboten. Diese aber geben Stoffe ab, die andere (heimische) Amphibienlarven in ihrer Entwicklung hemmen und sogar absterben lassen können. Mit einer Gesamtlänge von bis zu 20 cm ist dieser Frosch zudem nicht nur als unanfechtbare Konkurrenz, sondern auch als direkter Beutegreifer der viel kleineren heimischen Arten anzusehen.

Nordamerikanischer Ochsenfrosch (Lithobates catesbeianus).

Lauernde Hauskatze.

Fische

Goldfische, Sonnenbarsche und andere fremdländische Fische, die ins Aquarium, bestenfalls (eigentlich aber auch nicht) in den Gartenteich gehören, landen so auch in der freien Landschaft und richten großen Schaden unter den Amphibienbeständen an. Sie fressen Eier, Molchlarven und Kaulquappen, können in kleineren Teichen sogar deren sämtlichen Nachwuchs verspeisen. Große Fischarten leben natürlicherweise nun mal nicht in kleinen Gewässern, wie sollten sie sich auf so engem Raum auch vermehren oder ausbreiten. Hinzu kommt oft auch eine die Gewässer belastende „Fütterung" oder sogar direkte Beigabe von Chemikalien, die als „Medizin" verkauft werden. **Es soll damit aber sicher niemandem die Freude an Zierfischen genommen werden, die so manchen Liebhaber erfreuen!** Vielmehr sollte uns bewusst sein, dass beides aber im Normalfall nicht zusammen geht. Insofern wäre es sogar sinnvoll, spezielle Zierfisch-Teiche so abzuschirmen, dass keine geschützten Arten einwandern können. Denn auch in Gartenteichen gehaltene Fische ernähren sich letztendlich von allem, was darin lebt (nicht nur Amphibien/-Larven), die streng genommen sogar gesetzlich geschützt sind. Es ist somit nur schwer verständlich, dass man Molchlarven oder Kaulquappen nicht einmal kurzfristig aus einem Teich fangen darf (Bundesartenschutzverordnung), um sie einem Heranwachsenden zu zeigen, die gleichen aber dann den eigenen „Haustieren" zum Fraß anbieten kann.

Hauskatzen

Wer es ausspricht, macht sich nicht viele Freunde, denn sie ist das beliebteste, mit Abstand am häufigsten gehaltene Haustier in Deutschland, Österreich und der Schweiz. Aber die Hauskatze ist nun mal kein „natürlicher" Feind der Amphibien, sondern ein „Haustier". Auch ihre Bedeutung als „Mäusejäger", ob in Stadt, Wohnung oder auf dem Bauernhof, ist längst obsolet. Hauskatzen (*Felis catus*) entspringen einer Zucht aus der Afrikanische Wildkatze (*Felis lybica*), nicht etwa der Europäischen Wildkatze (*Felis silvestris*), wie oft angenommen wird. Eine wie die andere sind sie erfolgreiche Jäger, auch nach Amphibien. Ob die domestizierten ihre Beute dann auch fressen oder nur „totspielen", um ihren Jagdtrieb zu befriedigen, ist sicher auch von der Regelmäßigkeit ihrer Fütterung und anderen Umständen abhängig. Das Ergebnis aber ist am Ende das gleiche, da hilft kein Schönreden, wobei so manche Argumentation für den „Freigang" auch weit über das Erträgliche hinausgeht. Der Unterschied zwischen Wildtieren und vom Menschen in die Natur entlassenen Haustieren liegt einerseits in ihrer Bedeutung für den Naturhaushalt, vor allem aber ihrer Präsenz. Laut dem Industrieverband für Heimtierbedarf (und anderer Quellen) leben alleine in der BRD knapp 17 Millionen „Stubentiger", ein hoher Prozentsatz davon (laut Schätzungen um die 2 Millionen) dürfte auch „Freigang" genießen. Dem gegenüber stehen etwa 5000 - 7000 Wildkatzen für die gleiche Fläche, die aber zu den „natürlichen Feinden" zählen und zudem durch Revierbildung in keiner auch nur annähernd so hohen Dichte vorkommen könnten. Diese Überpräsenz von wildernden Haustieren führt zu Konflikten, die zumindest von Vogelschützern schon lange und kontrovers diskutiert werden. Amphibien aber haben so gut wie keine Lobby, und selbst wenn sie für Katzen deutlich leichter zu fangen sind, spielen sie bei der öffentlichen Auseinandersetzung über streunende Katzen leider noch keine so große Rolle, wie sie es eigentlich sollten.

Schildkröten

Auch freigelassene Wasserschildkröten (zumeist Schmuckschildkröten) sind eine Bedrohung für die heimische Fauna, insbesondere Amphibienlarven. Wo mehrere der Tiere in kleinen Gewässern leben, sieht es schlecht für Molche, Kaulquappen, aber auch andere kleine Lebewesen aus. Die gefräßigen Tiere leben fast ausschließlich räuberisch und sind dabei sehr erfolgreich. Ganz offensichtlich verleitet viele auch die Anwesenheit einer im Teich schwimmenden Schmuckschildkröte dazu, ihre zu groß und dadurch lästig gewordenen Haustiere ebenfalls in diesen auszusetzen. So führte bspw. die Anwesenheit von zuerst einer bald zu ca. 10 Schmuckschildkröten in einem kleinen Wuppertaler Parkteich und dann zum kompletten Erlöschen einer Geburtshelferkröten-Population in dieser Region, für die in der Umgebung auch kein anderes Laichgewässer zur Verfügung stand.

In einem Teich ausgesetzte Rotwangen-Schmuckschildkröte (Trachemys scripta elegans).

Waschbären

Auch die Ausbreitung der Nordamerikanischen Waschbären stellt ein ungeahnt großes Problem für unsere Lurche (und andere Tierarten) dar. Ursprünglich (1934 auch am Edersee in Hessen) als Pelztier ausgewildert, verdrängt der „niedlich" anmutende Räuber rivalisierende heimische Arten und jagt in ökologischen Nischen, die bei uns in dieser Form kaum besetzt waren. Frösche und Kröten gehören zu seiner

Von einem Waschbär „gehäutete" Erdkröte im Laichgewässer.

bevorzugten Beute, da diese langsam, kaum wehrhaft und während der Paarungszeit leicht auffindbar sind. Im Gegensatz zu bei uns heimischen Raubsäugern ist er in der Lage, ihnen die mit Giftdrüsen besetzte Haut „über den Kopf zu ziehen", um an das nahrhafte Fleisch der Tiere zu gelangen. Übrig bleiben dann die leeren Häute der Amphibien, die immer häufiger in unseren Gewässern zu sehen sind.

Amerikanische Flusskrebse

Louisianakrebs oder Roter Amerikanischer Sumpfkrebs (Procambarus clarkii).

Mittlerweile in ganz Europa verbreitet sind verschiedene Flusskrebs-Arten, die ursprünglich aus Amerika stammen. Oft tragen sie einen für die eigentlich bei uns heimischen Europäischen Flusskrebse (*Astacus astacus*) und Dohlenkrebse (*Austropotamobius pallipes*) tödlichen Erreger mit sich, gegen die sie selbst weitgehend resistent sind (s. g. Krebspest). In weiten Gebieten der hier behandelten Länder führte dies schon zum Aussterben der heimischen Krebsarten, aber damit nicht genug! Denn die „Invasoren" besiedeln nicht nur die namensgebenden Flüsse, sondern auch Teiche und Quellbäche, wo sie sich massiv ausbreiten und in zum Teil erschreckend hoher Dichte leben. Vor ihnen ist (z. B.) keine Salamander-Larve sicher, besonders dann nicht, wenn sie sich in den Kolken der Bachtäler sammeln, aus denen es dann keinen Ausweg mehr gibt. Ein einzelner Krebs ist so in der Lage, etliche Larven in einer Nacht zu überwältigen, bis sehr bald keine mehr übrig sind.

Seuchen

Eine besondere Bedrohung von katastrophalem Ausmaß ist die Verbreitung von Amphibien-Seuchen, die sich seit ein paar Jahrzehnten unaufhörlich in ganz Europa ausbreiten. Zu diesen gehören u. a. Viren (Ranaviren) und Pilzerkrankungen (Chytridiomykose), die auf anderen Kontinenten von dort heimischen Amphibien getragen und verbreitet werden. In den Heimatländern sind die Arten evolutionär mit diesen Erkrankungen verbunden und überleben sie in aller Regel. Dem entgegen haben unsere heimischen Arten jedoch keine Abwehrkräfte gegen Infektionen von außereuropäischen Erregern entwickeln können und gehen dann oft wehrlos an diesen zugrunde. Als Ursache für die Verbreitung werden oft Terrarianer (Wildtier-Importe) verantwortlich gemacht. Bei der Ernsthaftigkeit der Thematik und Fülle anderer möglicher Ursachen sind unbelegte Vermutungen aber eher willkürlich als zielführend. Ebenso könnte man den Import von Holz, Pflanzen, Fischen (z, B. Koi-Karpfen, etc.) oder die Globalisierung als Ganzes diffamieren, da sich entsprechende Sporen leider auch durch Böden (Erde) und Wasser verbreiten. Fruchtbarer wäre somit, genau dieses Wissen zu nutzen, um die weitere Ausbreitung so gering wie nur möglich zu halten, was in der Praxis aber offenbar nicht immer gelingt. Leider macht es manchmal den Anschein, dass manch zuständige Behörde mit solchen Ereignissen überfordert ist und es dann über eine Pressemitteilung und ein Schulterzucken nicht weit hinausgeht.

Beispiel Krallenfrosch

Als „Apotheker-Frosch" hatte der Glatte Krallenfrosch (*Xenopus laevis*) von den 40er- bis in die 60er-Jahre des letzten Jahrhunderts eine maßgebliche Bedeutung bei der Früherkennung von Schwangerschaften. Der sogenannte „Froschtest" resultierte aus dem frühzeitigen Laichen (Weibchen) oder Abgeben von Spermien (Männchen), wenn ihnen der Urin einer schwangeren Frau injiziert wurde. Ebenso hatte die Art früher eine Bedeutung als „Laborfrosch", der zu Lehrzwecken von Biologiestudenten seziert wurde. Vielerorts wurden die Tiere später ausgesetzt, nachdem Schwangerschaftstests durch andere Methoden abgelöst und Tierversuche in Universitäten weitgehend verboten wurden. Auch in der Aquaristik hatten Krallenfrösche lange Zeit eine Bedeutung und wurden im Tierhandel nicht selten auch für den Gartenteich angeboten. Lange wurde vermutet, dass auch der Amphibien-Hautpilz „Bd" (*Batrachochytrium dendrobatidis*) aus Afrika stammend und auf diesem Weg in unsere Umwelt gelangt sei. Mittlerweile ist zwar bewiesen, dass Bd wohl doch asiatischen Ursprungs ist, aber dennoch über Aquarientiere und Wasser (demnach nicht nur Krallenfröschen, sondern auch Fischen oder sogar Wasserpflanzen) verbreitet werden kann, wenn solche z. B. im Gartenteich eingesetzt werden. Sehr wahrscheinlich haben aber vor allem auch Lebend-Importe Kleinasiatischer Wasser-

Ein trauriges Bild: „Bsal"-befallene, bereits verendete Feuersalamander im Bergischen Land (Wuppertal).

frösche zur Verbreitung des Pilzes beigetragen, die in noch immer erheblicher Menge als Nahrungsmittel (Froschschenkel) Verwendung finden. Bd ist mittlerweile wohl in nahezu allen Regionen (zumindest D, A & CH) existent und konnte bei nahezu allen heimischen Amphibienarten nachgewiesen werden. Schon vor einigen Jahrzehnten richtete die durch Bd ausge-

Glatter Krallenfrosch (Xenopus laevis).

löste Hautkrankheit (Chytridiomykose) weltweit enorme Bestandseinbußen unter den Amphibienbeständen an, so auch bei uns in Mitteleuropa. Betroffen waren/sind vor allem Froschlurche, wobei Bd-Infektionen nicht automatisch auch zum „Ausbruch" der dann aber meist tödlichen Erkrankung führen müssen. Vielmehr spielen äußere Faktoren (Gewässer-Verschmutzung und dergleichen) eine nicht unerhebliche Rolle, wie anfällig ein Immunsystem darauf reagiert. Viel zu spät erkannt, wurde der Pilz sogar durch Artenschutzmaßnahmen versehentlich verbreitet und gelangte so selbst in isolierte Amphibien-Populationen. In einem Fall wurde Bd durch in Mitteleuropa nachgezüchtete Mallorca-Geburtshelferkröten (*Alytes muletensis*) auf die spanische Insel eingeschleppt, auf der diese Art endemisch ist. Offenbar haben sich zumindest in Europa aber die meisten Amphibien an diesen Chytrid-Pilz „gewöhnen" (Resistenzen bilden) können und so erholen sich viele der befallenen Populationen erfreulicherweise wieder. Weitaus verheerender wirkt sich ein spätestens seit 2008 zunächst in den Niederlanden und Belgien aufgetretener Hautpilz für die Schwanzlurche aus. Der Erreger mit der Abkürzung „Bsal" (*Batrachochytrium salamandrivorans*) hat sich als praktisch zu 100 % letal auf verschiedene Populationen des Feuersalamanders ausgewirkt und in einigen Bereichen Deutschlands (z. B. Eifel) bereits zur nahezu vollständigen Ausrottung der Art geführt. Derzeit (Stand 2022) sterben an dieser Ursache massenhaft Salamander in Bayern und Nordrhein-Westphalen (Ruhrgebiet, Bergisches Land, …) und es ist leider kein Ende in Sicht. Große Bestandseinbußen wurden ebenso an den heimischen Molchen, insbesondere dem Kammmolch (*Triturus cristatus*), gemeldet, erfreulicherweise aber nicht in dem Ausmaß wie bei den Landsalamandern. Unter den Molchen scheint die tödliche Wirkung nur einen Teil der Populationen zu betreffen, andere überleben den Befall offenbar. Dies könnte damit zusammenhängen, dass die Vorzugstemperatur von Molchen insgesamt höher liegt als bei Salamandern. Denn ab einer dauerhaften Wärme von 25–27 °C stirbt nicht der Lurch, wohl aber der Hautpilz ab. Solche Messwerte werden aber eher in den Verstecken (oder Laichgewässern) der Wassermolche registriert, als in denen von Feuersalamandern, die es lieber etwas kühler haben. Die kommenden Jahre werden hoffentlich mehr und vor allem belegbare Fakten ans Licht bringen, mit denen man dann weiter arbeiten kann. Bislang sind aber zumindest bei den Feuersalamandern keine Resistenzen beobachtet worden, die mehr Hoffnung geben könnten. Eine „Heilung" gelingt bisher nur unter Laborbedingungen mittels „Wärmebehandlung" (mind. 14 Tage lang bei 27 °C). Nur würden sich diese Tiere (wieder in die Natur entlassen) erneut infizieren, was dann zum Tode führt. Zur Problematik trägt überdies bei, dass auch Frösche und Kröten den Pilz tragen und somit weiter verbreiten können, ohne selbst daran zu verenden. Sie dienen dem Hautpilz damit als „Vektoren", also lebende Wirte, die eine Infektion auch dann noch ermöglichen, wenn bereits alle Salamander in einem Gebiet verendet sind. Ein betroffenes Gebiet ist somit auch langfristig verseucht, ohne dass die Verbreitung von den Salamandern ausgehen würde. Mit der lokalen Ausrottung einer Salamander-Population ist also nicht auch automatisch der Pilz verschwunden, was eine Wiederansiedlung in diesen Regionen nach derzeitigem Wissensstand sinnlos macht. Aller Ohnmacht und Hilflosigkeit gegenüber erscheint derzeit die Schaffung möglichst vieler „Ex-Situ-Projekte" (Arche-Projekten, Haltung in Zoos oder private Haltung/Terraristik) als eine zweckmäßige Maßnahme, die zumindest etwas Hoffnung verbreitet. Sie haben den Sinn, noch gesunde Salamander (in menschlicher Obhut) so lange „lebendig zu konservieren", bis die Wissenschaft (hoffentlich bald) eine Lösung gefunden hat. Denn nur so wäre irgendwann auch eine Wiederbesiedlung in den Gebieten möglich, in denen entsprechende Populationen bereits erloschen sind. Die Forschung ist in vollem Gange und so bleibt zu hoffen, dass unsere Salamander und Molche langfristig auch diese Katastrophe überleben, wenn auch nur mit unserer Hilfe.

Amphibien im Jahresverlauf

Wenn man sich ein wenig mit Amphibien beschäftigt, merkt man schnell, dass diese ein jährlich wiederkehrendes Muster von Verhaltens- und Lebensweisen zeigen. Die so auffälligen Erdkrötenwanderungen z. B. finden jedes Jahr im zeitigen Frühjahr statt, die Rufe der einzelnen Arten sind nur zu bestimmten Wochen und Monaten im Jahr zu hören, die winzigen Jungtiere von Grasfrosch und Erdkröte laufen oder hüpfen uns vor allem im Sommer über den Weg. Im Hochwinter begegnet uns nur selten ein Lurch, allenfalls einmal im Keller bei Aufräumarbeiten. Amphibien haben sich demnach in ganz charakteristischer Weise in die vier Jahreszeiten eingepasst.

Amphibien und Jahreszeiten

Winterzeit – Ruhezeit

Der Winter von Dezember bis Februar ist für Amphibien eine ungünstige Jahreszeit, die es gilt, möglichst unbeschadet zu überstehen. Sie gehören zu den wechselwarmen Wirbeltieren. Ihre Körpertemperatur wird von der Außentemperatur ganz maßgeblich bestimmt. Im Allgemeinen gilt: Bei fallender Außen- fällt auch ihre Körpertemperatur und umgekehrt. Im Winter verfallen die Tiere in eine „Kältestarre". Deshalb suchen Lurche bei fallender Temperatur im Herbst möglichst **frostfreie Winterquartiere** auf. Das kann dann auch einmal der Keller oder das Gewächshaus im Garten sein, weshalb es wichtig ist, die Tiere – wenn man sie im Winter findet – dort auch zu belassen und nicht etwa ins Freie zu setzen! Die Bandbreite der Verstecke, die als Winterquartiere fungieren, ist groß: Erdhöhlen, Stein- und Geröllhaufen, Felsspalten, Moos- und Laubschichten am Waldboden, stehende und fließende Gewässer, alte Bergwerksstollen, Kellerräume, Gewächshäuser, faulende Baumstämme und –wurzeln. Es ist deshalb nicht verwunderlich, wenn wir im Winter nur ausnahmsweise Lurche finden.

Völlig inaktiv sind Amphibien im Winter nicht. So wissen wir heute, dass manche von ihnen den kleinräumigen Winteraufenthaltsort wechseln und dabei weite Distanzen zurücklegen können. Fällt die Außentemperatur unter die Null-Grad-Celsius-Marke wird es kritisch, noch weiterer Temperaturabfall kann auch zum Kältetod führen. Einige Arten aber behelfen sich mit einer Art „biologischem Frostschutzmittel". In der Körperflüssigkeit eingelagertes Glycerin verhindert zumindest bei kurzfristigen Minustemperaturen, dass diese kristallisiert. So überstehen bspw. Grasfrösche kurzzeitiges „Einfrieren" lebendig und tauen praktisch mit der Eisschicht wieder unbeschadet auf. Viel zu warme Winter dagegen können an den Vorräten zehren, wenn Lurche zwar weitgehend inaktiv sind, der Stoffwechsel aber trotzdem arbeitet. Da sie in dieser Jahreszeit keine Nahrung finden (und auch nicht verdauen könnten), sind die Reserven irgendwann verbraucht. Bevor all diese Faktoren wirklich hinreichend erforscht sind, werden wir mit dem anstehenden Klimawandel wohl noch einige Überraschungen erleben, sehr wahrscheinlich auch einige böse.

Paarungszeit im Frühjahr

Das Frühjahr, die Zeit von März bis Mai, ist die große Zeit der Amphibien. Nach der Überwinterung sind die geschlechtsreifen Tiere paarungs- und fortpflanzungsbereit und suchen jetzt geeignete Lebensräume auf, um hier ihren Nachwuchs in die Welt zu setzen. Dies ist vielfach mit auffälligen **Wanderungen** verbunden, bei denen die Tiere, spätestens wenn sie eine Straße überqueren müssen, in unser Blickfeld geraten. Am Fortpflanzungsgewässer angekommen, geht es bei manchen Fröschen und Kröten recht laut zu. Vor allem Laubfrösche, Wasserfrösche und Kreuzkröten verfügen über sehr laute, weithin zu hörende Paarungsrufe. Das merken auch die Gartenteichbesitzer, denn nicht selten finden sich an ihren Gewässern Kleine Wasserfrösche oder Teichfrösche ein.

Im Sommer werden Reserven angelegt

Im Sommer mit Juni, Juli und August sind die meisten Amphibien dann wieder eher unauffällig. Das heißt aber nicht, dass die Tiere inaktiv wären, sozusagen „auf der faulen Haut liegen" würden. Wegen der Trockenheit verbergen sie sich, kommen oft erst nachts aus ihren Verstecken und begeben sich auf Beutesuche. Nahrungsaufnahme und Wachstum sind nun wichtige Lebensphasen der Lurche. Hierzu gehört das Anlegen von Fettreserven auch in Hinblick auf die lange Winterzeit, in der normalerweise keine Nahrung aufgenommen wird. Nur bei anhaltender größerer Trockenheit legen einige Amphibien in unseren Breiten eine „Sommerruhe" ein. Am häufigsten lassen sich in den Sommermonaten die kleinen Jungtiere finden, die jetzt ihre Umwandlung von der Larve zum landlebenden Lurch abgeschlossen haben und vom Laichgewässer wegstreben.

Suche nach Winterquartieren

Der Herbst ist die Zeit, in der Amphibien ihre Winterquartiere aufsuchen. Viele kommen dann wieder in Wanderstimmung und legen dabei beträchtliche Strecken zurück. Dadurch werden Amphibien im September/Oktober allgemein wieder auffälliger. In Dörfern und Städten tauchen sie jetzt auch in Kellern, Gartenschuppen, Gewächshäusern und anderen Gebäuden auf.

Highlights je Monat (Februar bis Oktober)

Von etwa Ende Februar bis Anfang/Mitte Oktober kann man praktisch jeden Monat irgendetwas anderes beobachten. Auf den folgenden Seiten werden Tipps zur Beobachtung und zu eigenen Aktivitäten zusammengestellt. Die Beobachtungen sollte man einmal in einer Kladde aufschreiben. Hält man dies eine ganze Saison durch, wird man sich am Ende wundern, wie viel man gefunden und beobachtet hat und wie unterschiedlich die Eindrücke von Monat zu Monat waren. Macht man dies über einige Jahre, wird man feststellen, dass es eine beträchtliche mehrjährige Variabilität gibt. Im Grundsatz läuft zwar jedes Amphibienjahr mehr oder weniger gleich ab, im Detail aber ist jedes anders. Eine Ursache hierfür ist der jährlich unterschiedliche Witterungsverlauf, aber es kommen noch andere Faktoren hinzu, z. B. bei neu angelegten Gewässern die allmähliche eigenständige Entwicklung, die zu einer Veränderung der Umweltbedingungen führt.

Derselbe Gartenteich (Winter und Hochsommer) in einem insgesamt amphibienfreundlich eingerichteten Garten.

Februar

Aktivitäten

- Anfang Februar: erste Kontrollen und Ausbesserung von Amphibienschutzzäunen
- Freihalten und Säubern von Laufebenen bei Dauerleiteinrichtungen an Straßen
- In milden Jahren erste Straßenkontrollen in Hinblick auf überfahrene, wandernde Molche, Gras- und Springfrösche (in milden Jahren, je nach Region auch schon im Januar möglich!)
- Ab Mitte des Monats: erste Kontrollgänge an Gewässern der Umgebung

Der Springfrosch (Rana dalmatina) gehört zu den ersten Froschlurchen im Jahr, die ein Gewässer aufsuchen, um sich zu paaren.

Beobachtungstipps

- In der 2. Februarhälfte bei mildem Wetter und weitgehend eisfreien Gewässern: Grasfroschlaich, Springfroschlaich und Molche im Laichgewässer; auch Italienische Springfrösche beginnen jetzt zu laichen.

Die meisten Amphibienarten überwintern an Land.

Der Winter mit seiner Kälte ist eine wichtige Zeit für die Anpassung der Amphibien. Die natürliche Auslese sorgt dafür, dass vor allem die kräftigsten Individuen überleben und sich im darauf folgenden Frühjahr fortpflanzen können.

Der Beginn des Zuwanderns der ersten Lurche zu ihren Laichgewässern ist abhängig von der Region und dem jährlichen Witterungsverlauf. So ist es ein großer Unterschied, ob man dieselbe Art im Tiefland (womöglich noch in einer klimatisch begünstigten Region (Oberrheingebiet, Kölner Bucht)), in hohen Mittelgebirgen (Schwarzwald) oder gar im Hochgebirge (Alpen) beobachtet. Grasfrösche in den Schweizer Alpen laichen auf 500 m über dem Meeresspiegel schon Mitte Februar ab, auf 2500 m Höhe dagegen erst im Juni, vier Monate später. An einem Gewässer im Kottenforst bei Bonn begann das Zuwandern der Springfrösche 1977 bereits am 8. Februar, 1979 dagegen erst am 10. März, gut einen Monat später.
Die früh laichenden Amphibienarten haben eine vergleichsweise kurze Laichzeit, die in der Regel nur 1–4 Wochen dauert. Man nennt sie deshalb auch „Explosivlaicher". Ganz anders die spät laichenden Arten, die eine lang gezogene, manchmal mehrmonatige Laichzeit haben, die allerdings durch Trockenheit, späte Kälteeinbrüche u. Ä. unterbrochen und in mehrere Laichperioden unterteilt sein kann.

Noch sind die Teiche zugefroren, aber unter dem Eis können sich Grasfrösche befinden, die oft in solchen (oder Fließgewässern) überwintern.

Selbst wenn noch Schnee den Boden bedeckt, können im Wasser überwinternde Amphibien bereits erste Aktivitäten zeigen, sobald das Eis auf der Oberfläche geschmolzen ist.

März

Aktivitäten

- Haupteinsätze an Amphibienschutzzäunen, da reger Wanderbetrieb
- Notieren des Wanderbeginns und der Tierzahlen wandernder Lurche
- Zählen oder schätzen der Laichballen von Grasfrosch, Moorfrosch, Springfrosch, Italienischem Springfrosch
- Lernen der Rufe der ersten Frösche und Kröten

Beobachtungstipps

- Frühlaicher unter den Froschlurchen bei Paarung und Laichabgabe beobachten: Grasfrosch, Moorfrosch, Springfrosch, Italienischer Springfrosch, Erdkröte, Knoblauchkröte
- Rufe der genannten Arten tagsüber und vor allem nachts
- Balz der Molche aller Arten im Laichgewässer beobachten (besonders nachts mit Taschenlampe)

Im März setzt sich das Frühjahr durch. Die Fortpflanzungsaktivitäten der Frühlaicher laufen jetzt auf Hochtouren. Sofern es Kälteeinbrüche gibt, kommt es allerdings zu Unterbrechungen der Aktivitäten, die Lurche verbergen sich dann auf dem Gewässerboden oder im Bodenschlamm. Bei erneutem Temperaturanstieg wird die Fortpflanzung fortgesetzt.

Die Paarungszeit der Erdkröten ist in vollem Gange. Hier der Austritt der mehrere Meter langen Laichschnüre und "äußere" Befruchtung derselben durch das oben aufsitzende Männchen.

Nur wenige Tage im Jahr färben sich männliche Moorfrösche leuchtend blau.

Auch die Molche wandern im März zu ihren Laichgewässern und bilden nun prächtige Hochzeitskleider, wie dieser männliche Kammmolch (Triturus cristatus).

April

In kleinen Gewässern kann es im April/Mai richtig voll werden, auch die Artenzahl steigt jetzt rasch an. In manchen Gewässern finden sich zwei bis vier Molcharten ein, dazu kommen Erdkröte, Grasfrosch (zumindest deren Larven) und ggf. noch Vertreter der Wasserfrosch-Gruppe, z. B. Kleiner Wasserfrosch und/oder Teichfrosch. Wo sie verbreitet sind, kann sich auch eine der beiden Laubfrosch-Arten hinzugesellen.

Vertreter der Wasserfrosch-Gruppe und die Laubfrösche verfügen über weithin (bis 1 km und mehr) zu hörende Paarungsrufe. An tieferen Teichen gewöhnlich nicht anzutreffen, aber ähnlich weit zu hören, ist die Kreuzkröte. Sie laicht aber in flachen, vom Regen gefüllten und daher meist temporären Gewässern, meist nur kleinen Pfützen.

Von den früh laichenden Froschlurchen, z. B. Erdkröte, Gras- und Springfrosch kann man jetzt die Larven (Kaulquappen) beobachten. Die der Erdkröte bilden oft dichte Schwärme von beträchtlicher Länge (mehrere Meter) und Dicke (mehrere Dezimeter). Durch eine solche Schwarmbildung könnten vielleicht potenzielle Räuber abgeschreckt werden.

Gut zu beobachten ist jetzt das Verhalten der Larven, z. B. beim Abraspeln von Algenbelägen mittels der Hornkiefer und Lippenzähnchen in einem Aquarium.

Aktivitäten

- Notieren der Rufzeiten (Tage, Uhrzeiten) der verschiedenen Arten
- Teilnahme an geführten Exkursionen, z. B. der Naturschutzverbände und Biologischer Stationen
- Fotografieren der Verhaltensweisen, z. B. Paarungsverhalten der Teichfrösche am Gartenteich und des Laichs

Beobachtungstipps

- Larven (Kaulquappen) der früh laichenden Froschlurche in den verschiedenen Entwicklungsstadien beobachten
- Erwachsene der Gruppe der „Spätlaicher“: Teichfrosch, Kleiner Wasserfrosch, Seefrosch, Laubfrosch, Rot- und Gelbbauchunke, Kreuz- und Wechselkröte u. a.
- Eine Fülle verschiedener Rufe tagsüber und besonders nachts

Oben links: Auch männliche Teichmolche bilden nun hohe Kämme, jedoch ohne Unterbrechung oberhalb der Schwanzwurzel und mehr „gewellt“ als gezackt, als etwa die Vertreter der Kammmolche (Gattung Triturus).

Oben rechts: Männchen des Kleinen Teichfroschs (Pelophylax lessonae) sind ab April in Rufstimmung und besonders im vorderen Bereich gelb gefärbt.

Unten links: Ab April sind die meisten Gewässer frostsicher. Hier exemplarisch eine idyllische Abendstimmung im Diepholzer Moor.

Mai

Aktivitäten

- Notieren von Rufzeiten (Tage, Uhrzeiten) der nun erst aktiven Arten
- Teilnahme an geführten Nachtexkursionen, z. B. der Naturschutzverbände und Biologischer Stationen zum Hören von Laubfroschkonzerten
- Beobachten der Verhaltensweisen (Paarungsverhalten) später laichender Arten wie Rot- oder Gelbbauchunke, Laub- und Wasserfrösche.
- Nachtexkursion entlang von Bächen, insbesondere bei Regen (Feuersalamander)
- Bestimmungsübungen an Kaulquappen der Frösche und Kröten (siehe Schlüssel)

Der Mai ist der „Wonnemonat der Amphibien". Jetzt kann man oft gar nicht alles beobachten, was einem geboten wird, es fehlt schlichtweg die Zeit dazu. Alle heimischen Amphibien sind aktiv, sei es als Larve, Jungtier oder während der Fortpflanzung. Die später laichenden Arten sind besonders rufaktiv, sodass der Mai als „Hauptrufmonat des Jahres" bezeichnet werden kann.

„Schlechtes Wetter" gibt es für den Amphibienfreund nicht! Bei Sonne sind die Wasserfrösche aktiv, auch lassen sich Kaulquappen und Molchlarven beobachten. Bei Regen aber kommen viele andere hervor, die darauf nur gewartet haben. Arten, die in sehr flachen, schnell austrocknenden Gewässern ablaichen (Kreuzkröte, Wechselkröte, Gelbbauchunke), beginnen erst während und nach Niederschlägen zu rufen, sobald sich flache Senken (selbst Radspuren) mit Wasser füllen. Ebenfalls (dann auch tagsüber)

Rotbauchunken-Männchen haben keine Schallblasen, auch wenn die aufgeblähte Kehle so erscheinen mag. Mit aufgeblähtem Körper treiben die Unken zunächst an der Wasseroberfläche.

Die melodischen Unkenrufe werden aber erst erzeugt, wenn diese Luft durch die Kehle in die Lungen gepresst wird. Deutlich erkennbar ist dann der Wellenschlag, den diese Schwingungen auslösen.

in den Wäldern anzutreffen ist der Feuersalamander, der im Volksmund auch „Regenmännchen" genannt wird. Noch ergiebiger sind warme Regennächte, an denen praktisch alle Arten an die Oberfläche kommen, auch solche, die bereits früher im Jahr abgelaicht haben.

Beobachtungstipps

- Larven (Kaulquappen) der früh laichenden Froschlurche wie Erdkröte, Gras- und Springfrosch
- Erwachsene der Gruppe der „Spätlaicher": Teichfrosch, Kleiner Wasserfrosch, Seefrosch, Laubfrosch, Rot- und Gelbbauchunke, Kreuz- und Wechselkröte u. a.
- Eine Fülle verschiedener Rufe tagsüber und besonders nachts
- Laichschnüre der Kreuzkröte, Laichklümpchen von Rot- und Gelbbauchunke, Larven der Geburtshelferkröte
- Laichballen von Teichfrosch, Kleinem Wasserfrosch, Seefrosch an und auf Wasserpflanzen

Seltsam erscheinen die klassischen Laichgewässer der Kreuzkröte, die oft nur aus flachen Pfützen bestehen. Dafür leben in solchen weder Fische noch räuberische Insektenlarven.

Nicht alle Larven schaffen die Metamorphose rechtzeitig, bevor die flachen Laichbiotope austrocknen. Dies gleichen solche Arten (auch Gelbbauchunke oder Wechselkröte) aus, indem sie mehrfach im Jahr laichen.

Juni

Aktivitäten

- Notieren des Abwanderbeginns der frisch umgewandelten Jungtiere von Grasfrosch, Springfrosch, Moorfrosch, Erdkröte
- Beobachtung in Abgrabungsflächen (Steinbrüche, Kiesgruben, etc.), natürlich nur mit Genehmigung der Betreiber! Typische Arten sind hier: Kreuzkröte, Wechselkröte, Geburtshelferkröte und Gelbbauchunke
- Umdrehen von Totholz in Laubwäldern: Feuersalamander, Molche in Landtracht, Erdkröte

Salamanderlarven lassen sich am besten nachts beobachten, da sie tagsüber meist unter dem Laub oder Steinen versteckt sitzen.

Beobachtungstipps

- Junge Molchlarven im Gewirr der Wasserpflanzen
- Larven der spät laichenden Froschlurche, z. B. Teichfrosch, Rot- und Gelbbauchunke
- Grasfrösche in Hochstauden und Grassäumen an Grabenrändern und Bachufern
- Rufe der Geburtshelferkröte (vor allem abends/nachts)
- Große Larven der Knoblauchkröte (oft mit Wasserfroschlarven zusammen)

Teichmolch-Männchen in Landtracht: Der Rückenkamm ist weitgehend zurückgebildet, aber Reste sind noch als solche erkennbar.

Im Laufe des Junis beginnt die Zeit des großen Abwanderns der Jungtiere der Frühlaicher. Anfangs sammeln sie sich noch in Ufernähe, z. B. im hohen feuchten Gras, aber dann schwärmen sie in die Umgebung aus. Dabei legen sie beträchtliche Wanderstrecken zurück. Junge Moorfrösche wandern z. T. bis über 1 km weit, junge Gras- und Springfrösche mindestens 1,8 km. Für die beiden letztgenannten Arten konnte belegt werden, dass die Jungen mit Erreichen der Geschlechtsreife zwar zu einem gewissen Anteil ihr Schlupfgewässer aufsuchen, aber auch andere Gewässer nutzen. Sie tragen damit in erheblichem Maße zur notwendigen Ausbreitung in der Landschaft bei. Außerdem fördern diese Jungtierwanderungen den Austausch von Erbgut zwischen benachbarten Populationen.

Wenn man unsere Molche im Paarungskleid beim Balzen beobachtet hat, ist man wohl etwas enttäuscht, wenn man sie im Sommer in ihren Tagesverstecken aufstöbert. Zwischenzeitlich haben sie eine „Landtracht" angelegt. Die im März/April so auffälligen, farblich brillanten „Hochzeitskleider" sind verschwunden oder stark verblasst. Insgesamt haben sich die Tiere oberseits verdunkelt und die Färbung ist stumpfer geworden. Hautleisten und -kämme auf dem Rücken der Männchen sind nur noch als niedrige Rückstände auf der Rückenmitte erkennbar. Die Haut ist auch nicht mehr glatt, sondern fühlt sich rau und trocken an. Zudem machen die Tiere einen trägen Eindruck, denn zu Land sind sie weit langsamer unterwegs als im Wasser.

Juli

Zur Monatswende Juni/Juli kommt es oft zu einem massenhaften Abwandern des diesjährigen Nachwuchses der Braunfrösche (Gras-, Moor-, Springfrosch) und Erdkröten. Jetzt kann man sie oft in großer Zahl am Gewässerufer oder im Umfeld antreffen. Dieses Phänomen wird umgangssprachlich auch „Froschregen" genannt. Diese Biomasse ist nicht nur für den Fortbestand der eigenen Art wichtig, sondern auch als Nahrungsgrundlage für etliche Prädatoren im gemeinsamen Lebensraum.
In den Gewässern findet man Teichfrösche, Kleine Wasserfrösche und Seefrösche sowie die weit entwickelten Larven der verschiedenen Molcharten.

Bei genauem Hinschauen können im Teich auch Besonderheiten entdeckt werden, wie diese seltene Albino-Larve des Bergmolchs.

Larve des Kammmolches (Triturus cristatus).

Kannibalismus unter Schwanzlurch-Larven ist nichts Ungewöhnliches. Diese eines Feuersalamanders zeigt schon eine gelb-schwarze Zeichnung und ist demnach kurz vor dem Landgang.

Fast fertig entwickelter Springfrosch.

Aktivitäten

- Bei Massenabwanderung junger Frösche und Kröten über ungesicherte Straßen provisorischen Fangzaun mit Bodenfallen installieren und täglich kontrollieren; an Stellen mit besonders starkem Wanderbetrieb zeitweilige Straßensperrung veranlassen
- Molchlarven der verschiedenen Arten kennenlernen
- Umdrehen von Steinen, Brettern u. Ä. in Abgrabungen: Kreuz-, Erd- und Wechselkröte, Geburtshelferkröte, Gelbbauchunke, Molche in Landtracht

Beobachtungstipps

- Jungtiere von Feuer- und Alpensalamander (Totholz, Steine etc. umdrehen)
- Größere Molchlarven in der Vegetation
- Große Larven mit Hinterbeinen und erste Jungtiere der Wasserfrosch-Gruppe
- Große Larven mit Hinterbeinen und erste Jungtiere der Knoblauchkröte
- Häufig Jungtiere von Erdköten und Grasfröschen am Ufer und im weiteren Umfeld der Larvengewässer (z. B. auf Wiesen, Weiden und Waldwegen)
- Verschiedene Stadien der Umwandlung bei Gelb- und Rotbauchunken

Dieser junge Laubfrosch (Hyla arborea) ist fast umgewandelt, hat aber noch einen langen Larvenschwanz.

August

Aktivitäten

- Notieren des Landgangs der frisch verwandelten Jungtiere von Teich- und Seefrosch sowie Kleinem Wasserfrosch
- Bei trockenem Wetter: Umdrehen von Brettern, Steinen u. a. in Laichgewässernähe: Jungtiere von Molchen, Teichfrosch, Seefrosch, Kleinem Wasserfrosch, Jungtiere und Erwachsene von Kreuz- und Wechselkröte, Molche in Landtracht
- Pflegemaßnahmen an Leitzäunen, z. B. Freischneiden und Säubern der Laufebenen

Spätestens im August beenden die meisten Amphibienlarven ihre Metamorphose. Das oft gleichzeitige Abwandern hunderter junger Frösche und Kröten wird auch als „Froschregen" bezeichnet.

Beobachtungstipps

- Frisch umgewandelte Jungtiere (Frosch und Schwanzlurche) suchen und beobachten. Bei nächtlichem Regen Suche nach Alpen- und Feuersalamandern und anderen Amphibien mit der Taschenlampe. Auch Geburtshelferkröten-Männchen sind noch mit Eiern zu beobachten.

Der August bietet Gelegenheit, die letzten Umwandlungsstadien der Spätlaicher zu beobachten. Besonders eindrucksvoll und an vielen Gewässern zu beobachten sind die bis zu 8 cm lang werdenden Larven des Teichfrosches. Sie haben kräftige muskuläre Hinterbeine. Oft sind jetzt auch schon die Vorderbeine durchgebrochen, und der Larvenschwanz ist in rascher Rückbildung begriffen. An Land gegangene Junge haben anfangs noch einen letzten schwarzen Schwanzstummel. Die Jungen bleiben anfangs noch in Gewässernähe, schwärmen dann aber aus und legen dabei beträchtliche Wanderstrecken zurück. Man kann sie bei feuchtem Wetter auf Wiesen, Weiden und Waldwegen finden. Mit Erreichen der Geschlechtsreife kehren sie in der Regel zum gleichen Laichgewässer zurück oder besiedeln neue.

Hier abgebildet ist eine fast umgewandelte junge Gelbbauchunke.

September

Der September ist der letzte Monat des Jahres mit auffallenden Aktivitäten der einheimischen Amphibien. Jetzt werden noch einmal größere Wanderungen vollzogen, um Winterquartiere aufzusuchen. Manche Tiere suchen Gewässer auf, um hierin zu überwintern. Bekannt ist hierfür der Seefrosch, der in größeren Gewässern, z. B. Altarmen der Flüsse überwintert. Meistens werden aber frostfreie Quartiere an Land aufgesucht, oft in der Nähe der Laichgewässer. Auch die meisten Grasfrösche überwintern in Gewässern, die frostsicher erscheinen. Dies können Bäche und kleine Flüsse sein oder tiefere Teiche, an denen die Eisschicht nicht bis zum Grund reichen kann. Als sicher gelten hier die Schlamm- oder Falllaubschichten unterhalb einem Meter Tiefe. Ein auffälliges Phänomen sind die Sommer- oder Herbstrufe des Laubfrosches, die ab August bis in den Oktober hinein aus Büschen und Baumkronen zu hören sind. Während man die Paarungsrufe im April/Mai vorwiegend nachts hört, werden die Sommerrufe bevorzugt tagsüber bei prallem Sonnenschein und ganz besonders nachmittags abgegeben. Dabei sitzen die Männchen in Sträuchern und Bäumen und lassen ihre kräftige Stimme hören. Meist rufen sie einzeln, aber es kann an manchen Schönwettertagen auch zu einem regelrechten Chor-Rufen kommen.

Aktivitäten

- Pflegemaßnahmen an kleinen stehenden Gewässern (z. B. Entkrautung)
- Anlage neuer Kleingewässer
- Anlage von Stein- und Totholzhaufen als Winterquartiere
- Geschlechter unterscheiden lernen beim Laubfrosch (Kehlfärbung, s. S. 72)

Beobachtungstipps

- Erwachsene Amphibien auf der Herbstwanderung, z. T. bis in Laichgewässernähe
- Laubfrösche unterschiedlichen Alters im Gebüsch
- Herbstrufe der Laubfrösche aus Gebüschen und Baumkronen

Zwischen August und Oktober lassen einige Laubfrösche sogenannte „Herbstrufe" ertönen. Sie verraten Artgenossen ihre Anwesenheit, werden aber nicht wie die eigentlichen „Paarungsrufe" auch aus dem Wasser geäußert.

Oktober

Aktivitäten

- Anlage neuer Kleingewässer und ggf. auch Entschlammen bestehender
- Notieren von letzten Beobachtungen der verschiedenen Lurcharten

Beobachtungstipps

- Absuchen von Bächen nach Feuersalamander-Larven (am effektivsten bei Dunkelheit mit einer Taschenlampe)
- Auf die Herbstrufe von Laubfröschen achten
- Suche nach noch nicht fertig entwickelten Larven in Teichen (insbesondere von Teichfrosch, Kleiner Wasserfrosch, Seefrosch, Geburtshelferkröte, ggf. auch Molchen), die darin dann überwintern

Im Oktober verschwinden die letzten Amphibien in möglichst frostsichere Bereiche. Einige Arten wie Feuer- und Alpensalamander können aber noch im Herbst (bei entsprechender Witterung auch im Winter) angetroffen werden. Bei Temperaturen ab etwa 4–6 °C und nötiger Nässe (Regen oder Bachränder) sind diese Arten aktiv, ganz unabhängig von der Jahreszeit! Auch findet man ganzjährig Larven des Feuersalamanders in kleineren Fließgewässern. Sie sind aber nach Einbruch der Dunkelheit mit der Taschenlampe besser zu finden als bei Tageslicht.

Vielerorts existieren lokal Abbaugebiete, in denen sowohl Platz als auch Maschinen (Bagger) zur Verfügung stehen. Wie schon mehrfach erwähnt, bedeuten diese oft letzte Zuflucht von Arten (Gelbbauchuunke, Kreuzkröte...), die genau solche Lebensräume bewohnen.

Gespräche mit den Betreibern können dazu beitragen, dass in solchen mehr (oder überhaupt) aktiver Amphibienschutz stattfindet. Haben Sie bitte keine Scheu, einen Versuch zu starten, denn zu weniger als nichts kann dies nicht führen - wohl aber vielleicht zu einem spannenden Projekt. Viele Betreiber sind dem Naturschutz gegenüber durchaus aufgeschlossen und haben auch die entsprechenden Möglichkeiten (möglicherweise ungenutzte Fläche). Es bedarf also neben gutem Willen vor allem dem richtigen Anstoß, um sinnvolle Maßnahmen gemeinsam umzusetzen! Suchen Sie dazu bestenfalls auch die Hilfe von Biostationen und Naturschutzverbänden, um der Anfrage einen kompetenten und seriösen Anstrich zu verleihen oder auch mögliche Fehler zu vermeiden!

Ausbaggern eines neuen Kleingewässers im Werksgelände eines Abbaugebietes (Oetelshofen, Wuppertal).

Faszinierende Verhaltensweisen hautnah

Wanderverhalten und Orientierung

Am Ende des Winters packt die geschlechtsreifen Amphibien ein innerer Wandertrieb. Dann legen sie oft mehrere Hundert Meter zurück, um zu einem ganz bestimmten Ort zu gelangen: dem angestammten Laichgewässer ihrer Population. Nach der Laichzeit wandern sie wieder vom Gewässer ab und suchen in der engeren oder weiteren Umgebung geeignete Sommerlebensräume auf, in denen sie bis zu mehrere Monate verbringen. Hier suchen sie nach Nahrung, und in dieser Zeit wachsen sie. Dabei leben Lurche als Einzelgänger in unterschiedlichsten Lebensräumen, zum Beispiel in Wäldern, Hecken und Gebüschen, auf Wiesen, Weiden und Äckern, in Gärten, Parks und Siedlungen oder in Abgrabungen (Näheres s. Kapitel „Landlebensräume"). Im Herbst bereiten sich die Tiere entweder direkt in ihren Sommerlebensräumen auf den Winter vor oder sie begeben sich auf Wanderschaft, um geeignete Winterquartiere aufzusuchen. Wenn es sich dabei um besonders günstige Orte mit geeignetem Kleinklima handelt, kann es zu regelrechten Ansammlungen der Lurche kommen. Verschiedene Amphibien (z. B. Seefrösche) überwintern im Wasser und suchen nicht selten eigene Überwinterungsgewässer auf. Erdkröten legen den größten Teil der Laichwanderung im Herbst zurück. Dann wandern sie in Richtung Laichgewässer, und die Überwinterung findet in deren Nähe in frostgeschützten Landquartieren statt.

Die oft massenhafte Wanderung zu ihren Laichgewässern gehört zu den auffälligsten Verhaltensweisen der Amphibien überhaupt. Viele Menschen werden hierdurch erstmals auf Kröten und Frösche aufmerksam. Vor allem, wenn sie mit dem Auto unterwegs sind und Hinweisschilder („Achtung Krötenwanderung!") auf die frühjährlichen Laichwanderungen hinweisen, an bestimmten Straßenabschnitten Krötenschutzzäune aufgebaut oder von Helfern kontrolliert werden. Erst recht gilt dies, wenn ausnahmsweise einmal eine „lieb gewordene" Straße vorübergehend gesperrt wird und man eine Umleitung in Kauf nehmen muss (Näheres s. Kapitel „Straßentod", S. 189).

Erdkrötenpärchen auf der Wanderung zum Laichgewässer. Das kräftigere Weibchen trägt das kleinere Männchen huckepack.

Amphibien begeben sich aus sehr unterschiedlichen Gründen auf Wanderschaft. Die oft sehr auffällige Krötenwanderung, mit der wir jedes Frühjahr auf den Straßen und dann auch in den Medien konfrontiert werden, ist eine **Laichplatzwanderung**. Der Grund hierfür ist eindeutig: Die Tiere wollen sich in ihrem Laichgewässer fortpflanzen. Andere Gründe für einen Ortswechsel sind:

- Abwandern vom Laichgewässer in geeignete Sommerlebensräume
- Umherstreifen im Sommerlebensraum, um nach Nahrung zu suchen
- Aufsuchen geeigneter Winterquartiere im Herbst

Aufs ganze Jahr bezogen pendeln Amphibien zwischen verschiedenen Teillebensräumen. Der gesamte Lebensraum wird auch als „Jahreslebensraum" bezeichnet. Zu diesen Wanderungen kommt noch das Umherstreifen auf der Suche nach anderen Gewässern, d. h. nicht dem ursprünglichen Fortpflanzungsgewässer.

Manche Arten weichen in ihrem Ortsverhalten von dem geschilderten ab. Gelbbauchunken z. B. führen von Frühjahr bis Herbst ganz unregelmäßige, meist kleinräumige Ortswechsel innerhalb ihres Jahreslebensraumes durch. Auffällige Massenwanderungen gibt es bei ihnen aber nicht.

Bodenständige und Vagabunden

Besondere Bedeutung haben Ortswechsel, bei denen neue oder andere Gewässer aufgesucht werden. Hierdurch werden entweder andere ältere Gewässer aufgesucht, in denen bereits Laichgemeinschaften der eigenen Art zusammenkommen oder es werden erstmals neu entstandene oder vom Menschen neu geschaffene Lebensräume besiedelt. Im ersten Fall dient der Ortswechsel dem Austausch von Erbgut, im zweiten Fall der Ausbreitung einer Art. Beide Prozesse sind für das langfristige Überleben von Populationen und Arten zwingend notwendig.

Junge, frisch umgewandelte Erdkröten verlassen im Sommer ihr Herkunftsgewässer und verteilen sich allmählich im weiten Umkreis, vor allem in Wäldern und Gebüschen. Mit Erreichen der Geschlechtsreife, meist zwei bis fünf Jahre später, suchen sie in aller Regel dasselbe Laichgewässer auf, in dem sie einst geschlüpft sind. Ein Teil der Tiere aber sucht andere Gewässer auf. Untersuchungen in der Schweiz, England und Schweden ergaben, dass zwischen ca. 80 % und mehr als 95 % der Erdkröten zu ihrem Ursprungsgewässer zurückkehren. Erdkröten können demnach als ortstreu gegenüber ihrem Herkunftsgewässer bezeichnet werden. Andererseits gibt es in jeder Population einen bestimmten Teil an Tieren, die sich nicht ortstreu verhalten, in der Landschaft vagabundieren und zum Beispiel neu entstandene Gewässer besiedeln.

Bemerkenswerte Wanderleistungen

Auf ihren Wanderungen legen die kleinen, meist nicht mehr als 5–10 cm langen Geschöpfe beachtliche Entfernungen zurück, in Einzelfällen können das sogar mehr als 10 km sein. Einige Kleine Wasserfrösche (*Pelophylax lessonae*) wanderten vom Südufer des Neusiedlersees, wo sie in einem Wald überwintert hatten, rund 15 km weit zu ihrem Laichgewässer, einem Kanal am Ostufer des Sees. Für diese Strecke, so stellte der österreichische Amphibienforscher H. G. Tunner mit einer Reihe von Helfern fest, wurden nicht mehr als 10 Tage benötigt, das bedeutet, im Schnitt legten sie pro Tag mehr als einen Kilometer zurück! Günstig ist dabei sicherlich, dass Wasser- und Teichfrösche zu den spät wandernden Arten (April/Mai) gehören, wenn es schon wärmer geworden ist. Die meisten Tiere der untersuchten Population überwinterten jedoch nur wenige hundert Meter von ihrem Laichgewässer, insgesamt ein verblüffendes Untersuchungsergebnis.

Die Tabelle stellt in Auswahl Werte für einige einheimische Arten zusammen. Sie zeigt, dass in der Regel Strecken von mehreren hundert Metern und im Maximum von etwa 1–4 km zurückgelegt werden. Die größten Entfernungen werden in Einzelfällen von Fröschen und Kröten überwunden, aber auch Molche und Salamander können, je nach Population und Lebensraum, bis zu einem Kilometer und mehr zurücklegen.

Übersicht über die Wanderleistungen ausgewählter einheimischer Amphibien. Man beachte, dass die Ortswechsel aus sehr unterschiedlichen Gründen vorgenommen werden. Die Tabelle hat Beispielcharakter und erhebt keinen Anspruch auf Vollständigkeit.

Art	Grund der Wanderung	Mittelwerte bzw. häufige Distanzen	Maximale Wanderleistung	Quellen
Feuersalamander	Streifzüge im Sommerlebensraum	Mittel: 135 m	980 m (Aufsuchen eines Winterquartiers?)	KLEWEN (1985)
Teichmolch	Wechsel zwischen verschiedenen Gewässern		ca. 1.200 m	WEDDELING und Mitarb. (2006)
Kammmolch	verschiedene Gründe	Mittel: 725 m	1290 m	KUPFER (1998)
Alpen-Kammmolch	Abwanderung vom Laichgewässer	ca. 50–200 m	ca. 300 m	SCHABETSBERBER und Mitarb. (2004)
Laubfrosch	verschiedene Gründe	weniger als 1000 m	4.000–12.600 m	STUMPEL und HANEKAMP (1986), FOG (1993)
Moorfrosch	Wanderungen zwischen Laichgewässer und Sommerlebensraum	meist zwischen 0 und 600 m Entfernung vom Laichgewässer	ca. 1.200 m	HARTUNG (1991)
Erdkröte	Laichplatz orientierte Wanderungen	500–1500 m	3.000 m (manchmal mehr)	HEUSSER (1968)
Gelbbauchunke	verschiedene Gründe	0–139 m	2.510 m	HERRMANN (1996)
Kreuzkröte	Ortswechsel während der Laichzeit		Rund 930 m	MIAUD und Mitarb. (2000)

Wie finden Erdkröten ihr Laichgewässer?

Eine seit Langem diskutierte und immer wieder untersuchte Frage ist: Wie finden die Lurche ihr Laichgewässer oder auch die anderen Lebensräume? Diese Frage ist jedoch nicht leicht zu beantworten und für die meisten Arten bislang auch nicht möglich. Unter den einheimischen Amphibien sind einige eingehender untersucht, ganz besonders die Erdkröten. Eine Übertragung der Ergebnisse auf andere Amphibienarten, z. B. auf verschiedene Froscharten, Molche und Salamander dürfte kaum möglich sein. Zwar sind die zugrunde liegenden Mechanismen grundsätzlich sicher bei allen Arten ähnlich, aber die entscheidenden Außenreize („Richtungsgeber") können sich von Art zu Art und der jeweiligen örtlichen Situation unterscheiden.

In aufwendigen Untersuchungen kam der Schweizer Krötenforscher H. HEUSSER zu der Schlussfolgerung, dass keine der bekannten Sinnesmöglichkeiten für die Orientierung der Erdkröte bei ihrer Laichwanderung infrage kommt. Er ging ganz im Sinne der frühen Phase der Orientierungsforschung davon aus, dass die Tiere sich mithilfe einer einzigen Sinnesmodalität orientieren. Heute weiß man, dass sich die Tiere mit mehreren Sinnen orientieren. Untersuchungen von U. SINSCH und T. BUCK an der Erdkröte ergaben, dass sich diese Art vor allem nach chemischen und magnetischen Reizen ausrichtet.

U. SINSCH kommt zur Auffassung, dass für Erdkröten chemische Reize eine sehr wichtige Rolle spielen (geruchliche Orientierung). Er nimmt an, dass sie sich bei ihren Wanderungen nach spezifischen Stoffen ausrichten, die aus dem Laichgewässer entweichen und durch Luftbewegungen (Wind) verteilt werden. Leider sind diese Substanzen bis heute nicht bekannt. T. BUCK konnte im Experiment zeigen, dass das Erdmagnetfeld eine wichtige Orientierungsquelle für Erdkröten darstellt. Sie und einige andere Amphibienarten verfügen über eine Kompassorientierung, vergleichbar einem Wanderer, der seine Richtung mit einem Kompass findet. Aber welches Sinnesorgan kann das Magnetfeld bei den Kröten wahrnehmen? Während die geruchliche Wahrnehmung primär mit der Nase und der hier befindlichen Riechschleimhaut erfolgt, ist kein spezielles Sinnesorgan bekannt, das das Erdmagnetfeld wahrnimmt. Wahrscheinlich nehmen die Tiere das Magnetfeld mit Nervenzellen des optischen Systems wahr, d. h. sie benötigen hierfür keine speziellen Sinneszellen. Bei Vögeln ist ein solcher Mechanismus durch zwei unterschiedliche Magnetrezeptoren bereits nachgewiesen.

LANDLER und GOLLMANN (2011) untersuchten den Einfluss von Magnetfeldern auf Erdkröten unter künstlichen Bedingungen mittels kontrollierter Ausrichtung des geomagnetischen Feldes. Um die Ausrichtung des Magnetfeldes zu verändern, wurden Helmholtz-Spulen verwendet. Dabei wurde festgestellt, dass die Richtungsentscheidungen der wandernden Erdkröten-Männchen sich änderten, sobald das Magnetfeld umgekehrt wurde. Das Experiment konnte belegen, dass eine Wahrnehmung existiert und regt damit zur weiteren Forschung an. Zur Feinkorrektur während der Wanderung sowie im Nahbereich am Gewässer dürfte die visuelle Orientierung eine weitere Rolle spielen. Daneben könnten in unmittelbarer Gewässernähe Feuchtigkeitsgradienten und die zu hörenden Abwehrrufe anderer Männchen eine Orientierungshilfe bieten.

Für Kreuzkröten dürfte die visuelle Orientierung vermutlich eine größere Bedeutung haben als für Erdkröten. Sie suchen nicht das Gewässer auf, in dem sie sich selbst einst entwickelten, sondern vielmehr ständig neu entstehende. Noch wichtiger ist bei ihnen auch die akustische Wahrnehmung: In einer gewissen Abhängigkeit von „temporären" Gewässern (meist nur flachen Pfützen), die oft erst nach anhaltendem oder starkem Regen mit genügend Wasser gefüllt sind, wandern die Männchen umher, bis ein geeigneter Laichbiotop gefunden ist. Der lautstarke Ruf des ersten Männchens soll zwar dem Anlocken einer Partnerin dienen, zieht aber auch weitere Männchen an, die dadurch ebenfalls auf den potenziellen Laichplatz aufmerksam werden. Schnell führt dies zum gemeinsamen Konzert, das auch weiter zu hören und damit eine noch attraktivere Orientierungshilfe für die Weibchen ist.
Anders verhält es sich mit den eher leisen Rufen der Erdkröten, deren Paarungsverhalten im nächsten Kapitel behandelt wird.

Haben Lurche ein Ortsgedächtnis?

Woher wissen Lurche, z. B. Erdkröten, wo ihr Herkunftsgewässer liegt, das sie einmal als frisch umgewandeltes Tier zwei oder mehrere Jahre zuvor verlassen haben? Diese vielleicht span-

nendste Frage in der Lebensweise der Amphibien ist nicht leicht zu beantworten.
Der Erdkrötenforscher H. HEUSSER vermutete vor Jahrzehnten, dass Kröten als ganz junge, frisch geschlüpfte Larven auf ihr Laichgewässer bzw. den genauen Ort ihrer Geburt „geprägt" würden. Später, wenn sie geschlechtsreif werden, würden sie sich an diesen Ort wieder erinnern. Obwohl von HEUSSER selbst in späteren Veröffentlichungen so nicht wiederholt, ist diese Vorstellung bei Amphibienschützern auch heute noch sehr beliebt. Dennoch muss hier betont werden, dass die Theorie einer auf den Geburtsort erfolgenden Prägung von Erdkröten (oder anderen Amphibien) bis heute nicht bewiesen ist! U. SINSCH nimmt an, dass die kleinen abwandernden Erdkröten lokale Merkmale des von ihnen durchwanderten Lebensraumes lernen und langfristig behalten, d. h. die Tiere bauen sich in ihrem Gehirn eine Art Landkarte auf. Diese erlaubt ihnen, sich zukünftig in ihrem Lebensraum zu orientieren und u. a. auch ihr Geburtsgewässer wiederzufinden. Feldversuche von bis zu mehrere Kilometer entfernt ausgesetzten Exemplaren, die ihr Geburtsgewässer dennoch wieder fanden, sprechen gegen diese These.

Paarungsverhalten

Gut zu beobachten: Sonderfall Erdkröte

Die faszinierendsten Verhaltensweisen der Amphibien kann man während der Fortpflanzungszeit beobachten, in Mitteleuropa vorwiegend in den Monaten März bis Mai. Das wollen wir uns bei der weitverbreiteten und vielerorts zu beobachtenden Erdkröte (*Bufo bufo*) näher ansehen. Diese Art ist besonders gut geeignet, Verhaltensbeobachtungen im Zusammenhang mit der Fortpflanzung durchzuführen, weil sie wenig scheu ist und sämtliche Verhaltensweisen auch tagsüber zeigt. An einem Märztag suchen wir uns ein Gewässer aus (manche Leser haben jetzt in ihrem Gartenteich Erdkröten und bekommen ein faszinierendes Schauspiel frei Haus geliefert), an welchem wir zwar nicht sehr laute, aber auffällige, helle und „schrappende" Rufe vernehmen können. Dies sind die Befreiungsrufe der Erdkrötenmännchen, auf die wir noch zu sprechen kommen. Ein erster Blick im ufernahen Gewässerbereich mit Pflanzenwuchs zeigt (vor allem bei einer größeren Population) ein verwirrendes Getümmel. Hier sieht man solche im „Doppelpack", bei denen das kleinere Männchen auf der meist größeren Partnerin hockt und sich in dessen Achselgegend festklammert. Von den Weibchen einiger dieser Paare werden bereits Laichschnüre abgegeben und um Pflanzenstängel gewickelt. Größtenteils sind es aber unverpaarte Männchen, die mit ausgestreckten Hinterbeinen an der Wasseroberfläche treiben und alles Mögliche (nicht nur Weibchen der eigenen Art) anschwimmen, um es zu umklammern. Kurz und gut: Es gibt eine Fülle von Eindrücken. Man muss sich deshalb etwas Zeit nehmen, um das scheinbare Durcheinander schrittweise zu analysieren und zu verstehen.

Wie findet ein Erdkrötenmännchen ein Weibchen?

In den meisten Erdkrötenpopulationen sind die Männchen deutlich in der Überzahl. Dies resultiert u. a. aber auch daraus, dass Weibchen nach dem Laichen umgehend abwandern, Männchen aber verbleiben. Im Durchschnitt kommt auf ca. zwei bis vier Männchen nur ein Weibchen. Es gibt also einen Weibchenmangel, der zu starkem Konkurrenz-Druck führt. Unverpaarte Männchen springen deshalb nahezu ständig andere Kröten an oder schwimmen auf sie zu und versuchen, sie mit den Vorderbeinen in der Achselgegend zu umklammern. Meistens stoßen sie dabei auf einen anderen, ebenfalls unverpaarten Mitbewerber. Letzteres gibt sofort den bereits erwähnten Befreiungsruf von sich. Dieser veranlasst normalerweise das Exemplar, das den Umklammerungsversuch unternimmt, vom anderen Tier abzulassen. Meist wird gleich wieder ein anderes Tier angeschwommen. Vor allem auf dem nur wenige Tage dauernden Höhepunkt der Laichzeit ist dieser Ruf ständig zu hören, da die vielen leer ausgegangenen Rivalen unaufhörlich versuchen, Artgenossen zu umklammern.

Trifft nun die paarungsbereite Kröte auf ein Weibchen, das noch nicht abgelaicht hat, gibt dieses keinen Befreiungsruf ab. Im weiteren Verlauf kann die Begattung erfolgreich vollzogen werden. Der Fortpflanzungsdrang ist speziell bei Erdkröten derart ausgeprägt, dass selbst andere Arten, etwa zeitgleich laichende Grasfrösche oder wandernde Feuersalamander, umgriffen werden. Selbst im Wasser treibende Äste (sogar Flaschen oder andere Gegenstände) werden bisweilen gepackt und erst nach einer ganzen Weile wieder losgelassen. Es sind also zunächst optische Reize, die sie veranlassen, sich auf Weibchen und „ähnliche Objekte" zuzubewegen, und anschließend Berührungs- und Bewegungsreize, die zum Erfolg führen.

Auf dem Höhepunkt der sexuellen Erregung klammern Erdkrötenmännchen alles, was eine gewisse Breite hat und sich weich anfühlt. In diesem Fall zwei bereits verpaarte Grasfrösche.

Aber auch anders herum kann eine Erdkröte versehentlich von einem Grasfrosch-Männchen gepackt werden. Mischlinge aus zwei so verschiedenen Gattungen kommen übrigens in beiden Fällen niemals zustande!

Dramatischer Kampf um die Weibchen

Die unverpaarten Männchen sind tagelang intensiv bemüht, noch ein Weibchen abzubekommen. Dabei spielen sich z. T. dramatische Szenen ab. Mal prallen Männchen aufeinander, weil sie gleichzeitig dasselbe Weibchen umklammern wollen. Nicht selten bilden sich um ein Weibchen ganze Männchen-Knäuel („Paarungsbälle").

„Krötenknäuel" aus einem Erdkrötenweibchen und mehreren Männchen.

Diese kommen dadurch zustande, dass zumindest zwei Männchen ein Weibchen klammern (z. B. eines von hinten und eines von vorne) und weitere Männchen die klammernden Geschlechtsgenossen umklammern. Das Tragische dabei ist, dass die im Zentrum liegenden Tiere unter dem Druck unfähig sind zu atmen und auch zu Tode kommen können, wenn die Umklammerung zu lange dauert. Man möchte, wenn man dies beobachtet, instinktiv helfen. Aber selbst wenn man ein Knäuel auseinandergebracht hat (was wegen des festen Griffs nicht einfach ist!), das Ganze geht bald wieder von vorne los, und in einer größeren Population finden sich eine Reihe solcher Krötenknäuel. So bleiben nach der Laichzeit immer auch einige Tier-Leichen im Weiher zurück, die aber selbst dann als proteinreiche Nahrung für Kaulquappen einen sinnvollen Zweck erfüllen.

Forschungsergebnisse zur Erdkrötenpaarung

Da Erdkröten zur Paarungszeit vor lauter sexueller Begierde kaum Fluchtreaktionen zeigen, eignen sie sich gut für Studien im Freiland und Labor. Das haben sich in den 1970er- und 1980er-Jahren mehrere Wissenschaftlergruppen vor allem in England und Schweden zunutze gemacht. Einige ihrer Ergebnisse werden nachfolgend kurz geschildert.

In dem Bemühen, ein Weibchen zu ergattern, scheuen sich unverpaarte Männchen nicht, bereits verpaarte Geschlechtsgenossen von ihrer Partnerin zu verdrängen. Das klammernde Männchen wehrt durch strampelnde Bewegungen und Tritte mit den Hinterbeinen zwar lästige Konkurrenten ab, aber dies gelingt nicht immer. Untersuchungen im Labor haben gezeigt, dass es große, kräftige Rivalen in einem gewissen Umfang schaffen, kleinere klammernde Männchen von deren Weibchen zu vertreiben.

Schon beim Zuwandern an Land können solche „Krötenknäuel" entstehen.

Die Verhaltensforscher T. Halliday und N. Davies stellten fest, dass zu guter Letzt meistens größere Männchen zur Fortpflanzung gelangten und haben sich gefragt, warum dies von Vorteil ist. Sie stellten fest, dass die Befruchtungsrate der Eier höher war, je größer das Männchen im Verhältnis zum Weibchen war. Das wäre zweifellos von Vorteil, doch sind diese Ergebnisse nicht verallgemeinerbar.

J. Loman und T. Madsen fanden heraus, dass kleine Männchen eine andere Taktik nutzen als große. An einem Laichgewässer in Südschweden beobachteten sie, dass die großen Männchen oft früher am Laichgewässer eintreffen und sich dort bevorzugt um unverpaart eintreffende Weibchen bemühen. Kleinere Männchen dagegen versuchen mehrheitlich schon auf der Wanderung zum Laichgewässer eine Partnerin zu klammern. Solche haben dadurch beim Eintreffen am Laichgewässer also einen „Vorsprung" gegenüber den großen Rivalen.

Berechnungen von C. J. Reading und R. T. Clarke ergaben, dass 73 % der von ihnen untersuchten Männchen den Laich auch erfolgreich besamen, wenn sie ein Weibchen als erste umklammern konnten.

Weiterhin fand eine Arbeitsgruppe um S. P. Gittins bei Labor-Untersuchungen heraus, dass ein solcher Vorsprung für kleine Männchen besonders hilfreich ist, wenn das Weibchen ebenfalls zierlicher ist. Große Männchen schafften es demnach seltener, kleine Mitbewerber von kleinen Partnerinnen zu verdrängen als von größeren.

Der Erfolg hat viele Väter

Wir hatten gesehen: Bei dem großen Gerangel der in der Überzahl befindlichen Männchen kommt es vor, dass ein verpaartes Männchen von einem anderen erfolgreich vertrieben wird. Wenn nun dieser „Vaterwechsel" genau dann einmal passiert, während die langen Laichschnüre in Schüben aus der Kloake des Weibchens gleiten, kann es vorkommen, dass ein Teil der Schnur von einem Vater, der andere Teil aber von einem anderen besamt wird. Aus der Laichschnur eines Weibchens entwickeln sich Jungtiere mit verschiedenen Vätern. Diese mehrfache Vaterschaft konnte für Erdkröten nachgewiesen werden, und sie ist gar nicht so selten. Immerhin betraf dies 30 % aller Laichschnüre, die die Autoren im Freiland sammelten und 22 % der Schnüre, die in Laborexperimenten abgelegt wurden. Anzunehmen ist ferner, dass die Samen eines Männchens (im dichten Gedränge) auch Teile der Laichschnur eines nahe sitzenden Pärchens erreichen können, da sie bei der „äußeren Befruchtung" ja mehr oder weniger frei im Wasser treiben. Mehrfach-Vaterschaften wurden nebenbei auch bei Fröschen (Grasfrosch, Springfrosch) nachgewiesen.

Einsame Rufer

Normalerweise locken die Männchen der Froschlurche durch charakteristische Paarungsrufe ihre Weibchen an. Zu den besonders lautstarken Arten gehören Kreuzkröte, Kleiner Wasserfrosch, Teichfrosch, Seefrosch und die Laubfrösche, die über äußere Schallblasen verfügen. Deutlich verhaltener hören sich Moorfrosch, Grasfrosch, Springfrosch, die Unkenarten und die Geburtshelferkröte an. Sehr leise und nur unter Wasser rufen die Männchen der Knoblauchkröte.

Traditionslaicher" wie die Erdkröte, die meist lebenslang das gleiche angestammte Laichgewässer nutzen, sind nicht auf laute Stimmen angewiesen. Da Erdkröten auch über keine äußere Schallblase verfügen, wie etwa Kreuz- oder Wechselkröten, sind die ohnehin seltener geäußerten Paarungsrufe recht leise und unter normalen Bedingungen nur etwa 50 – 100 m weit zu hören.
Der eigentliche „Lockruf" wird vor allem zu Beginn der Laichzeit (unter anderem in individuenarmen Populationen) von dann noch einzeln sitzenden Männchen geäußert. Zudem später wieder von Nachzüglern, wenn der Großteil der Laicher bereits abgewandert ist. Er besteht aus längeren Rufreihen mit kurzen Pausen, während der Abwehrruf aus sehr kurzen, abgehackten Lautäußerungen besteht.
Bei den üblicherweise großen Ansammlungen auf engem Raum sind aber oft nur noch die kurzen, hellen Befreiungs- bzw. Abwehrrufe zu

vernehmen. Die eigentlichen Lockrufe gehen in der Masse meist unter oder werden im dichten Gedränge gar nicht mehr geäußert.

Warum aber unterscheiden sich Erdkröten so deutlich von Kreuz- und Wechselkröten und vielen anderen Froschlurchen? Der Schweizer Zoologe H. Heusser, der sich jahrzehntelang dem Leben der Erdkröten gewidmet hat, kommt zu folgendem Schluss: Weil die Individuen einer Erdkrötenpopulation im Frühjahr sehr straff organisiert sind. Innerhalb einer kurzen Zeitspanne suchen sie einen ganz bestimmten Ort auf bei einem hohen Maß an Ortstreue gegenüber dem angestammten Laichplatz. Folglich brauchen Erdkrötenmännchen ihre Weibchen gar nicht anzulocken. Sie finden ihre Partnerinnen bei der plötzlichen Zuwanderung in Gewässernähe oder spätestens im Gewässer „automatisch" vor. Durch das ständige Anspringen und Anschwimmen, quasi durch „Versuch und Irrtum", finden sie schließlich recht bald eine Partnerin. Nur wenn sehr wenige Weibchen anwesend sind (kleinere Populationen, oder wenn die meisten Tiere bereits abgewandert sind), erscheint es folglich notwendig, Lockrufe ertönen zu lassen.

Eine solche Paarungsstrategie setzt sichere Gewässer voraus. Die Kröten müssen sich darauf verlassen können, dass diese Jahr für Jahr am selben Ort vorhanden sind und einen ausreichenden Wasserstand aufweisen, nicht nur, um im Frühjahr darin ablaichen zu können, sondern auch, um eine erfolgreiche Larvenentwicklung bis zum Abschluss der Umwandlung im Sommer zu gewährleisten. Es dürfen also keine Gewässer sein, die zum Sommer hin austrocknen. Als typisches Laichgewässer der Erdkröte in Mitteleuropa kann man einen mittelgroßen Weiher von hundert bis einigen tausend Quadratmetern Größe und einer Wassertiefe von mindestens 50–100 cm betrachten.

Alternative Strategie

Es gibt aber auch „unsichere" (dynamische) Gewässer, typischerweise z. B. im Mittelmeerraum. Bei uns kommen sie allerdings auch vor, z. B. in den letzten noch nicht verbauten Abschnitten dynamischer Wildflussauen wie z. B. an der Isar. Bei wechselnden Überschwemmungsmustern eines in einer breiteren Aue frei mäandrierenden Flusses wechseln die exakten Orte und auch die Tiefen kleiner Stillgewässer. Interessanterweise finden sich auch hier fortpflanzungswillige Erdkröten ein, wie der Zoologe J. Kuhn sehr schön dokumentiert hat. Er fand allerdings, dass die Erdkröten in einer solchen Situation eine ganz andere Fortpflanzungsstrategie verfolgen. Die Tiere wählen sich ganz bestimmte Auentümpel aus, die nur schwach durchströmt sind (damit keine Larven abgetrieben werden), eine Mindesttiefe von 15 cm haben, zudem sonnig liegen und sich dadurch rasch erwärmen. Letzteres beschleunigt die Larvenentwicklung, was angesichts immer drohender Austrocknung der flachen Auengewässer wichtig ist. Auf genau solche, ständig neu entstehenden, wie auch vergänglichen Gewässertypen sind vielmehr Gelbbauchunke, Kreuz- und Wechselkröte spezialisiert und doch werden sie auch von Erdkröten genutzt. Bemerkenswert ist vor allem, dass die Laichgemeinschaften in diesen Tümpeln durchweg klein sind und die geringe Dichte der Männchen dazu führt, dass sie ihren Lockruf viel häufiger äußern.

Es bleibt festzuhalten, dass die Paarung der Erdkröte nicht immer nach einem starren Schema abläuft, sondern es eine große Flexibilität gibt. Dies gälte erst recht, wenn man die südeuropäischen Populationen in die Betrachtung mit einbeziehen würde. Die obige Schilderung betrifft das Verhalten mittel- und nordeuropäischer Populationen, und schon das erweist sich bei näherer Betrachtung als sehr vielfältig.

Die „Hohlkreuz-Stellung" signalisiert den baldigen Austritt der Laichschnüre.

Laichschnur verlässt die Kloake des Erdkröten-Weibchens.

Hohlkreuz, Spermienabgabe und Ablaichvorgang

Wenn die Paarbildung vollzogen ist, dauert es meist noch einige Stunden, bis die Laichabgabe erfolgt. Während dieser Zeit trägt das Weibchen sein Männchen huckepack mit sich herum. Der Grund hierfür: Wenn es zum Austritt des Laiches kommt, muss schnell eine Befruchtung sichergestellt sein, denn schon kurze Zeit nach dem Austritt der beiden Laichschnüre quellen die Gallerten, die die Eier umgeben auf. Dann aber können die Spermien nicht mehr zu den Eizellen dringen

Kurz vor der Laichabgabe kann man beobachten, wie das Weibchen im ufernahen Flachwasser nach geeigneten, vertikalen Strukturen (Pflanzen oder Äste) sucht, um die es die langen Laichschnüre wickeln kann. Dann streckt es die Hinterbeine aus, hebt den Kopf an und biegt den Rücken durch. Diese sog. „Hohlkreuz-Stellung" ist für das Männchen das entscheidende Zeichen dafür, dass seine Partnerin in Kürze mit der Laichabgabe beginnt. Das Männchen zieht daraufhin die Hinterbeine an und bildet mit diesen eine Art „Körbchen". Nach wellenförmigen Kontraktionen der Bauch- und Flankenmuskulatur gleitet jetzt eine Portion Laich aus der Kloake des Weibchens in dieses Körbchen hinein, und das Männchen ergießt seinen Samen darüber. Dieser Vorgang dauert nur wenige Sekunden. Dann zieht das Weibchen die Beine wieder an, biegt den Rücken wieder gerade und kriecht oder schwimmt ein Stück weiter. Hierbei werden die beiden Laichschnurstücke, aus jedem Eileiter kommt nämlich eine separate Schnur, straff gezogen und zwischen der Vegetation oder Astwerk „aufgehängt". Alle 15 bis 30 Minuten erfolgen jetzt, bei Wiederholung der geschilderten Verhaltensabfolge, weitere Laichschübe, bis zu 20. Erst nach mehreren Stunden (bis zu zwölf) ist der gesamte Laichvorgang abgeschlossen. Je nach Streckungsgrad sind die Laichschnüre dann bis zu 4 m lang, manchmal auch noch deutlich länger und enthalten in Mitteleuropa meist 2000–4000 Eier (in Südeuropa können bis 10000 und mehr erreicht werden).

Das Paar trennt sich umgehend nach getaner Arbeit. Die Weibchen verlassen das Laichgewässer sehr bald wieder, meist nach einigen Stunden, und suchen ihre Sommerlebensräume auf. Die Männchen hingegen bleiben noch bis zu zwei Wochen im Gewässer und verpaaren sich ggf. erneut.

Das Gegenstück: Laubfrosch als typischer Fall

Nachdem wir die besonders gut untersuchte und vor allem gut beobachtbare Erdkröte behandelt haben, wollen wir uns jetzt der Paarungsbiologie der Frösche widmen. Hierzu wählen wir den Laubfrosch. Seine Verhaltensweisen sind ungleich schwerer zu beobachten als bei der vorangegangenen Art, da die Tiere am Laichgewässer sehr scheu sind und schnell abtauchen. Man muss sich vorsichtig dem Gewässer nähern, dabei leise auftreten (Erschütterungen können die Tiere wahrnehmen) und sich am Gewässer möglichst wenig bewegen. Da man außerdem die im Folgenden geschilderten Verhaltensweisen fast nur nachts beobachten kann und die Nächte im April/Mai (den beiden Hauptrufmonaten der Laubfroschmännchen) kühl sein können, sollte man sich warm anziehen! Denn die Tiere rufen oft mehrere Stunden bis nach Mitternacht. Es mag erstaunlich klingen, aber Laubfrösche können eine Lautstärke von bis zu 100 dB erreichen, was beinahe dem Schallpegel einer Kettensäge entspricht! Bei ausreichender Nähe und Dauer können derart laute Geräusche langfristig sogar zu Hörschäden führen, sind aber schon kurzfristig zumindest unangenehm. Bei Langzeitstudien empfiehlt sich daher tatsächlich Ohrstöpsel mitzuführen, die bei Bedarf eingesetzt werden können.

Wozu rufen?

Laubfroschmännchen können vier verschiedene Rufe abgeben: Paarungsruf, Befreiungsruf, Revierruf und Schreckruf. Der im Zusammenhang mit der Fortpflanzung wichtigste Paarungsruf ist der, mit dem Weibchen zu geeigneten Laichgewässern bzw. in die Nähe des entsprechenden Männchens gelockt werden. Aber nur wenn die Weibchen kurz vor der Eiablage stehen, sprechen sie darauf auch an. Dabei reagieren sie sogar auf über Lautsprecher abgespielte, zuvor aufgenommene Rufe von Männchen, wie H. Schneider an den nahe verwandten Mittelmeer-Laubfröschen (*Hyla meridionalis*) zeigen konnte. Sie steuerten auf die Lautsprecher zu und stupsten sie kurz mit der Schnauze an.
Dieses Verhalten zeigten sie auch in vergleichbarer Situation Männchen gegenüber, die sie hierdurch zur Paarung aufforderten. Da der Lautsprecher aber nicht reagierte, suchten die Weibchen weiter, umwanderten den Lautsprecher, kletterten an ihm hoch oder berührten ihn nochmals.

Laubfroschmännchen verstärken ihre Paarungsrufe mit einer Schallblase, was zu einer mächtig aufgetriebenen Kehle führt.

Wie erzeugen die Männchen die Rufe?

Die Lauterzeugung der Frösche und Kröten findet im Kehlkopf der Tiere statt, in welchem Stimmbänder und eine Stimmritze vorhanden sind. Beim Laubfrosch verfügt das Männchen über eine mächtig vorstülpbare, kehlständige Schallblase, die den Ruf erheblich verstärkt. Das Maul bleibt beim Rufen geschlossen. Die Tiere nehmen eine große Menge Luft in die Lungen auf, wodurch der Körper aufgebläht wird. Die Schallblase ist zunächst nur mäßig mit Luft gefüllt, während sie am Ende eines Rufes maximal aufgepumpt und der Körper wieder dünn geworden ist. Beim anhaltenden Rufen pendelt die Luft zwischen Lunge und Schallblase hin und her. Die Lauterzeugung selbst erfolgt beim Ausatmen in die Schallblase hinein, während beim Zurückführen des Luftstroms in die Lunge kein Laut erzeugt wird.

Die Weibchen haben übrigens keine Schallblase. Obwohl sie über Stimmbänder und Stimmritze verfügen, bleiben sie beim Paarungsgeschehen stumm. In seltenen Fällen können sie Schreckrufe abgeben, z. B. wenn man sie unsanft ergreift.

Laubfroschmännchen sind „Hochleistungssportler"

Der Paarungsruf der Laubfrösche ist ein lauter, weithin zu hörender Ruf. Jeder, der einmal in einer lauen Mainacht unmittelbar neben einer größeren Rufergemeinschaft gestanden und ihr eine Zeit lang zugehört hat, wird erlebt haben, dass es gut tut, hin und wieder einige Meter zurückzugehen, um sich von den lautstarken Konzerten zu erholen. Lautstärkemessungen ergaben nämlich je nach Entfernung und Zahl der Tiere Werte zwischen 55 und 102 dB (Dezibel). Letzteres wurde allerdings aus nur 10 cm Entfernung zum rufenden Tier gemessen und dürfte als (außergewöhnlich hoher) Maximalwert angesehen werden.

Eine solche Leistung von Tieren, die nur zwischen ca. 3,5 und 5,5 cm lang sind, erscheint beeindruckend. Hinzu kommt eine beträchtliche Ausdauer. Im Labor riefen Laubfrösche zwischen 17 und 259 Minuten (4,3 Stunden!) in einer Nacht.

Beim ausdauernden Rufen verbrauchen die Laubfrösche viel Sauerstoff, mit dem sie ihren Stoffwechsel beträchtlich steigern. Um diese hohe Leistung vollbringen zu können, nutzen sie Kohlenhydrate als Energiequelle, so wie dies z. B. auch Marathonläufer tun. Im Gegensatz zu diesen aber, die mit zunehmender Ermüdung allmählich immer mehr Fette im Körper mobilisieren, bleiben die Laubfrösche bei Kohlenhydraten als Hauptenergiequelle.

Der „Hochleistungssport" der Laubfroschmännchen hat seinen Preis. Während der Fortpflanzungsphase, die mehrere Wochen dauert, verlieren die Männchen an Gewicht, fast so viel wie die Weibchen durch die Laichabgabe. Nach einer Untersuchung im Raum Zürich verloren die Männchen durchschnittlich 13 % ihres Anfangsgewichts, die Weibchen durchschnittlich 17 %. Dies hat jedoch nicht ausschließlich etwas mit dem Kraftakt selbst zu tun, sondern auch mit einer nur bedingten Nahrungsaufnahme während der Laichzeit, die dann in den Hintergrund gerät.

Kompliziertes Manöver: Paarung und Laichabgabe

Wenn nun das durch den Paarungsruf angelockte Weibchen ein Männchen erreicht hat, stupst es dieses kurz an. Das Männchen hört mit dem Rufen auf und klammert sich mit seinen Vorderbeinen am Weibchen fest, und zwar hinter dem Ansatz der Vorderbeine oder direkt in der Achselgegend. Anders aber als z. B. beim Grasfrosch, bei denen die Vorderbeine komplett um das Weibchen geschlungen werden und sich die Vorderfüße berühren, hält sich das Laubfroschmännchen seitlich am Weibchen fest. Es sitzt gewissermaßen auf, wobei die Arme oberhalb der des Weibchens angedrückt werden.

Die verpaarten Tiere suchen jetzt eine geeignete Stelle mit untergetauchten Wasserpflanzen. Mit den Hinterbeinen macht das Weibchen regelrechte Suchbewegungen, um einen geeigneten Untergrund (z. B. Pflanzenstängel) zum Absetzen der ersten Laichportion zu ertasten. Der Verhaltensforscher I. Eibl-Eibesfeldt schreibt hierzu: „Dabei kriecht das Tier ganz langsam rückwärts, wobei es ziemlich rasch beide Hinterbeine abwechselnd anhebt und niedersetzt. Berührt ein Fuß oder Fersengelenk einen Halm oder etwas Ähnliches, so trachtet es ihn mit beiden Füßen zu umklammern und zieht den Körper heran, bis die Kloakenlippen ihn berühren". Dabei lässt es die Vorderbeine frei „schweben". Dieser Vorgang geht rasch vonstatten. Findet das Weibchen zunächst keine geeignete Pflanzenunterlage, begibt es sich mit dem Männchen im Huckepack an eine andere Stelle des Gewässers und führt erneut die beschriebenen Suchbewegungen aus.

Pärchen des Europäischen Laubfroschs (Hyla arborea). Das Männchen hält sich oberhalb der Vorderbein-Wurzeln am Weibchen fest.

Hat das Weibchen einen Halm oder ähnliches gefunden, drückt es sich mit den Hinterbeinen und der Kloakenregion dagegen. Sodann nimmt es die „Hohlkreuzstellung" an, die wir bereits bei der Erdkröte kennengelernt haben. Zeitgleich mit dem Durchkrümmen des Rückens gibt das Weibchen eine erste Laichportion ab. Das Männchen reagiert schon zu Beginn der „Hohlkreuzstellung" darauf, indem es, ohne die Umklammerung zu lösen, nach hinten rutscht. Dabei fährt es mit der Kloake über die austretenden Eier hinweg und ergießt unter pumpenden Bewegungen den Samen darüber.

Schließlich „verstreicht" das Weibchen den Rest der Eiportion auf der Pflanzenunterlage, wobei das Männchen folgt und den Rest der Portion besamt. Dabei richten sich das Weibchen und im Gefolge auch das Männchen auf, sodass sich beide Tiere ungefähr senkrecht zur Längsachse von Pflanzenhalmen befinden. Entweder ruht das Paar hieran anschließend für kurze Zeit, wobei das Männchen wieder seine alte „Sitzhaltung" auf dem Weibchen einnimmt, oder aber das Weibchen löst sich bereits jetzt von der Pflanzenunterlage, und beide entfernen sich etwas von der Eiablagestelle. In beiden Fällen legen die Tiere eine kurze Ruhephase ein. Danach beginnt der geschilderte Verhaltensablauf von Neuem, indem das Weibchen an einer anderen Gewässerstelle eine neue Laichunterlage sucht.

Komplizierter geht es nicht: Paarung der Geburtshelferkröte

Die ausgefallensten und wohl kompliziertesten Verhaltensweisen unter den heimischen Froschlurchen im Zusammenhang mit der Fortpflanzung treffen wir bei der Geburtshelferkröte (*Alytes obstetricans*) an. Diese Verhaltensweisen sind ausgesprochen schwierig zu beobachten, da sie einerseits nur nachts stattfinden, vor allem aber zu keiner „bestimmten" Jahreszeit, nicht gemeinsam (in Ansammlungen) mit Artgenossen oder etwa an bestimmten Orten (also etwa in Laichgewässern).

Vielmehr finden Paarungen auf die gesamte Saison verteilt und stets an Land statt! Selbst wenn die Paarung manchmal in seichtem Wasser beobachtet werden kann, ist sie davon keinesfalls abhängig, sondern eher zufällig auf nassen Grund. Dabei übergibt das Weibchen die kurzen Eischnüre, die vom Männchen geschickt um die Hinterbeine gewickelt werden und so noch einige Wochen (an Land!) mit sich herumgetragen werden. Selbst in diesem Zustand der „Brutpflege" kann ein Männchen sich noch weiter verpaaren, somit also auch den Laich verschiedener Weibchen mit sich führen. Erst wenn die Embryonen einer Laichschnur zu weiter entwickelten Larven (Kaulquappen) herangereift sind, sucht das Männchen ein Gewässer auf, um sie darin zu entlassen. Und erst hier beginnt eine Abhängigkeit von Wasser, jedoch nur für die weitere Metamorphose der Larven, wie bei allen anderen Froschlurchen auch.

Der Erste, der eine minutiöse und wissenschaftlich anspruchsvolle Beschreibung des gesamten Vorganges geliefert hat, war der französische Naturbeobachter Arthur de l'Isle du Dréneuf. Er wohnte in der Nähe von Nantes, wo er eine besonders große Population der Art vorfand, an der er in den Jahren 1872 bis 1874 seine Beobachtungen durchführte. Mehr als 50 Nächte verbrachte er hierzu im Freiland, und seine hierbei gemachten Beobachtungen an 23 komplett beobachteten Paarungen hielt er auf 250 Seiten Papier im Format 33 x 22 cm in kleiner Handschrift fest. Daraus erwuchs eine 51 Seiten umfassende Abhandlung, die er im Jahre 1876 veröffentlichte. Seine Beschreibung ist bis heute gültig, auch wenn es eine Reihe ergänzender und spezielle Aspekte vertiefender Studien aus neuerer Zeit gibt.

Friedfertige Rufer

Der Paarungsruf der Geburtshelferkröten ist ein eigenartiges Signal. Kein Quaken, Grunzen, Blubbern oder Brummen, wie wir es von anderen Froschlurchen kennen, sondern ein sehr kurzer, heller und hoher Klang, der früher mit dem Klingeln eines Glasglöckchens verglichen wurde. Daher auch der Name „Glockenfrosch" für die Art. Am ehesten ist der Ruf wohl mit einem kurzen „Pfiff" zu umschreiben, der im Süden des Verbreitungsgebietes leicht mit dem Ruf der Zwergohreule verwechselt werden kann.

Beim Rufen richten sich die Tiere meist durch Streckung der Vorderbeine auf, sodass ihre Längsachse mit dem Boden einen Winkel von etwa 25° bildet. Dadurch können sie durch Heben und Senken des Mundbodens die Lunge besser mit Luft füllen. Erzeugt werden die Rufe dann durch Auspressen der Luft in den Mundraum hinein, wobei sie die Stimmritze im Kehlkopf passiert. Der Mundraum wirkt als Rufverstärker, denn Schallblasen sind bei dieser Art nicht vorhanden. Von daher ist es nicht verwunderlich, dass die Lautäußerungen relativ leise sind.

Die Rufperiode erstreckt sich meist von April bis in den August hinein, variiert aber je nach Witterungsverlauf und Regionalklima. So riefen Ende Februar 2022 schon erste Tiere im Steinbruch Oetelshofen (Wuppertal) trotz kühler Witterung (unter 5° Celsius), was eher überraschte. Möglicherweise sind weitere, derart frühe Nachweise aber auch nur auf mangelnde Untersuchungen zurückzuführen, was dazu anregt, auch schon „vor" der Saison aktiv danach zu lauschen.

In manchen Lebensräumen rufen Geburtshelferkröten auch tagsüber, vor allem bei warmem Wetter. Allerdings dann nur einzelne Tiere und nur aus ihren Verstecken heraus, z. B. Erdröhren, Gesteinsspalten und unter hohl liegenden größeren Steinen. Intensiver und ausdauernd wird erst in den Abend- und Nachtstunden gerufen, wobei die Tiere dann auch aus ihren Verstecken hervorkommen. Bei optimaler Witterung können aus den einzelnen Rufen regelrechte Konzerte entstehen, an denen sich aber gewöhnlich nicht alle Tiere einer Population beteiligen. Da zudem auch weibliche Geburtshelferkröten ähnliche Lautäußerungen von sich geben können, wenn auch weniger und verhaltener, ist eine Ermittlung der Populationsdichte anhand dessen nur schwer möglich. Eine Untersuchung in der Rhön ergab, dass nur maximal 10 % der Männchen der untersuchten Population gleichzeitig riefen.

Die Männchen der Geburtshelferkröte sind untereinander ausgesprochen friedlich. Oft rufen sie nur in geringem Abstand, manchmal zu mehreren Tieren unmittelbar nebeneinander sitzend, ohne dass es zu aggressiven Auseinandersetzungen kommt, wie wir sie bei der Erdkröte kennengelernt haben. Wenn ein anderes Männchen in der Nähe zu rufen beginnt, erhöht das bereits rufende die Ruffrequenz. Fraglich bleibt, ob es sich hierbei um „akustische Konkurrenz" der Männchen beim Buhlen um die Weibchen handelt oder vielleicht nur um ein gegenseitiges Stimulieren.

Bei der Geburtshelferkröte umklammert das Männchen das Weibchen in der Lendengegend.

Angelockt durch die Paarungsrufe wandert das paarungsbereite Weibchen auf dieses zu, und zwar bis sich die Köpfe beider Partner berühren. Sodann umklammert das Männchen die Partnerin mit den Vorderbeinen in der Leistengegend, d. h. viel weiter hinten als bei den vorangehend behandelten Froschlurchen.

Aggressive Weibchen

Wir hatten gesehen, dass die Männchen ausgesprochen friedlich miteinander umgehen, auch wenn sie rufaktiv sind und sich auf Weibchensuche befinden. Allerdings hatte schon Arthur de l'Isle von Rivalenkämpfen zwischen den Männchen berichtet, was aber von neueren Beobachtern nicht bestätigt werden konnte. Im Gegenteil, die Friedlichkeit wird ausdrücklich betont. Jüngere Untersuchungen an im Terrarium gehaltenen Tieren, deren Verhalten mit einer Videokamera aufgezeichnet wurde, ergaben nun, dass dagegen die Weibchen recht aggressiv sein können. Es konnte nachgewiesen werden, dass unverpaarte Weibchen, die auf ein Pärchen treffen, sich diesem von vorne näherten. Dann versuchten sie, verpaarte Männchen durch Stöße mit dem Kopf von den anderen Weibchen herunter zu schubsen. So attackierte Männchen drückten sich noch fester an die mit ihnen verpaarten Weibchen, aber in manchen Fällen war das konkurrierende Weibchen erfolgreich, wobei das Männchen regelrecht nach hinten purzelte.

Liebesspiel und Laichschnur-Akrobatik

Verfolgen wir jetzt das Verhalten eines verklammerten Pärchens: Nach einer gewissen Zeit spreizt das Weibchen die Hinterbeine, sodass das Männchen seine eigenen Hinterbeine zwischen die des Weibchens legen kann. Dann beginnt das Männchen, mit den inneren oder mittleren Zehen des rechten und linken Hinterfußes abwechselnd über die Kloakenlippen des Weibchens zu streichen. Manchmal werden dabei die Zehen sogar in die Kloake des Weibchens eingeführt. Dabei führt das Männchen wippende Bewegungen aus. A. de l'Isle hat den Vorgang besonders eingehend beschrieben. Er zählte 1100–1300 Streichbewegungen, die mit den Zehen beider Füße abwechselnd vollzogen wurden, unterteilt in 15–21 Perioden. Jede Periode bestand aus 45–103 Streichbewegungen mit Unterbrechungen von zwei bis drei Minuten. Der gesamte Vorgang dauerte etwa 25 Minuten. Welchen Zweck könnte dieses Verhalten des Männchens haben? K. Meisterhans sieht hierin eine Stimulationshandlung, um das Weibchen aufzufordern, mit der Laichabgabe einzusetzen.

Sobald das ausgiebige „Liebesspiel" der Männchen geendet hat, setzt die zweite Phase des Paarungsgeschehens ein. Jetzt nämlich gleiten die Eier aus der Kloake des Weibchens. Was zunächst nicht zu erkennen ist, etwas später aber deutlich wird: Die Weibchen legen keine Laichballen ab, sondern lassen zwei Laichschnüre aus ihrer Kloake gleiten. Die Anzahl der Eier pro Geschlechtsakt schwankt er-

Die beiden kurzen Laichschnüre gleiten aus der Kloake des Weibchens, das Männchen ergießt seinen Samen darüber. Foto K. Grossenbacher

„Laichschnur-Akrobatik": Das Männchen wickelt sich die Laichschnüre um die Hinterbeine. Foto K. Grossenbacher

heblich. Auch wenn maximale Angaben von über 140 Eiern bekannt sind, dürften zwischen 15 und 80 eher den durchschnittlichen Werten entsprechen.

Sobald nun das Weibchen beginnt, die Eier herausgleiten zu lassen, löst das Männchen die Lendenumklammerung, stemmt sich auf allen Vieren hoch und gibt in mehreren Schüben die Spermien ab. Danach macht das Männchen – immer noch über dem Weibchen hockend – eine Vorwärtsbewegung und stützt sich mit seinen Vorderfüßen neben denen des Weibchens ab, sei es am Boden oder auf der Schulter seiner Partnerin. Dabei kann er auch ihren Kopf regelrecht umklammern.

Etwa eine Viertelstunde später setzt das Männchen mit einer Reihe verwickelter, rasch ablaufender und deshalb schwer analysierbarer Bewegungen ein. H. Heusser hat in „Grzimeks Tierleben" eine anschauliche Schilderung gegeben: „Es [das Männchen] fährt dabei mit einem Bein aus, biegt das Knie, taucht mit dem Mittelfuß voran in den Laichknäuel ein und spreizt dann das Bein mit angewinkelten Knie- und Fersengelenken so ab, dass die Eier ins Fersengelenk rutschen. Erst wenn es diese Bewegungen links und rechts mehrmals wiederholt hat, spreizt es beide Beine auch gleichzeitig ab." Das wechselweise „Eintauchen" in den Laich wiederholt sich mehrmals, zwischendurch wird häufiger gespreizt. Im Verlaufe dieser „Laichschnur-Akrobatik" gleitet das Männchen seitlich vom Weibchen herab und entfernt sich danach von seiner Partnerin. Dabei bildet das Ende der Laichschnüre anfangs noch eine Verbindung mit der weiblichen Kloake, bei einer Entfernung von ca. 20 cm reißen die Schnüre jedoch ab. Das Weibchen ist jetzt – so H. Heusser in „Grzimeks Tierleben" – „entbunden". Nach Beendigung des komplizierten Auflademanövers findet sich die Eimasse im Bereich der Fersengelenke des Männchens, während die Füße wieder frei sind. Wegen dieses Erscheinungsbildes wurde die Art früher auch als „Fesslerkröte" bezeichnet. Der wissenschaftliche Name der Tiere (*Alytes obstetricans*) leitet sich teils aus dem Griechischen, teils aus dem Lateinischen ab. „Alytos" ist Griechisch und heißt „gefesselt", „obstetrix" ist Lateinisch und heißt „Hebamme", „obstetricans" heißt „bei der Geburt helfend".

Die Weibchen geben nicht alle Eier während einer Paarung ab, sondern teilen die in einer Saison produzierten Eier auf 2–4 Portionen auf, wobei die Zahl der Eier zu den letzteren meist abnimmt.

Männchen können sich mit mehreren Weibchen verpaaren und somit die Eier unterschiedlicher Muttertiere mit sich tragen.

Eier im mittleren Entwicklungsstadium: Die dunklen Larven sind schon als solche zu erkennen, die gelbe Masse hingegen ist der Eidotter..

Lebendes Marschgepäck

Wozu nun aber die oben beschriebene Laichschnur-Akrobatik des Männchens? Während sich das Weibchen ruhig verhält, hat das Männchen die Eimasse in praktischer Form verstaut; praktisch insofern, als es sich mit dieser noch ungehindert fortbewegen kann. Hier entwickeln sie sich zu Kaulquappen, die aussehen wie bei anderen Froschlurchen auch. Schon recht früh sind die Augen der Embryonen als zwei schwarze Punkte im Ei erkennbar. Der hellgelbe Dotter dunkelt mit der Zeit nach, und bald ist eine schlupfreife Larve durch die transparente Eihülle zu erkennen. Je dunkler also die Eier, umso weiter entwickelt sind die Kaulquappen darin.

Die sich in der Obhut der Männchen entwickelnden Larven sind nur von dünnen Gallerthüllen umgeben, die recht wasserdurchlässig sind. Durch Aufsuchen von Orten mit hoher Luftfeuchtigkeit wird ein Austrocknen der Hüllen und der Larven vermieden. Das Männchen kümmert sich demnach – wenn auch indirekt – um das Wohl und Wehe des Nachwuchses und betreibt Brutpflege. Diese ist sehr effizient, wie Untersuchungen gezeigt haben. Nur ein geringer Prozentsatz der Eier stirbt während der Entwicklung ab oder wurde ggf. auch nicht befruchtet.

Einige Männchen begnügen sich nicht damit, nur die Laichschnüre eines Weibchens aufzunehmen. Nach der Aufnahme eines Eipaketes rufen die Männchen in den darauf folgenden Nächten oft weiter und verpaaren sich innerhalb von 10–14 Tagen nicht selten mit einem weiteren Weibchen, manchmal sogar mit zwei weiteren. Daraus resultieren recht hohe Eizahlen

Kaulquappe der Geburtshelferkröte in einem sehr frühen Entwicklungsstadium.

Weit entwickelte Larve mit allen Gliedmaßen, aber noch sehr langem Schwanz und nicht fertig ausgebildetem Kopf.

Dieses Jungtier ist bereits an Land gegangen, trägt aber noch Reste des Larven-Schwanzes.

pro Eier tragendem Männchen. In verschiedenen Studien ergaben sich Mittelwerte zwischen 27 und 85 Eiern, im Maximum lagen sie bei 142.

Zeitansage ohne Uhr

Die Entwicklung der Eier dauert zwischen 3 und 6 Wochen. Sie ist bei wechselwarmen Lebewesen zumindest bedingt (auch schon für die Embryonalentwicklung) abhängig von der Umgebungstemperatur. Somit kann sie bei höheren Temperaturen früher vollendet sein als bei niedrigen. Auch hier ist eine Brutpflege insofern zu beobachten, dass die eiertragenden Männchen sich bevorzugt an warmen Orten aufhalten. Man findet sie deshalb vor allem in Bereichen, die stark besonnt werden, hier oft unter flachen Steinen oder in kleinen Höhlen, die nicht sonderlich tief unter der Oberfläche liegen. Die stärkeren Bewegungen der schlupfreifen Larven registriert das Männchen und sucht dann ein geeignetes Gewässer auf, um sie darin zu entlassen. Die Larven schlüpfen meist schon kurze Zeit darauf, indem sie mit einem kräftigen Schwanzschlag die Eihülle aufbrechen. Durch Strecken der Hinterbeine streift das Männchen schließlich die Schnüre ab, woraufhin die restlichen Larven schlüpfen können.

Die lebhafte Balz der Molche

Molche leben während des Sommers in Gebüschen, Hecken, Wiesen und Wäldern, wo sie sich tagsüber unter Baumstämmen, Moos, Falllaub, Steinen verbergen, um nachts im Schutze der Dunkelheit auf Nahrungssuche zu gehen. Den Winter verbringen sie meistens ebenfalls auf dem Lande, in kältegeschützten Schlupfwinkeln. Im Frühjahr aber ist ihre „Hoch-Zeit", in der geschlechtsreife Tiere Tümpel, Teiche und Weiher aufsuchen, um sich darin fortzupflanzen. Hier setzt eine bemerkenswerte Abfolge von Verhaltensweisen ein.

Ein wichtiges Kennzeichen der Molche in der Paarungszeit ist das artspezifische Hochzeitskleid der Männchen. Teichmolche tragen in dieser Zeit hohe, gewellte Hautsäume auf Rücken und Schwanzflosse, nur bei der südlichen Unterart (*Lissotriton vulgaris meridionalis*) sind diese geradlinig.
Auch die Kammmolche (alle Arten der Gattung *Triturus*) tragen solche, die jedoch gezackt statt gewellt sind.
Die Männchen des Fadenmolches haben stattdessen eine fadenförmige Verlängerung an der Schwanzspitze, Bergmolche zumindest eine niedrige, aber auffallend gelb-schwarze Rückenleiste, bei intensiver Blaufärbung und seitlich mit schwarzen Punkten auf weißem Grund. Insgesamt sind in der „Wassertracht" bei allen Molchen höhere Kontraste bei der Zeichnung und kräftigere Färbungen erkennbar.

Unter günstigen Bedingungen kann man das Paarungsverhalten am Garten- oder Schulteich und anderen Freilandgewässern beobachten, vor allem nachts mit einer Taschenlampe. Erheblich besser lässt es sich aber in einem Aquarium verfolgen, wozu allerdings – wegen der vorübergehenden Entnahme der Tiere aus ihrem Lebensraum – die Genehmigung durch die zuständige Behörde (s. S. 199) erforderlich ist. Für Schulbiologiezentren und ähnliche Einrichtungen sollte eigentlich eine solche Genehmigung zu erhalten sein, es wäre zumindest beschämend, wenn nicht!

Das Paarungsverhalten der Molche (Gattungen *Lissotriton, Mesotriton & Triturus*) ist recht einheitlich, doch haben feinere Analysen auch artspezifische Besonderheiten ergeben. Nachfolgend wird, wenn nicht ausdrücklich anders vermerkt, das Verhalten des Teichmolches (*Lissotriton vulgaris*) geschildert, zum einen, weil die Art im größten Teil Mitteleuropas vorkommt und meist auch häufig ist, zum anderen, weil das Paarungsverhalten dieser Molchart besonders eingehend untersucht wurde.

Duftstoffe als Lockmittel

Zunächst wählen die paarungsbereiten Männchen, die zu dieser Zeit farbenprächtiger aussehen als im Sommer („Hochzeitskleid"), innerhalb ihres Tümpels einen Bereich aus, den sie auf eigenartige Weise markieren: Mit der Kloakenöffnung reiben sie an im Wasser liegenden Steinen, Zweigen und dergleichen und geben dabei einen Duftstoff ab. Werden solche Duftmarken von einem Weibchen wahrgenommen, gibt dieses ebenfalls einen Duftstoff ab. Für das Männchen ein Alarmzeichen: Es richtet daraufhin den Kopf hoch („Witterstellung") und ein erregtes Suchen beginnt. Bewegt sich jetzt das Weibchen, so steigert sich seine Aufmerksamkeit und es läuft oder schwimmt gezielt auf die potenzielle Partnerin zu. Dort angelangt, wird das andere Tier gründlich beschnuppert, vor allem in der Kloakengegend. Damit will das Männchen erkunden, ob ihm ein Weibchen gegenübersteht und ob es sich dabei um eines der eigenen Art handelt.
Wurde ein anderes Männchen angeschwommen, wendet es sich wieder ab. So auch von Weibchen anderer Molcharten, wodurch Vermischungen (Bastardierungen) zwischen unterschiedlichen Arten in der Regel vermieden werden. Hat aber das Männchen ein Weibchen der eigenen Art vor sich, beginnt es mit einer auffälligen Balz.

Anfangs wirken die Weibchen desinteressiert, und die Männchen müssen oft hinter ihnen her schwimmen. Dabei versuchen sie immer wieder den Weibchen den Weg zu verstellen, indem sie einen regelrechten „Sprung" nach vorne machen und ihnen die Breitseite zeigen.

Wedelbalz

Die eigentliche Balz wird eingeleitet, sobald ein Weibchen angetroffen wird, das paarungsbereit ist. Dann bleibt es stehen und flieht nicht mehr. Das Männchen führt jetzt drei verschiedene Schwanzbewegungen aus: Bei leicht gekrümmtem Körper und Darbieten der Breitseite werden langsame Schwanzbewegungen in weitem Bogen ausgeführt, das sog. Winken; ruckartige Schläge mit dem Schwanz bei stärker gekrümmten Flanken, das sog. Peitschen; schließlich werden ausdauernde, wellenartige Bewegungen mit dem gekrümmten Schwanz vollzogen, das sog. Fächeln, wodurch ein zum Weibchen ziehender Wasserstrom erzeugt wird. Dabei führt ein in diesem mitgeführter Duftstoff des Männchens zur gewünschten sexuellen Reaktion des Weibchens. Darüber hinaus könnten der ausgeprägte Rücken- bzw. Schwanzsaum, die lebhafte Schwanzfärbung sowie die bunte Kloakenregion als optische Stimulationsmittel auf das Weibchen einwirken und dessen Paarungsbereitschaft erhöhen. Jedoch: Der wirklich entscheidende Reiz scheint die „Duftbetörung" zu sein. Diese wirkt auch bei einer nächtlichen Paarung, wenn die Farben vielleicht nicht mehr wahrgenommen werden können.

Im Watschelgang voran

In dieser Phase ist das Weibchen inaktiv, es sitzt ruhig vor dem sich bemühenden Molchfreier. Nach einer gewissen Zeit bekundet das Weibchen seine ernste Paarungsbereitschaft, indem es langsam auf den männlichen Partner zugeht.

Wedelbalz des Bergmolch-Männchens (Mesotriton alpestris): Das Männchen (rechts) wedelt ganz ähnlich wie das Teichmolch-Männchen dem aufmerksamen Weibchen (links) Duftstoffe zu.

Die Balz des Männchens steigert sich jetzt bis zur höchsten Intensität unter „Peitschen" und „Fächeln"; dabei bewegt es sich langsam rückwärts. Folgt ihm jetzt das Weibchen, macht es eine Kehrtwendung und kommt dann mit dem „Hinterteil" zum Weibchen gerichtet zu stehen. Zugleich zeigt es diesem seine geschwollene, lebhaft gefärbte Kloake und kriecht eine kurze Strecke (5–10 cm) langsam vor dem nachfolgenden Weibchen her. Nun spreizt das Molchmännchen seine Beine seitlich vom Körper ab und schleift mit dem Bauch über den Boden. Vielleicht prüft es mit diesem sog. „Watschelgang" die Brauchbarkeit der Unterlage. Eine gewisse Ebenheit des Untergrundes dürfte nämlich für das, was jetzt kommt, förderlich sein.

Balz des Fadenmolches im natürlichen Lebensraum: links das wedelnde Männchen, rechts das Weibchen.

Riskante Samenübertragung

Dann verharrt das Männchen einen Moment und schlängelt mit dem leicht erhobenen Schwanz. Folgt jetzt das Weibchen weiterhin und stupst mit der Schnauze gegen den Schwanz des Männchens, wird es spannend. Das Männchen hebt den Schwanz an und presst aus seiner Kloake ein eigenartiges, mit bloßem Auge gut zu erkennendes glasig-gallertartiges Gebilde. Obenauf haftet ein kleiner, milchweißer Stift, der die Spermien enthält. Man bezeichnet deshalb den Sockel sehr treffend als „Samenträger".

Indem das Männchen noch ein Stückchen weitergeht, „führt" es gewissermaßen das nachfolgende Weibchen geradewegs über den Samenträger hinweg. Dabei stellt sich das Männchen etwas schräg oder quer zum Weibchen, welches weitergeht und mit der Schnauze erneut den Schwanz des Partners berührt. Dabei gerät das Weibchen mit seiner Kloake an die Stelle, an der der Samenträger abgesetzt wurde. Mit der rauen Oberfläche ihres wulstigen Kloakenrandes ertastet es dabei den Sockel und nimmt den kleinen Samenstift mit der Kloakenöffnung auf. Um ganz sicherzugehen, schubst das Männchen mit einem Schwanzschlag das Weibchen zurück, worauf sich dieses wieder annähert. Hierdurch wird die Chance erhöht, dass das Weibchen den

Spermienstift auch erwischt. Dennoch klappt die Übertragung nicht immer auf Anhieb, und das Männchen wiederholt manchmal die Verhaltenssequenzen der letzten Paarungsphase. T. R. HALLIDAY fand heraus, dass es im Falle des Teichmolches trotz manchmal mehrmaliger Anläufe im Mittel nur in 43 % aller Fälle zu einer erfolgreichen Spermienübertragung mit dieser indirekten Methode kam. Beim nahe verwandten Fadenmolch lag der mittlere Prozentsatz mit 60 % deutlich höher, aber beim Bergmolch mit nur 31 % niedriger.

Samen auf Vorrat

Was geschieht mit den Spermien im Inneren des weiblichen Körpers? Zunächst schwimmen die winzigen Samenzellen mittels ihrer Geißeln in dem schlauchförmigen Kloakenraum aufwärts. Sie gelangen auf diese Weise in kleine Hauttäschchen, die über eine sehr wichtige Eigenschaft verfügen: Mittels einer hier produzierten Konservierungssubstanz sind sie in der Lage, Spermien über einige Zeit am Leben und damit befruchtungsfähig zu halten. Ein Molchweibchen, das auf die beschriebene Weise Samen eines Männchens erhalten hat, verfügt damit über einen gewissen Vorrat. Da Weibchen sich im Laufe der Saison mit mehreren Männchen paaren können, haben ihre Nachkommen oft unterschiedliche Väter.

Sorgfältige Eiablage

In den beiden Eileitern werden die aus den Eierstöcken stammenden Eier mit mehreren dünnen Gallerthüllen umgeben. Dann gleiten die Eier in den Kloakenhohlraum und stoßen dort mit den aus den Samentäschchen kommenden Spermien zusammen. Es kommt zur Verschmelzung von Ei- und Samenzelle, sodass wir bei den Molchen – anders als bei Fröschen und Kröten – eine innere Befruchtung feststellen können.

Die nun befruchteten Eier werden einzeln durch die Kloakenöffnung nach außen befördert. Zuvor aber hat sich das laichbereite Weibchen ein geeignetes Wasserpflänzchen ausgewählt. Ein einziges Blättchen je Ei reicht dem Weibchen. Dieses Blättchen wird mit den Hinterbeinen ertastet und winkelförmig zurechtgebogen, indem die Füße von hinten dagegen drücken. Gleichzeitig befindet sich die stempelartige Kloakenverdickung auf der anderen Blattseite, also innerhalb des geformten Blattwinkels, der dem Rumpf zugewandt ist. Nun presst das Weibchen ein einziges Ei aus seiner Kloake, das gut in die gebildete „Blatttasche" hineinpasst. Dann wird ein neues Pflanzenblättchen ausgewählt, und die behutsam durchgeführte Prozedur beginnt von Neuem. Insgesamt bis zu mehrere Hundert Eier werden auf diese Weise in die Blätter oder Halme unter der Wasseroberfläche gewickelt, manchmal aber auch einfach nur an diese geheftet.

Molche „kleben" ihre Eier (hier Bergmolch) einzeln an Unterwasserpflanzen, oft wickeln sie sie in Gräser oder andere Pflanzen regelrecht ein.

Gutes Entwicklungsmilieu

Um sich entwickeln zu können, benötigt das Ei zum einen Nährstoffe, zum anderen Sauerstoff. Nährstoffe hat es in ausreichender Menge in Form des Dotters vom Muttertier mitbekommen, Sauerstoff aber muss es dem umgebenden Wasser entnehmen. Besonders sauerstoffreich sind nun innerhalb eines Tümpels die Bereiche, in denen Wasserpflanzen leben und durch Fotosynthese Sauerstoff erzeugen. Hierzu benötigen die Pflanzen Sonnenlicht. Würden die Molchweibchen ihre Eier nicht an Pflanzen anheften, würden diese auf den Boden des Gewässers sinken und zumindest bei tieferen Gewässern in licht- und sauerstoffärmere Umgebung geraten. Das Einwickeln der Eier dürfte aber auch Laichräubern das Auffinden schwerer machen. Es bietet Sauerstoffreichtum und Schutz, sodass man es als eine Art „Brutfürsorge" (nicht zu verwechseln mit „Brutpflege") bezeichnen kann.

Geschickt wickelt das Molch-Weibchen (hier Alpen-Kammmolch) jedes einzelne Ei mit den Hinterbeinen in Blätter oder Halme.

Handfeste Salamander

Die Fortpflanzung der Molche unterscheidet sich in vielerlei Hinsicht von jener der landlebenden Salamander (Gattung *Salamandra*). Während die Molchpaarung im Wasser stattfindet, paaren sich Salamander auf dem Lande. Salamandermännchen sehen während der Paarungszeit nicht anders aus als während der übrigen Jahreszeiten. Von einem prächtigen Hochzeitskleid (Hautkamm, lebhaftere Färbung) wie bei den Molchen ist keine Spur vorhanden. Lediglich an der etwas vorgewölbten Kloakenregion kann man die Männchen von den Weibchen unterscheiden, wozu etwas Erfahrung gehört. Im Folgenden wird dieses Verhalten zunächst für den Feuersalamander beschrieben, an welchem es besonders gut untersucht ist. Auf Unterschiede im Verhalten des Alpensalamanders wird weiter unten eingegangen.

Das Männchen des Feuersalamanders scheint vorwiegend optisch in eine Alarmbereitschaft versetzt zu werden; ob auch Duftstoffe des Weibchens eine Rolle spielen, ist zumindest anzunehmen. Das Männchen richtet sich auf seinen Vorderbeinen auf und beobachtet aufmerksam die Umgebung („Spähstellung"). Bewegt sich jetzt ein in der Nähe befindlicher Artgenosse oder etwas, was wie ein Artgenosse aussieht, so läuft es schnurstracks darauf zu. Flüchtende Tiere werden mit Ausdauer und ungeahnter Geschwindigkeit verfolgt. Hat das Männchen ein anderes Tier erreicht, drückt es seinen nach unten gerichteten Kopf gegen den Körper und reibt seine Schnauze an dessen Haut. Vermutlich prüft es durch Beriechen, ob es ein arteigenes Weibchen vor sich hat, denn von Molchen oder Attrappen wendet sich das Männchen nach kurzer Zeit wieder ab.

Zupackende Männchen

Hat das Männchen nun ein Weibchen vor sich, kriecht es mit der Schnauze voran darunter. Letztlich liegen beide Tiere so, dass sich der Kopf des Männchens ziemlich genau unter dem des

Annäherung des Männchens (rechts).

Es kriecht nun seitlich unter die Partnerin.

Die Arme des Weibchens sind jetzt umklammert. Mit nach oben gedrückten Schwanz reibt das Männchen an der weiblichen Kloake. Zeitgleich geschieht auch die Stimulation mit angehobenem Kopf, wie im letzten Bild besser zu erkennen ist.

Der Schwanz des Männchens ist im 90-Grad-Winkel zur Seite gelegt, der Samenträger wird nun abgesetzt.

Weibchens befindet. Der unten Liegende versucht jetzt seine Vorderbeine fest um die des Weibchens zu schlingen. Seltener geht diesem Unterschieben eine andere Verhaltensweise voraus: Manchmal klettert nämlich das Männchen auf den Rücken des Weibchens und klammert sich mit den Vorderbeinen an diesem fest. Zweck dieses Verhaltens könnte eine sexuelle Stimulation sein. Möglich erscheint aber auch, dass dieses Klammern zur Identifikation des Geschlechtes dient. Denn so ergriffene Männchen verhalten sich anders, reagieren mit Flucht oder Gegenwehr. Jedenfalls steigt das Männchen bald darauf wieder hinunter und kriecht unter das Weibchen.

Liebesspiele und Samenübertragung

Wenn das Männchen nun längs unter der Partnerin liegt, macht es langsame schlängende Bewegungen mit dem Rumpf. Vor allem reibt es mit der Oberseite der Schwanzwurzel die Kloakengegend des Weibchens. Dieses „Schwanzwurzelreiben“ kann bis zu einer halben Stunde andauern. Nach einiger Zeit der körperlichen Stimulation beginnt nun auch das Weibchen, Hin- und Herbewegungen mit der hinteren Körperpartie auszuführen. Jetzt presst das Männchen seine Schnauze nach oben und beginnt die Kehle des Weibchens zu reiben. Dabei bleibt der Schwanz des Männchens bewegungslos, oder beide stimulierenden Verhaltensweisen laufen gleichzeitig ab. Anschließend presst das Männchen seine Kloakenöffnung auf den Untergrund und setzt einen Samenträger ab. Wie bei den Molchen handelt es sich um ein gallertiges sockelförmiges Gebilde. Das obenauf sitzende Samenpaket ist allerdings mehr rundlich bis oval, nicht stiftförmig wie bei den Molchen.

Die Samenmasse auf der Spitze des Trägersockels ist recht empfindlich gegenüber Wasserverlust, im vertrockneten Zustand wäre sie wertlos. Und da das ganze Geschehen auf dem Lande stattfindet, ist die Gefahr einer Austrocknung nicht zu verkennen. Es kommt deshalb bei den Salamandern darauf an, die Samenübermittlung möglichst rasch zu tätigen. Während das immer noch unter dem Weibchen liegende Männchen seinen Samenträger mit der empfindlichen Samenmasse absetzt, bleiben beide Tiere in körperlichem Kontakt. Das Männchen klappt jetzt den hinteren Körperteil zur Seite, sodass die darüber liegende weibliche Kloake ziemlich genau über dem Samenträger „schwebt". Jetzt senkt das Weibchen den Hinterleib, stülpt dabei die Kloakenöffnung über den Samenträger und nimmt mit den Kloakenlippen die Samenmasse auf.

Noch bei der Aufnahme des Samenpaketes durch das Weibchen (hier ein anderes Pärchen) ist das Stimulieren durch den steil nach oben gestreckten Kopf des Männchens zu erkennen.

Keine Eiablage

Bei den Salamandern werden die Eizellen nicht in der Kloake befruchtet und danach vom Weibchen abgelegt, wie das bei den Molchen geschieht. Vielmehr verweilen die Eier in den beiden Eileitern, und bis dorthin müssen sich die Spermien – die wie bei den Molchen in Samentäschchen der Kloake aufbewahrt werden – aufwärts arbeiten. Dort kommt es zur Befruchtung und danach bleiben die Eier in den beiden Eileitern, wo sie ihre Entwicklung je nach Art unterschiedlich weit durchmachen. Beim Feuersalamander verläuft sie hier bis zu den Kiemen tragenden Larven mit einer Länge von 22–36 mm, was mehrere Monate in Anspruch nimmt.

Etwa im Herbst desselben Jahres sind die Larven dann so weit, dass sie außerhalb des mütterlichen Körpers leben könnten. Jedoch: Eine Geburt um diese Jahreszeit wäre alles andere als ratsam,

Feuersalamander. Zeichn. H. Harder. Aus: R. Sternfeld: Die Reptilien und Amphibien Mitteleuropas. Quelle & Meyer, Leipzig 1912

Leicht zu verwechseln ist die Paarung mit den Rivalitäten unter Männchen. Bei der Paarung riecht das Männchen unter die Partnerin und umgreift die Arme des Weibchens aus dieser Position.

Bei sogenannten „Kommentkämpfen" hingegen wird ein Männchen vom anderen von oben umklammert (vgl. rote Markierungen).

steht doch der Winter bevor, eine für alle Lurche ungünstige Zeit. Es gibt aber Ausnahmen, und in manchen Regionen mit mildem Winterklima (z. B. Tief- und Hügelland Nordwestdeutschlands) setzen manche Weibchen auch im Herbst ihre Larven ab, die dann in kleinen Rinnsalen überwintern. Auch in Wasser führenden Höhlen und alten Bergwerkstollen kommt es zum Absetzen von sog. „Herbstlarven". Meist halten die Weibchen ihre Larven bis zum darauf folgenden Frühjahr zurück, aber grundsätzlich lässt sich das Absetzen sogar ganzjährig beobachten – selbst im tiefsten Winter, bei jetzt schon immer wärmer werdendem Klima, solange die Nachttemperaturen nicht unter 4 °C sinken.

Der Schlupf der Larven findet vor allem an kleinen Waldbächen, namentlich in unseren Mittelgebirgslagen, statt. Im Bergischen Land (Nordrhein-Westfalen), wo eingehende Untersuchungen durch B. Thiesmeier durchgeführt wurden, wanderten die trächtigen Weibchen ab der zweiten Märzhälfte bis zum Mai an die Gewässer. Während der nachts stattfindenden Geburt halten die Weibchen typischerweise den Hinterleib ins Wasser. Die Zahl der Larven schwankt zwischen 8 und rund 80 je Weibchen, im Mittel sind es zwischen 20 und 30. Die Geburt der einzelnen Larven geht vergleichsweise rasch vor sich. H. Greven konnte zahlreiche Geburtsakte im Labor filmen und feststellen, dass manchmal „geradezu explosionsartig" mehrere Larven hintereinander abgegeben werden. Manche Larven sitzen dagegen einige Zeit in der Geburtsöffnung. Zahlreiche Geburtsakte verliefen innerhalb einer Sekunde, andere dagegen waren nach einer Minute noch nicht beendet. Dazwischen liegen unterschiedlich lange Unterbrechungen, die sowohl ein paar Stunden oder auch weit über eine Woche andauern können. Manche Weibchen setzen ihre Larven allesamt in einer Nacht ab, oft werden aber mehrere Nächte benötigt. B. Thiesmeier konnte im Mittel vier Nächte ermitteln, in einem Extremfall waren es 18 Nächte. Dies könnte dadurch erklärt sein, dass Weibchen sich mit mehreren Männchen paaren, die Larven aufgrund der Abstände zwischen den Geschlechtsakten dann unterschiedlich weit entwickelt sein würden. Allerdings können Salamander-Weibchen aufgenommene Spermien auch weit über ein Jahr speichern, ohne dass es zu einer Befruchtung kommt. Eine solche Zurückhaltung ist besonders dann dienlich, wenn es durch ausbleibenden Niederschlag zum Trockenfallen der Gewässer kommt. Sobald die Bedingungen wieder geeignet erscheinen, kann die Befruchtung gezielt gesteuert werden, wobei nicht zwingend alle gespeicherten Spermien zum Einsatz kommen müssen.

Die Larven sind beim Schlupf meist noch von einer dünnen, durchsichtigen und den Gleitvorgang sicher unterstützenden Hülle umgeben, die aber kurz vor, während oder direkt nach dem Schlupfvorgang durchstoßen wird. Diese Form der Fortpflanzung, bei der fertig entwickelte Larven abgesetzt werden, wird als "Larviparie" bezeichnet.

Je nach Wassertemperatur und den übrigen Bedingungen benötigen die Larven von der Geburt bis zum Abschluss der Umwandlung und dem Landgang zwischen zwei und vier Monate, im Extrem (z. B. in Höhlengewässern bzw. bei Überwinterung im Larvengewässer) bis zu 12 Monate.

Verblüffende Alpensalamander

In den höheren Lagen (meist ab etwa 600 m aufwärts) der Alpen finden wir den einfarbig pechschwarzen Alpensalamander. Gelbe Flecken finden sich nur bei Alpensalamandern in zwei kleinen Gebieten in Norditalien.
Gelb-gefleckte Exemplare existieren nur in zwei Populationen außerhalb des hier besprochenen Verbreitungsgebietes (Norditalien), die auch als zwei verschiedene „Unterarten" geführt werden.

Das Paarungsverhalten dieser Art ist weitgehend mit dem des Feuersalamanders identisch, mit einem Unterschied: Nach dem Verfolgen des Weibchens steigt das Männchen auf das Weibchen und klammert es eine Zeit lang mit den Vorderbeinen in der Halsregion. Dann reibt das Männchen mit der Kehlregion die Kopfoberseite seiner Partnerin. Dabei kann es vorkommen, dass das Weibchen seinen Partner eine gewisse Strecke mit sich herumträgt. Anschließend steigt das Männchen herunter und unterkriecht nun die Umworbene. Was dann folgt, entspricht bis hin zum Absetzen des Samenträgers und der Aufnahme des Spermienpaketes dem bereits beim Feuersalamander geschilderten Verhaltensablauf. Den viel größeren Unterschied zum Feuersalamander offenbart die alpine Art, wenn man einen Blick auf das Entwicklungsgeschehen wirft.

In jedem der beiden Eileiter des Alpensalamanderweibchens liegen zunächst bis zu 30, manchmal bis zu 50 Eier. Doch setzt sich in jedem der beiden Eileiter (Uteri) nur jeweils eine Larve durch, die sich dann von den anderen Eiern ernährt. Dieses „Geschwisterfressen" wird als Adelphophagie bezeichnet und stellt sicher, dass mindestens diese beiden Larven die Metamorphose vollständig im Mutterleib beenden können, um als dann verhältnismäßig großer und fertig entwickelter Landsalamander zu schlüpfen.

Bei der Geburt weisen die Jungtiere eine Länge von 4–6 Zentimetern auf. Die Frage, die viele Wissenschaftler seit Langem beschäftigt: Wovon ernähren sich die Heranwachsenden, wenn alle übrigen Eier verzehrt wurden?

Ende der 1960er-Jahre beschäftigte sich der österreichische Zoologe G. Fachbach erneut mit dieser spannenden Thematik. Er kam zu folgenden Ergebnissen: Solange noch Dotter-

Männlicher Alpensalamander auf der Partnerin, ihren Vorderkörper umgreifend. Mit der Schnauze reibt es dabei ihre Kopfoberseite. Foto K. Grossenbacher

Pärchen des Alpensalamanders in der Phase, in der das Männchen unter das Weibchen gekrochen ist. Dabei umschlingt es mit seinen Vorderbeinen die des Weibchens. Foto K. Grossenbacher

vorrat vorhanden ist, findet sich dieses Material reichlich im Magen der jungen Larven. Später aber, nach Aufbrauchen des Dotters, besteht der Mageninhalt aus einem dichten Zellbrei. Es zeigte sich, dass im oberen Teil der Eileiter eine Art „Nährzone" ausgebildet ist, die nach innen, d. h. in den Hohlraum hinein, zahlreiche keulenförmige Zellen austreibt. Diese bilden einen dichten Zellrasen, der aber stellenweise Lücken aufweist, die G. Fachbach auf die Larven zurückführt. „Es hat den Anschein, als ob die Larven diesen Zellrasen richtiggehend abweiden würden." Weitergehende Untersuchungen durch H. Greven in den 70er-Jahren stützen die Vorstellung, nach der die Jungen ihre Mütter gewissermaßen von innen her „anknabbern".

Geburt im Trockenen

Zwei bis drei Jahre kann der Entwicklungsprozess bis zum fertigen lungenatmenden Jungsalamander in Anspruch nehmen, im Extremfall (höhere Gebirgslagen) vielleicht sogar vier Jahre. Dann werden je Weibchen zwei (sehr selten sind es auch einmal vier) komplett entwickelte Jungtiere geboren, die bis auf die Größe und Körperproportionen vollständig ihren Eltern gleichen. Ein "Laichbiotop" wird nicht benötigt. Dank der raffinierten inneren Brutpflege hat sich der Alpensalamander völlig unabhängig von jeglichem Gewässer gemacht: Er ist zum echten Landlurch geworden, ein unter den mitteleuropäischen Amphibien einzigartiges Phänomen!

Je eine „Grabschaufel" am Fuß der Hinterbeine, erleichtert der Knoblauchkröte das Eingraben in den Boden.

Schutz- und Abwehrverhalten

Verborgene Lebensweise

Amphibien sind im Grunde recht schutzlose Wesen. Ihre empfindliche, wasserdurchlässige Haut zwingt sie, Trockenheit weitgehend zu meiden. Viele andere Tiere erbeuten sie und ihre Larven sowie den Laich. Damit sie überleben können, haben sie im Laufe ihrer langen Evolution verschiedene Überlebensstrategien entwickelt. Hierzu gehören auch vielfältige Verhaltensweisen, die manchmal recht skurril anmuten. Einige davon sollen nachfolgend geschildert werden.

Eine Möglichkeit, sich vor Trockenheit zu schützen, ist es, nur bei hoher Luftfeuchtigkeit, vor allem bei oder nach Regen oder aber nachts, unterwegs zu sein. Will man z. B. Knoblauchkröten beobachten, muss man nachts mit Taschenlampen auf vegetationsarmen Flächen (am besten auf Ackerflächen) im Umfeld der Laichgewässer suchen. Tagsüber ruhen die Tiere eingegraben im Boden. Mit beginnender Dunkelheit kommen sie an die Oberfläche, um Beutetiere (Spinnen, Käfer usw.) zu jagen. Gegen Ende der Nacht graben sie sich wieder ein.

Setzt man eine Knoblauchkröte tagsüber auf sandigen, grabfähigen Untergrund, vergräbt sie sich meist innerhalb kurzer Zeit, oft in einer oder wenigen Minuten. Dies geschieht grundsätzlich rückwärts, durch abwechselnde Bewegungen der Hinterbeine und unter Zuhilfenahme der harten Grabschaufeln auf der Unterseite der Hinterfüße. Wenn das Tier so weit eingegraben ist, dass die Augen mit dem Erdreich in Berührung kommen, werden diese geschlossen und in die Augenhöhlen zurückgezogen. Auch die Nasenlöcher werden geschlossen.

Experimente ergaben, dass die Tiere auf kurzgrasigem Grünlanduntergrund kaum in der Lage sind, sich einzugraben (vermutlich wegen des dichten, feinen Wurzelfilzes), wohl aber auf lockeren, sandigen, vegetationsarmen

Knoblauchkröten graben sich mit den Hinterbeinen „rückwärts" in den Bodengrund, wie hier in Reihenfolge auf den drei Bildern dargestellt.

Mit wurzelfreien und meist sandigen Böden bilden Spargelfelder geeignete Landhabitate für diese Art.

Ackerböden. Auch zeigte sich, dass sich die Tiere von Frühjahr bis Herbst tagsüber nur flach eingraben (maximal 5–10 cm Tiefe). In sehr trockenwarmen Sommer- oder Herbstwochen kann die Eingrabetiefe aber mehrere Dezimeter betragen. Für die Wintermonate werden etwa 30 cm angegeben.

Wie Urlauber am Strand: in der prallen Sonne liegen

Es gibt allerdings auch Amphibienarten, die Trockenheit meistern und dabei sogar wie Urlauber am Strand in der prallen Sonne liegen. Dies sind die Laubfrösche, in unserem Gebiet *Hyla arborea* und *Hyla perrini*. Wer in den Sommer- und frühen Herbstmonaten in der Nähe von Laubfrosch-Laichgewässern Gebüsche, besonders Brombeersträucher absucht, findet tagsüber bei sonnigem Wetter diese kleinen, ca. 4–5 cm langen Tiere auf Blättern in der Sonne sitzend, und das oft über mehrere Stunden am Tag.

Wie schaffen Laubfrösche dies, ohne zu vertrocknen? Denn auch sie haben, wie die Knoblauchkröte und andere Amphibien, eine dünne, wasserdurchlässige Haut. Beim Sonnen begeben sich Laubfrösche deshalb auf eine Gratwanderung zwischen Aufwärmen und zu hohen Wasserverlusten. Einerseits können Amphibien über Wasserabgabe sog. Verdunstungskälte erzeugen und hierdurch einer Überhitzung des Körpers vorbeugen, andererseits dürfen sie dabei nicht zu viel Wasser verlieren, um nicht zu vertrocknen.

Vermeidung von zu viel Wasserverlust

Ein Europäischer Laubfrosch erwärmt sich in der prallen Mittagssonne.

Wie lösen Laubfrösche dieses Problem? Zunächst einmal verfügen sie über die Fähigkeit zu einem ausgeprägten Farbwechsel. Ihre Rückenhaut kann verschiedene Grünabstufungen annehmen, aber auch stark ins Gelbe gehen, aber auch grau, braun und sogar schwärzlich werden. Durch diesen auffälligen Farbwechsel können sie die eigene Körpertemperatur bis zu einem gewissen Grade beeinflussen. Verdunkelung (dunkelgrün, graugrün) erhöht die Wärmeaufnahme, starke Aufhellung bis hin zu einem hellen Gelb-grün erhöht die Reflexion und mindert dadurch die Erwärmung der Hautoberfläche.

Eine weitere Möglichkeit, um Wasserverluste einzuschränken, ist die Verkleinerung der Körperoberfläche beim Sonnenbad. Hierzu drücken sich die Tiere fest an die Unterlage (z. B. Brombeerblätter) und schmiegen die Beine an den Körper, z. T. schieben sie sie darunter. Zusätzlich wird der Rücken krumm gebogen, sodass der ganze Körper annähernd die Form einer Halbkugel annimmt. Da die Kugel die kleinste Oberfläche aller Körper gleichen Volumens aufweist, wird die Verdunstung über die Oberfläche so mindestens geringfügig reduziert. Im Vergleich dazu können viele Reptilien (etwa Schlangen wie die Kreuzotter) ihre Rippen spreizen, um so die Oberfläche zu vergrößern und damit mehr Sonnenstrahlen aufzufangen.

Daneben gibt es weitere Möglichkeiten, Wasserverluste zu verringern. Die in der Haut gelegenen Schleimdrüsen von Laubfröschen verfügen über spezielle Schließmechanismen, die den Sekretaustritt regulieren können. Mittels spezieller Muskelfasern können außerdem die Drüsenhälse bei Bedarf verschlossen werden.

Die beschriebene Haltung der Tiere bei ihrem Sonnenbad ermöglicht auch, einen Wasserfilm als Vorrat unter dem Körper zu halten. Wenn man Laubfrösche in praller Sonne von Pflanzenblättern abnimmt, kann man darunter oft verbleibende Feuchtigkeit erkennen.

Warum sonnen sich Laubfrösche überhaupt so ausgiebig? Wärmeaufnahme ist für Amphibien die wichtigste Möglichkeit, ihren Stoffwechsel zu beschleunigen. Dies geschieht bei wechselwarmen Tieren u. a. durch ausgiebiges Sonnen, sodass gerade Jungtiere auch in warmen Jahren besonders rasch wachsen können. Unter optimalen Bedingungen sind manche Männchen schon im Herbst des ersten Lebensjahres ausgewachsen und können so schon im darauf folgenden Frühjahr an der Fortpflanzung teilnehmen.

Feindabwehr: Sekrete, Droh- und Warnverhalten

Die empfindliche Haut der Amphibien bietet kaum Widerstand gegen Schnäbel und Zähne von Angreifern. Völlig schutzlos ist sie allerdings nicht.
So verfügen die Lurche über Hautdrüsen, die je nach Art mehr oder weniger stark wirksame Sekrete erzeugen. Zum einen dienen die hier produzierten Hautgifte gegen Schimmelbildung auf der feuchten Oberfläche, zum anderen auch als (teils) effektive Abwehr gegen Fressfeinde. Bei Bedrohung können giftige Sekrete in großen Mengen ausgeschieden werden und sogar einen Schaum oder große Tropfen bilden. Die Stoffe wirken auf Schleimhäute von Säugetie-

ren (auch bei Menschen) stark reizend. Wer sich nach der Berührung mit einer Unke oder einem Salamander die Augen mit den betroffenen Fingern reibt, wird ein heftiges, anhaltendes Brennen verspüren und diesen Fehler sicher nicht wieder begehen. Ähnlich sollte es manchem Beutegreifer ergehen, wobei sich längst nicht jeder sich davon abschrecken lässt.

Unter den einheimischen Arten ist wohl keine, die nicht von irgendeinem anderen Wirbeltier gefressen werden könnte und auch wird. Ein hundertprozentiger Schutz ist die Sekretproduktion also nicht, aber manche Arten, wie z. B. Salamander, Unken und Echte Kröten, sind sicher besser geschützt als z. B. Frösche und Molche. Bei manchen Arten sind besonders mächtig entwickelte Drüsenpakete hinter den Augen entwickelt, bei den Salamandern zudem noch entlang der Rückenmitte und bis in den Schwanz.

„Kahnstellung" einer Gelbbauchunke: Gelbe Flecken werden einem potenziellen Feind als Warnfarbe entgegengehalten.

Über schützende Hautsekrete verfügen oft auch schon die Larven der Lurche. Krötenquappen werden nicht so gerne von Fischen gefressen wie Froschquappen, was u. a. auf die unterschiedlich starke Giftwirkung zurückgeführt wird.
Deshalb können sich Erdkröten selbst in intensiv genutzten Fischteichen halten, was Fröschen und Molchen nur schwer möglich ist.
Manche Amphibienarten zeigen bei Annäherung potenzieller Feinde eigenartige, manchmal skurril anmutende **Droh- oder**

Gelbbauchunke mit Schaum-Bildung durch erhöhte Abgabe von Hautgift.

Warnreaktionen. Fühlt sich eine Erdkröte bspw. von einer Ringelnatter bedroht, nimmt sie bisweilen eine imposante Abwehrhaltung ein. Dabei richtet sie sich mit allen Vieren hoch auf und kann dabei die Lungen so weit mit Luft füllen, dass sie gut doppelt so groß wirkt. Je nach Größe der Schlange ist sie so kaum noch zu fassen, bzw. herunterzuschlingen, sodass zumindest manch kleinere Natter wieder von ihr ablässt. Dieses Verhalten konnte von Ewert sogar durch stark abstrahierte schlangenähnliche Attrappen ausgelöst werden. Dennoch wird so manche Erdkröte von der Natter erbeutet.

Eine auch durch den Menschen auslösbare Reaktion, mit denen sie Feinde warnen, zeigen die Unken. Ergreift man eine solche und streicht ihr mit einem Finger über Schulter und Rücken, nimmt sie gewöhnlich die sog. „Kahnstellung" (Unkenreflex) ein. Dabei wird der Rücken durchgebogen; die Vorderbeine hinter den Kopf gebracht und die Hinterbeine zur Seite gedreht bzw. hochgeklappt. Diese etwas verrenkt anmutende Haltung führt dazu, dass die hellen (gelblichen oder orangen) Flecken der Unterseite dem potenziellen Feind entgegengehalten werden. Dabei signalisieren die grellen Töne (Warnfärbung), dass es sich, wie nebenbei auch beim Feuersalamander, um eine recht giftige Beute handelt. Auch dieses Verhalten birgt keine Garantie, wer aber bereits mit dem hoch wirksamen Hautgift von Unken oder Salamandern Erfahrung gemacht hat, überlegt es sich sicher ein zweites Mal. Dieser Mechanismus scheint recht wirksam zu sein, denn erwachsene, ausgefärbte Unken werden nur selten von Wirbeltieren erbeutet. Frisch umgewandelte, noch nicht ausgefärbte Unken, die noch nicht über genügend Drüsensekret verfügen, werden hingegen häufiger erbeutet, z. B. von Wasserfröschen und verschiedenen Vogelarten.

Beuteerwerb

Umgewandelte Amphibien sind fleischfressende, räuberische Tiere. Sie jagen und verzehren nahezu alles, was kleiner ist als sie selbst und sich bewegt, wobei es durchaus artspezifische Präferenzen entsprechend der jeweiligen Lebensweise gibt. Nur exemplarisch dient ein Regenwurm eher Salamandern als Beute als den Laubfröschen, die in Büschen eher nach Fluginsekten jagen, welche den Bodenbewohnern weitgehend vorenthalten sind. Die Larven der Schwanzlurche (Molche, Feuersalamander) leben ebenfalls räuberisch, während die Kaulquappen der Frösche und Kröten als „Allesfresser" bezeichnet werden müssen, da sie sowohl pflanzliche (sicher vorwiegend) als auch tierische Nahrung zu sich nehmen.

Die **Beutestrategien** sind unterschiedlich. Manche Arten suchen aktiv nach Nahrung und streichen in ihrem engeren Umfeld umher, z. B. Molche im Gewässer, andere sitzen auf der Lauer und warten auf vorbeikommende Beutetiere wie die meisten Froschlurche. Der Hauptsinn, um Beute zu lokalisieren, ist der Gesichtssinn, d. h. optische Auslöser sind entscheidend, um Beutefangverhalten auszulösen. Dies lässt sich z. B. bei Erdkröten schön demonstrieren.

Wenn man eine hungrige Erdkröte in einen durchsichtigen Glaszylinder (zwecks Ausschaltung von Duftreizen!) setzt und außerhalb des Zylinders eine Wurmattrappe langsam um den Zylinder herumbewegt (z. B. mittels Drehscheibe, auf der der Versuchszylinder mit der Kröte steht), folgt das Tier dem vermeintlichen Beutetier.

Das Experiment zeigt, dass die optische Reizung ausreichend ist, um Beutereaktionen bei der Erdkröte hervorzurufen. Der Geruchssinn scheint zumindest bei Froschlurchen von untergeordneter Bedeutung zu sein, kann aber zusätzlich als Informationsquelle eine Rolle spielen. Je nach Art kann Geruch aber scheinbar einen unterschiedlichen Stellenwert einnehmen. Im Versuch steigerte der von Mehlkäferlarven z. B. die Bereitschaft von Kreuzkröten, auf optische Reize zu reagieren. Eine ergänzende Duftorientierung ist nicht unwichtig, da Kröten vor allem in der Dämmerung und nachts unterwegs sind.

Präsentiert man einer frei beweglichen Erdkröte eine Mehlkäferlarve, die langsam vor ihr herkriecht, orientiert sie sich zum Beutetier und fixiert es. Dann schleudert sie ihre kurze, breite und klebrige Zunge heraus und zieht das Beutetier ins Maul. Zum „Schlucken" dienen daraufhin die Augen, so seltsam es auch klingen mag. Sie werden geschlossen und dabei nach unten gedrückt, wodurch die darunter im Mundraum befindliche Beute erst in den Schlund „geschoben" wird. Schließlich putzt sich die Kröte durch abwechselnde Wischbewegungen mit den Vorderfüßen die Schnauze.

Auch Fliegen kann die Erdkröte durch Herausschleudern der Zunge erbeuten, wobei sie bis zu einem Abstand von maximal 4,5 cm zum Beutetier von der Zunge Gebrauch macht. Größere Beuteobjekte, z. B. einen langen Regenwurm erbeutet sie, indem sie mit dem ganzen Kopf vorschnellt und mit den Kiefern den Wurm fasst. Versucht der Wurm zu entkommen, helfen die Vorderfüße mit, ihn ins Maul zu befördern.

Beutefang bei Wasserfröschen

Spektakulärer ist die **Jagd der Wasserfrösche**. Sie lässt sich am Gartenteich schön beobachten. So kann man durch Auslegen von etwas Fleisch am Rande des Teiches Fliegen anlocken, die von den Fröschen erbeutet werden. Sobald ein In-

Libellen gehören zu den regelmäßigen Beutetieren der Wasserfrösche (hier P. lessonae).

Auch Kannibalismus ist unter Fröschen nichts Ungewöhnliches (im Beispiel nur exemplarisch eine südeuropäische Wasserfrosch-Art).

sekt in das Gesichtsfeld des Frosches gerät, richtet er seine Körperlängsachse auf dieses Objekt aus. Dann folgt die Annäherung, je nach Entfernung können hierzu einige Schwimmzüge oder Schritte erforderlich sein. Der Zoologe Dietrich Schneider hat den Annäherungsvorgang schön geschildert: „Bei Beuteobjekten oder Attrappen, die weniger als 100 cm vom Frosch entfernt sind, schleicht sich der Frosch meist an die Beute heran. Je näher er herankommt, desto vorsichtiger werden seine Bewegungen." Ist der Frosch nah genug, führt er einen kräftigen Sprung aus und ergreift die potenzielle Beute mit der rasch vorschnellenden Zunge. Das daran klebende Objekt wird zum Maul geführt, die Kiefer packen zu und die Kost wird hinuntergeschluckt.

Besonders spannend ist es, zur Paarungs- und Eiablagezeit der Libellen den Beutefang der Wasserfrösche zu beobachten. Sie werden dann von den zu dieser Zeit besonders verhaltensauffälligen Insekten geradezu angelockt. Da diese mit der eigenen Fortpflanzung beschäftigt sind, achten sie oft nicht mehr auf die Frösche, was ihnen nicht selten zum Verhängnis wird. Für Gebänderte Prachtlibellen (*Pelophylax esculentus*) fand Hilfert-Rüppell, dass in einem Lebensraum 50 % der Tiere von Teichfröschen (*Pelophylax esculentus*) erbeutet wurden. Überwiegend waren es Männchen, in geringem Maße aber auch Weibchen. In einem Falle wurde ein sitzendes Paarungsrad (die Phase, in der das vom Männchen festgehaltene Weibchen die Spermien übernimmt) erbeutet.
Geradezu akrobatisch muten kräftige Sprünge vom Ufer oder aus dem Wasser heraus an, mit denen Wasserfrösche manchmal nahe über der Wasseroberfläche fliegende Libellen und andere Insekten zu erbeuten versuchen. Dabei kann der Frosch auch senkrecht oder leicht nach hinten geneigt nach oben schnellen; manchmal kippt er dabei sogar nach hinten und fällt auf den Rücken.

Beuteerwerb bei Molchen und Salamandern

Molch- und Salamanderlarven kann man gut in einem kleinen Aquarium beim Beuteerwerb beobachten. Sie haben an Ober- und Unterkiefer auffällige Hautsäume, sog. Lippensäume, die im hinteren Teil zu einer „Wange" miteinander verwachsen sind. Diese Konstruktion ermöglicht ihnen durch rasches Aufklappen des Maules ein sog. Saugschnappen. Durch Erzeugung eines kurzzeitigen Unterdrucks wird ein Wasserstrom Richtung Maul erzeugt. Mit dem eingesogenen Wasser geraten auch die zuvor optisch fixierten Beutetiere (Kleinkrebse, Mückenlarven, kleine Würmer) in ihr Maul.
Auch erwachsene Molche, die sich zur Paarungszeit (März–Juni) im Wasser aufhalten, haben Lippensäume und sind zum Saugschnappen

Alpen-Kammmolch mit erbeutetem Tauwurm.

Fadenmolch beim Verschlingen eines Regenwurms, der ausgestreckt länger war als er selbst.

Bisweilen gelingen ungewöhnliche Beobachtungen sogar in Zierfisch-Teichen: Bergmolche haben hier aufgequollene Fischfutter-Pellets als Nahrungsquelle für sich entdeckt! Dabei warteten diese das erste Treiben der gierig fressenden Fische zunächst ab und suchten dann aktiv nach dem übriggebliebenen Futter.

befähigt. Größere Objekte, die sich nicht einsaugen lassen, werden wie bei den Kröten mit den Kiefern gepackt. An Land sind die Lippensäume allerdings zurückgebildet. Wie die Salamander erbeuten sie kleine Tiere dann z. T. auch mittels der klebrigen Zunge, die sie hervorschnellen können und damit „Ergriffenes" ins Maul führen. Größere Beutetiere werden mit den Kiefern gepackt und heruntergeschlungen.
Das **Beutefangverhalten von Molchen und Salamandern** im Vergleich hat W. Himstedt untersucht. Bei beiden Amphibiengruppen fixieren die Tiere ihr Beuteobjekt und nähern sich diesem an, entweder durch Anschwimmen (Molch- und Salamanderlarven, erwachsene Molche im Wasser) oder durch Daraufzulaufen (umgewandelte Salamander, Molche während der Landzeit). Bei Molchen findet oft ein Nach-Richten und vor allem eine Geruchsprobe statt, bevor zugeschnappt wird. Nur selten wird nach dem

Annähern direkt zugeschnappt. Salamander schnappen meist direkt zu, oft unterbleibt bei ihnen eine „genauere Untersuchung".
Auch bei Molchen und Salamandern spielen optische Reize (Bewegungen) eine große Rolle. Jedoch können sie sehr wohl gut riechen, was bei der nächtlichen Aktivität und im Nachthimmel-beschattenden Wald-Lebensraum entscheidend sein kann.

Die Allesverwerter: Larven der Froschlurche

Kaulquappen leben vorwiegend von mikroskopisch kleinen Pflanzen (Algen), abgeraspelten Teilen der Unterwasservegetation und Plankton (Schwebeteilchen). Wichtig ist zu betonen, dass dabei nicht zwischen pflanzlichem (Phytoplankton) und tierischem (Zooplankton) unterschieden wird, also bspw. auch Ruderfußkrebse und Rädertierchen verwertet werden! Außerdem wird an toten Tieren gefressen, z. B. an toten Fischen oder auch gestorbenen Artgenossen. Auch Amphibienlaich gehört zur Nahrung der Froschlurchlarven. Oft hängen die Kaulquappen pulkweise an solchen eiweißreichen Nahrungsstellen.

Bei der Nahrungsaufnahme werden zwei Techniken des Nahrungserwerbs praktiziert. Die eine lässt sich gut im Freiland und im Aquarium beobachten. Es ist das Abraspeln von Algenbezügen an Aquarienscheiben, Pflanzen und Steinen. Dies bewerkstelligen die Larven mit kleinen Hornkiefern, die wir mit einer 10-fachen Lupe an der Aquarienscheibe gut sehen können. Die zweite Technik ist das Filtrieren von organischen Partikeln, frei schwebenden Algen und mikroskopisch kleinen Tieren. Dieser Vorgang ist recht kompliziert und erst in jüngerer Zeit intensiver untersucht worden. Der ganze Mundraum und die inneren Kiemen der älteren Larven sind darauf spezialisiert, kleine Partikel aus dem Atemwasserstrom herauszufiltrieren. Das Wasser strömt durch das Maul in den Mundraum, tritt zwischen den Kiemenbögen wieder aus, gerät in die inneren Kiemenhöhlen und verlässt schließlich den Körper der Larve über eine Ausströmöffnung. Gerne wird auch Boden- und Schlammmaterial aufgewühlt, um möglichst viele organische Partikel im Atemwasserstrom zu haben. Vor allem die in den nährstoff- und nahrungsarmen Gewässern lebenden Larven der Kreuzkröte erwiesen sich in Untersuchungen von VIERTEL als sehr effektive Partikel-Filtrierer.

Kadaver von Wirbeltieren, hier bei der Kreuzkröte sogar der gleichen Art, werden gezielt angesteuert und während des Verwesungsvorgangs abgeknabbert.

Amphibien in ihrer Umwelt

Aufgrund ihrer Entwicklung benötigen Amphibien unterschiedliche Lebensräume in enger Nachbarschaft. Für den Laich und die Larven ist bei den einheimischen Arten (Ausnahme Alpensalamander) zwingend ein Gewässer erforderlich, und sei es manchmal auch noch so klein. Die umgewandelten Jungtiere wie auch die älteren Individuen sind dagegen auf geeignete Landlebensräume angewiesen. Nur wenn beide Lebensraumtypen in Kombination innerhalb eines begrenzten Raumes vorhanden sind, kann eine Amphibienpopulation gedeihen. Dabei müssen beide Lebensraumtypen eine bestimmte Umweltqualität aufweisen, z. B. muss das Gewässer über eine bestimmte Wasserqualität verfügen und die Landlebensräume über ein bestimmtes Nahrungs- und Versteckangebot. Hinzu kommt, dass die Winterquartiere über sehr spezielle Eigenschaften verfügen müssen, nämlich über eine hohe Luftfeuchte bei mehr oder weniger gleichbleibend niedrigen, jedoch oberhalb der Frostgrenze liegenden Temperaturen.

Da unsere Umwelt sehr unterschiedliche Landschaften aufweist und überwiegend intensiv genutzt wird, ist verständlich, warum keine Amphibienart lückenlos verbreitet ist. Die einzelnen Arten finden sich vielmehr nur an bestimmten Stellen. Während in den Artporträts die Lebensräume der im behandelten Gebiet vorkommenden Arten im Einzelnen genannt sind, sollen im vorliegenden Kapitel allgemeinere und vergleichende Gesichtspunkte behandelt werden.

Waldweiher im Mittelgebirge, gemeinsamer Lebensraum von hier insgesamt neun verschiedenen Amphibienarten.

Gewässertypen für Amphibien

Grundsätzlich besiedeln Amphibien nahezu alle in Mitteleuropa vorkommenden Binnengewässertypen. Der Schwerpunkt liegt allerdings bei den stehenden und langsam fließenden Gewässern.

In der Tabelle werden die Amphibienarten, die in den verschiedenen Gewässertypen vorkommen und sich hier auch fortpflanzen, beispielhaft aufgeführt, ohne Anspruch auf Vollständigkeit. Bei mehreren Artenlisten könnte abschließend stehen „und weitere Arten". Es werden zudem rein qualitative Angaben gemacht (Vorkommen als solches). Eine (halb-)quantitative Gewichtung wäre wünschenswert, beim derzeitigen Kenntnisstand aber mit vielen Unsicherheiten behaftet. Deshalb wird im Rahmen dieses einführenden Buches davon Abstand genommen. Der Leser sollte aber im Auge behalten, dass die einzelnen Arten in sehr unterschiedlicher Häufigkeit in den verschiedenen Gewässertypen vorkommen. Zu betonen ist außerdem, dass jede Gewässertypisierung in einem gewissen Grad subjektiv ist und es deshalb keine einheitliche Gliederung gibt. Außerdem gibt es alle Übergänge zwischen Fließ- und Stillgewässern, z. B. bei den Biberteichen und den Gräben.

Altarm der Elbe (Magdeburg).

Durch Abbau entstandenes Gewässer (Raum Bonn).

Alter Torfstich in einem früheren Moorgebiet (Ruhrgebiet).

Renaturierter Fischzucht-Teich (Wagbachniederung).

Überschwemmter Birkenwald im Moor-Randbereich (Münsterland) mit geringer Artenzahl, aber großen Beständen von Erdkröte und Grasfrosch.

Temporäre Regenpfütze am Rande einer Abraumhalde (Baden-Württemberg). So sehen potenzielle Laichbiotope für Gelbbauchunke, Kreuz- und Wechselkröte aus.

Diese ehemalige Fluss-Aue im Bergischen Land beheimatet Berg-, Teich-, Faden- und Kammmolch, Erdkröte, Laubfrosch, Teichfrosch, Grasfrosch (in der Umgebung auch Gelbbauchunke).

Einer von mehreren flachen Wiesen-Teichen im Wasservogelreservat Wallnau (Ostsee-Insel Fehmarn), die vom NABU u. a. für die Wechselkröte geschaffen wurden. Auch Teich-, Kammmolch und Moorfrosch fanden sich ein.

Oben: Randbereich eines vom BUND renaturierten Hochmoores in der Diepholzer Moorniederung. Laichbiotop des Moorfroschs in hoher Individuenstärke.

Mitte: Zum Schutz des Laubfroschs und in Kooperation von Landwirten mit dem BUND entstand durch Anstauen der Entwässerungsgräben (Wiedervernässung) diese temporär wasserführende Überschwemmungswiese (Diepholzer Moorniederung).

Unten: Speziell zum Schutz der Rotbauchunke vom NABU angelegtes Gewässer mit Schwimmblattvegetation (Ostsee-Insel Fehmarn).

Gewässertypen

Für mitteleuropäische Amphibienarten bedeutsame Gewässertypen. Die Abkürzungen bedeuten: Ei = Eier, La = Laich, L = Larven, H = Halbwüchsige, E = Erwachsene

1 Fließgewässer	
1.1 Quellen, Quelltöpfe und -tümpel sowie angrenzende Quellbäche	Feuersalamander (L) Faden- und Bergmolch (Ei, L, E) Grasfrosch (La, L)
1.2 Gräben und langsam fließende Bäche	Faden-, Berg- und Teichmolch (Ei, L, E) Teichfrosch (La, L, H, E) Grasfrosch (La, L) Italienischer Springfrosch (La, L)
1.3 Bäche und kleine Flüsse	Teichfrosch (H, E)
1.4 Bachstaue einschließlich Biberteiche	Faden-, Teich- und Bergmolch (Ei, L, E) Feuersalamander (L) Geburtshelferkröte (L) Erdkröte (La, L) Grasfrosch (La, L, E) Teichfrosch (La, L, E)
1.5 Größere Flüsse mit Buchten und Altarmen	Donau-Kammmolch (Ei, L, H, E) Teichfrosch (La, L, H, E) Seefrosch (La, L, H, E) Italienischer Springfrosch (La, L) Moorfrosch (La, L) Erdkröte (La, L)
1.6 Kanäle (je nach Grad der Naturnähe)	Teichmolch (Ei, L, E) Teichfrosch (La, L, H, E) Seefrosch (La, L, H, E) Wechselkröte (La, L)
2 Stillgewässer	
2.1 Wassergefüllte Wagenspuren, Pfützen (häufiger trocken fallend)	Feuersalamander (L) Berg- und Fadenmolch (Ei, L, E) Geburtshelferkröte (L) Gelbbauchunke (La, L, H, E) Kreuzkröte (La, L) Norditalienischer Laubfrosch (La, L) Grasfrosch (La, L)
2.2 Tümpel (zeitweilig trocken fallend)	Teich-, Berg- und Fadenmolch (Ei, L, E) Geburtshelferkröte (L) Kreuzkröte (La, L) Laubfrosch (La, L, E) Norditalienischer Laubfrosch (La, L, E) Italienischer Springfrosch (La, L) Gras- und Moorfrosch (La, L)

2.3 Kleinere Weiher und kleine Teiche	alle Molcharten (Ei, L, E, bei Arten der Kammmolch-Gruppe auch H) alle Froscharten der Gattungen *Rana* und *Hyla* (La, L, E, bei Wasser- fröschen auch H) Erdkröte (La, L) Wechselkröte (La, L) Knoblauchkröte (La, L) Geburtshelferkröte (L) Rotbauchunke (La, L, H, E)
2.4 Garten- und Schulteiche	alle Molcharten (Ei, L, E, bei Arten der Kammmolch-Gruppe auch H) Teichfrosch (La, L, H, E) Kleiner Wasserfrosch (La, L, H, E) Laubfrosch (La, L, E) Grasfrosch (La, L) Erdkröte (La, L)
2.5 Große Weiher, große Teiche und Seen	Berg- und Teichmolch (Ei, L, E) Kammmolch und Alpen-Kammmolch (Ei, L, H, E) Teichfrosch (La, L, H, E) Seefrosch (La, L, H, E) Erdkröte (La, L) Laubfrosch (La, L, E)

Die Tabelle zeigt, dass Amphibien eine Fülle sehr unterschiedlicher Gewässer besiedeln. Die meisten Arten nutzen kleinere Stillgewässer, die zumindest von Frühjahr bis Herbst, oft ganzjährig Wasser führen (Kategorie 2.3: Kleinere Weiher und kleine Teiche). Sie sind in Mitteleuropa die „Amphibiengewässer schlechthin". Große Bedeutung haben auch sehr flache, zeitweilig austrocknende Gewässer (Kategorien 2.1 und 2.2). Die Verluste, die Laich und Larven durch Austrocknen drohen und auch oft zu beobachten sind, werden dadurch ausgeglichen, dass in diesen Gewässern nur wenige Fressfeinde vorkommen. Vor allem sind sie von Natur aus weitgehend fischfrei. Fische sind flinke Räuber, die sehr geschickt und gerne Amphibienlarven erbeuten, vor allem Larven der Molcharten sowie die von Gras-, Moor-, Spring- und Laubfrosch. Krötenlarven werden dagegen eher gemieden, da sie Bitterstoffe abgeben, die Fische nicht mögen.

Fließende Gewässer können besiedelt sein, haben aber aufs Ganze gesehen nicht die Bedeutung wie stehende Gewässer. Wichtig ist hierbei, dass es in ihnen auch Ruhigwasserzonen gibt, wie z. B. in Quelltöpfen (Tümpelquellen), in Bachstauen und ruhigen Buchten von Flüssen und Strömen.

Moor-See im Randbereich eines Hochmoors (mäßig saurer pH-Wert): Bergmolch, Grasfrosch, Moorfrosch.

Natürlich angestauter Bach in einem Mischwald (Bergisches Land): Feuersalamander, Bergmolch, Fadenmolch, Grasfrosch.

Uferbereich eines großen Sees (Dümmer See) mit Seerosen-Teppich. Ein klassischer Wasserfrosch-Habitat.

Teich mit Schilfzone in einem Stillgelegten Steinbruch (Baden-Württemberg): Kammmolch, Teichmolch, Kreuzkröte, Europ. Laubfrosch, Grasfrosch.

Hammerteich in einem Bachtal (Bergisches Land): Bergmolch, Fadenmolch, Erdkröte, Grasfrosch (im Zufluss auch Feuersalamander).

Biberburg mit angestautem Gewässer in Brandenburg.

Biberdamm in der weiteren Umgebung eines Hochmoores in Baden-Württemberg.

Biberteiche

Eine in Mitteleuropa erst in jüngster Zeit stärker bekannt werdende Bedeutung für Amphibien haben die **Biberteiche**. Biber legen ihren Bau entweder in steileren Ufern von Flüssen und Bächen an oder aber als Ast- und Zweigburg innerhalb von ihnen selbst aufgestauten Fließgewässern. Im zweiten Fall entstehen die Biberteiche. Zum Aufstauen fällen sie Bäume und Sträucher und errichten einen Damm. Dadurch wird die Fließgeschwindigkeit des Baches örtlich stark herabgesetzt. Das oberhalb des Dammes liegende Gewässer erhält Stillwassercharakter und wird dadurch für Amphibien interessant. Je nach Lage in der Landschaft (Wald, Offenland) und dem Alter der Teiche werden sie von unterschiedlichen Arten als Laich- und Wohngewässer genutzt. An Biberteichen in der Nordeifel konnten insgesamt sieben Amphibienarten festgestellt werden – besonders die Geburtshelferkröte profitiert hier von den Teichen. Diese große Bedeutung ergibt sich trotz des Vorkommens der Bachforelle, die zumindest den Larven verschiedener Lurche nachstellen dürfte. Im Einzelnen werden diese Zusammenhänge derzeit noch untersucht.

In der Oberpfalz (Bayern) gibt es eine Reihe von Biberteichen im Offenland. Da sie besonnt werden, haben sie eine Röhrichtzone ausgebildet. In solchen Biberteichen leben bzw. laichen Teich- und Bergmolch, Teichfrosch und Kleiner Wasserfrosch, Erdkröte und besonders Grasfrösche.
In Flach- bzw. Tieflandgebieten setzen Biber

Aus einem schmalen Graben schuf der Biber hier in Brandenburg ein großes Stillgewässer (Biberburg im Hintergrund). Sehr bald stellten sich auch Molche und Frösche ein.

Mit zunehmend trockenen Sommern spielen auch solche kleineren Biber-Stauungen eine gewisse Rolle für den Wasserhaushalt umgebender Wälder, deren Böden (auch als Landlebensraum von Lurchen) von mehr Nässe profitieren.

Noch weit oberhalb eines Biberdamms (von Seite 158 unten links) entstehen temporär überschwemmte Sumpflandschaften mit reichhaltiger Flora und (Amphibien-) Fauna.

Unweit von Berlin führte die Stauung durch einen Biber zu diesem Bruchwald.

manchmal große Waldflächen regelrecht unter Wasser und schaffen sehr große Teiche, in denen Erdkröten und Moorfrösche ablaichen. Die abgebildeten Fotos lassen erahnen, welch große landschaftsgestalterische Kraft von dieser Säugetierart ausgehen kann.

Gartenteiche

Eine besondere Kategorie stellen die Gartenteiche dar. Deren Artenzusammensetzung hängt in hohem Maße von der Größe der Teiche, ihrer Lage und ihrem Umfeld ab sowie nicht zuletzt von ihrer Nutzung. Hierauf wird ab Seite 220 näher eingegangen.

Gewässereigenschaften

Für die meisten Amphibienarten ist zumindest eine teilweise **Besonnung** der Fortpflanzungsgewässer wichtig. Wasserfrösche, Laub- und Moorfrosch, die Unkenarten sowie Kreuz- und Wechselkröte bevorzugen sogar eine überwiegende bis komplette Besonnung ihrer Laichgewässer. Dagegen setzen Feuersalamanderweibchen ihre Larven eher in schattig kühle Waldbäche oder auch kleine Waldtümpel.

Ein weiterer wichtiger Faktor, der auch mit der Besonnung zusammenhängt, ist ein Bewuchs der Gewässer mit **Wasser- und Sumpfpflanzen**. Molche, Laubfrösche und die Arten der Wasserfrosch-Gruppe benötigen einen guten Bewuchs mit Unterwasserpflanzen, an die sie ihre Eier bzw. ihren Laich heften. Gelbbauchunken, Grasfrosch, Wechsel- und Kreuzkröte kommen mit wenigen Pflanzen aus. Kreuzkröte und manchmal Grasfrosch laichen auch in völlig pflanzenfreien Gewässern ab. Berg- und Fadenmolch können sich auch in pflanzenfreien Gewässern fortpflanzen, wenn in ihnen Falllaub vorhanden ist, an das sie ersatzweise ihre Eier heften.

Bei der Wahl der Laichplätze existiert aber eine gewisse Bevorzugung für Vegetationsformen, was nur grob und beispielhaft in der folgenden Tabelle gezeigt wird. Dabei lassen sich vertikale und horizontale Strukturen unterscheiden, in den verschiedensten Übergängen.

Oben: Bachverlauf mit natürlichen Staubereichen (Gumpen) in Baden-Württemberg. Trotz starker Strömung finden sich beruhigte Zonen, in denen Salamander-Larven heranwachsen.

Unten links: Flache, kleine und daher nur temporäre Pfützen im Offenland (hier in Wuppertal) bilden die bevorzugten Laichbiotope der Gelbbauchunke und werden selbst von Teich- und Bergmolch genutzt.

Unten rechts: Ein vergessenes Kneippbad in Hessen mit Zu- und Ablauf aus einer Quelle. Die zwar beschattete, aber sauerstoffreiche Stauung bietet ideale Bedingungen für Bergmolche und die Larven des Feuersalamanders.

Struktur der Ablaichplätze heimischer Amphibien (Die Art des Laiches wird nur bei erstmaliger Nennung angegeben, siehe auch Bestimmungsschlüssel ab S. 25.)

1. Vertikale Strukturen	
1.1 Aufrecht wachsende Unterwasserpflanzen (Blätter, Stängel)	Molche (Einzeleier), Unken (kleine Laichballen), Kleiner Wasserfrosch , Teichfrosch (mittelgroße Laichballen)
1.2 Sumpfpflanzen (z. B. Binsen, Röhricht)	Erdkröte (lange Laichschnüre), Wechselkröte (mittellange Laichschnüre), Knoblauchkröte (kurze Laichschnüre), Springfrosch (große Laichballen)
1.3 Geäst von Bäumen/Büschen	Erdkröte, Springfrosch, Italienischer Springfrosch
2. Horizontale Strukturen	
2.1 Schwimmblattvegetation (z. B. Schwimmendes Laichkraut, Teich- und Seerose)	Teich- und Seefrosch
2.2 Dichte Unterwasservegetation: Wasserhahnenfuß u. Ä.	Laubfrosch
2.3 Dichte Unterwasserrasen (Binsen u. a.)	Moorfrosch, Kreuzkröte
2.4 Falllaubschicht auf Gewässerboden	Grasfrosch, Berg- und Fadenmolch
2.5 Vegetationsfreier Gewässerboden	Grasfrosch, Gelbbauchunke, Kreuz- und Wechselkröte

Von erheblicher Bedeutung für die Amphibien ist die Gestalt eines Gewässers. Zumindest teilweise müssen die Ufer für einige Arten flach auslaufen, vor allem die sonnenexponierten Partien. Dies sind die bevorzugten Laichplätze der meisten Arten, da solche Bereiche sich schneller erwärmen. Ungünstig sind dagegen rundherum steile Ufer, wie dies oft bei Fisch- und Feuerlöschteichen der Fall ist. Sie werden von vielen Arten zwar trotzdem genutzt, vor allem aber dann, wenn in der weiteren Umgebung keine idealeren Gewässer bestehen. Zu hohe, steile Folien- oder Betonufer bilden oft sogar tödliche Fallen für Amphibien, wie auch etliche andere Tiere (etwa Kleinsäuger).

Dieser angestaute Feuerlöschteich im Allgäu beheimatet weit über 100 Bergmolche.

Angestauter Waldweiher im Bergischen Land, mit einem (für diese kleine Fläche) enormen Bestand des Fadenmolchs und trotz dichter Vegetation auch Feuersalamander-Larven.

Selbst oberhalb der Baumgrenze (hier Schweizer Alpen) laichen z. B. Bergmolche und Grasfrösche in den Schmelzwasserpfützen.

Günstig wirken sich auf viele Arten zusätzliche tiefere Gewässerbereiche aus, sodass zusammen mit den Flachufern im Querschnitt ein **Stockwerkbau** resultiert. Die tieferen Bereiche ermöglichen bei steigenden Wassertemperaturen im Frühsommer/Sommer den Molchen das Aufsuchen kühlerer Wasserschichten, sie dienen Molchen und Fröschen als Fluchtmöglichkeit und teilweise auch zur Überwinterung (z. B. Grasfrosch, Kleiner Wasserfrosch, Teichfrosch, vereinzelt auch Molche).

In Fließgewässern mit starker Strömung müssen ruhige Bereiche vorhanden sein, damit die Larven nicht abgeschwemmt werden. Quellbäche im Bergland weisen natürlicherweise einzelne Vertiefungen oder durch Totholz/Felsen angestaute Ruhigwasserbereiche auf,
in denen sich Feuersalamanderlarven aufhalten können. Hier finden sie auch ihre Beutetiere (Bachflohkrebse u. Ä.), die in gleicher Weise von den beruhigten Bereichen profitieren. An großen Fließgewässern wie Flüssen sind ruhige Ausbuchtungen bedeutend für die hier lebenden Amphibien, vor allem für den Donau-Kammmolch und rezente Grünfrösche (Gattung *Pelophylax*). Immer seltener werdende Auwälder, Überschwemmungszonen und natürliche Altarme sind verantwortlich für den Rückgang dieser und anderer Arten, zu denen bspw. auch Laubfrösche und Rotbauchunken gehören.

Flussauen und Altarme sind für Amphibien ebenso bedeutend wie selten geworden.

Ein wichtiger Faktor für das Gedeihen der Eier, Embryonen und Amphibienlarven ist der Säuregrad des Wassers, gemessen als pH-Wert.
Für die meisten Arten sind pH-Werte zwischen 6 (leicht sauer) und 8 (leicht alkalisch) am besten geeignet. Weitgehend resistent gegen saure Gewässer sind zwar die Moorfrösche, aber zu niedrige pH-Werte lassen auch ihren Laich absterben.

Anthropogene Gewässer

Der Begriff „**Anthropogen**" beschreibt (verkürzt dargestellt) die vom Menschen verursachten Veränderungen und Einflüsse auf unsere Umwelt. Wir befinden uns in einer Phase des Anthropozäns (Zeitalter des Menschen), bei dem zumindest in Mitteleuropa kaum noch natürliche, maximal naturnahe Lebensbedingungen für wild-lebende Pflanzen und Tiere bestehen. Streng genommen sind demnach nahezu alle Lebensräume mehr oder weniger davon betroffen, selbst die nur scheinbar unberührten Alpen. Denn auch hier wurde die Landschaft durch Beweidung (Almen), Waldnutzung (Holzgewinnung) oder Freizeitnutzung (Skigebiete) weiträumig verändert. Sieht man von diesen Umständen ab, wollen wir im Folgenden eher solche Gewässer als anthropogen ansprechen, die sehr offensichtlich und direkt durch aktive Maßnahmen betroffen sind. Hierzu gehören allen voran solche, die durch den Abbau von Rohstoffen oder die Sperrung von Fließgewässern (Talsperren) entstanden sind. Sie spielen für einige Amphibienarten eine ganz entscheidende Rolle, nebenbei auch für zahlreiche Reptilien (Steinbrüche), Vögel (Steilwände als Brutplatz), Wirbellose und auch Pflanzen (Ruderalflächen).
Die Populationen bestimmter Arten sind bei uns in hohem Maße auf genau solche Habitate konzentriert, da sie genau die Bedingungen bieten, die wir durch Begradigung von Flüssen und andere Umgestaltungen in einer fast vollständig genutzten/aufgeräumten Landschaft längst „beseitigt" haben. Es fehlt z. B. an Überschwemmungszonen entlang der Flussufer und insgesamt einer gewissen Dynamik, die daraus normalerweise resultieren würde.
Dabei sind Arten wie Gelbbauchunke, Kreuz- und Wechselkröte sogar evolutionär an sich stetig verändernde Strukturen (neu entstehende Wasserflächen, Ruderalstandorte) angepasst. Sie wären also bedingt sogar abhängig von „Zerstörungen" gewisser Flächen, wie sie bspw. nach Überflutungen (mit nachfolgender Sukzession) entstünden, wenn der Mensch nicht so massiv eingreifen würde.

Der Schlammteich in einem Kalksteinbuch bildet ein perfektes Laichbiotop vor allem für Kreuz- und Wechselkröte, aber auch 8 weiterer Arten.

Eigens für Kreuzkröten angelegter Flachwasser-Bereich in einem Steinbruch. Die erste Bewässerung erfolgte aufgrund mangelnder Niederschläge im besonders trockenen Jahr 2021.

Genau solche Bedingungen finden sie aber fast nur noch im Tagebau (z. B. Kies-, Lehm, Sand- oder Kalksteinbrüche), sodass mittlerweile sogar weit mehr als die Hälfte ihrer Vorkommen auf Abbaugebiete beschränkt ist. Artenschützer und Naturschutzbehörden haben diesen (eigentlich bedauerlichen) Umstand längst erkannt, weshalb Schutzmaßnahmen für viele Populationen, so grotesk es zunächst klingen mag, auch in der Rohstoffindustrie angesiedelt werden. Dies geht aber immer nur in Kooperation, also mit dem Einverständnis und gutem Willen der Betreiber! Bestenfalls wird hier eine Lösung gesucht, bei der sich Betrieb und Artenschutz nicht gegenseitig ausschließen. In Deutschland hat das Bundesamt für Naturschutz (BfN) dafür eine Kampagne gestartet, durch die beides gelingen kann (Näheres unter: **www.bfn.de/natur-auf-zeit**). Dabei werden innerhalb eines Abbaugebietes aktuell ungenutzte Flächen für den Artenschutz befriedet oder sogar optimiert, immer mit der Option, sie zu einem späteren Zeitraum wieder nutzbar machen zu können. Dafür werden in dem Fall wieder andere Teilbereiche für den Naturschutz frei, sodass eine Art Rotation entsteht. Das Prinzip hat sich bewährt und wäre nebenbei in ähnlicher Form auch für die Landwirtschaft wünschenswert, die in der BRD die Hälfte der gesamten Landesfläche in Anspruch nimmt, in der Schweiz ein gutes Drittel und in Österreich knapp 40 %! Als Beispiel könnte die historische Bewirtschaftungsform der „Dreifelderwirtschaft" dienen, durch die vermutlich die allermeisten Probleme (Wasserhaushalt, Pestizid- und Dünger-Eintrag, Artensterben) bereits im Ansatz behoben werden könnten.

Den Abbau-Betrieben muss aus Naturschutz-Sicht zumindest zugestanden werden, dass bestimmte Arten ohne ihre aktive Tätigkeit lokal schlichtweg nicht mehr existieren könnten. Denn selbst in stillgelegten und „renaturierten" Steinbrüchen entfällt mit der Zeit die bereits erwähnte „Dynamik" mit immerzu neu entstehenden Laichgewässern und Ruderalstandorten, auf die bestimmte Arten nun mal angewiesen sind. Dass manche Betriebe noch weit über das hinausgehen, sei zudem lobend erwähnt! Sei es durch Schaffung von zusätzlichen Wasserflächen, Bewässerung bestehender Laichbiotope in trockenen Sommern oder anderen freiwilligen Maßnahmen, die keinerlei wirtschaftlichen Interessen unterliegen.

Künstliche Bewässerung eines (sonst trockenfallenden) Laichgewässers der Kreuzkröte.

Wie viele Arten je Gewässer?

Mitteleuropa ist gemessen an den Subtropen und vor allem den Tropen eine Region mit sehr wenigen Amphibienarten. Entsprechend kommen in den einzelnen Gewässern (auch aufgrund der spezifischen Umweltansprüche) nur wenige Lurcharten gleichzeitig vor. Eine Analyse von Daten, die an mehr als 20 000 Gewässern in Bayern erhoben wurden, ergab, dass mehr als 85 % aller Gewässer weniger als vier Amphibienarten beheimaten. Im Mittel kam die Studie auf 2,18 Arten je Gewässer. Wo also vier und mehr Arten in einem Kleingewässer, Garten- oder Schulteich angetroffen werden, können diese schon als besonders wertvoll angesehen werden. Manch gut angelegter Gartenteich kann sogar mehr Arten anziehen, sofern diese überhaupt in der Umgebung vorkommen. Auch sind gezielt angelegte Gewässer in Natur, Parks oder Schutzgebieten nur dann diverser, wenn die spezifischen Ansprüche der jeweils verbreiteten Arten berücksichtigt werden. Hier entscheidet aber ebenfalls nicht nur das Laichgewässer, sondern insbesondere die Eignung und das Nahrungsspektrum im Umland, wie erfolgreich ein Habitat besiedelt werden kann. Dennoch ist dies alles bescheiden gegenüber den Verhältnissen in den feuchten Tropen. Ein Beispiel: An einem kleinen Gewässer im tropischen Regenwald von Peru, das in der Trockenzeit austrocknet und in der Regenzeit nur etwa 40 x 40 m groß ist, wurden nicht weniger als 30 Froschlurcharten gefunden!

Landlebensräume

So vielfältig wie die Laichgewässer sind auch die Landlebensräume der Amphibien. In der Tabelle wird der Versuch einer Typisierung unternommen, der sich (allerdings stark vereinfacht und modifiziert) an vegetationskundliche Gliederungen anlehnt. Auch diese Tabelle ist wie die beiden vorangegangenen nur beispielhaft zu verstehen. Betont werden muss, dass sich viele Amphibienarten in den unterschiedlichsten Landlebensraum-Typen aufhalten können. Innerhalb der angegebenen Wälder werden von vielen die Freiflächen bevorzugt, z. B. kleine Lichtungen, Windbrüche und Binnensäume an den Rändern der Waldwege. Bei den Nadelwäldern und -forsten muss betont werden, dass diese nur dann von Bedeutung sind, wenn sie lichter sind und der Boden stellenweise mit krautigen Pflanzen (z. B. Farnen) bewachsen ist. Ein sehr dichter Fichten- oder Kiefernforst mit sog. Stangenholz ist für Amphibien eher ungeeignet.

Für mitteleuropäische Amphibienarten bedeutsame Landlebensräume

1. Wälder	
1.1 Naturnahe Laub- und Mischwälder	Feuersalamander, alle Molcharten, Erdkröte, Gras-, Spring- und Moorfrosch
1.2 Auwälder	Die meisten einheimischen Arten mit Ausnahme der beiden Salamanderarten und der Geburtshelferkröte
1.3 Nadelwälder und -forste	Nur sehr eingeschränkte Bedeutung für Amphibien, z. B. für Moorfrösche (aber nur wenn krautiger Unterwuchs vorhanden ist)
2. Moore	
2.1 Hochmoore	Nur Randbereich für Amphibien bedeutsam, vor allem für den Moorfrosch
2.2 Niedermoore	Die meisten heimischen Arten, Ausnahmen: Salamander und Geburtshelferkröte
3. Flussmarschen und Grünlandgebiete	Teich-, See-, Gras- und Moorfrosch, Rotbauchunke, Laubfrosch, alle Molcharten mit Ausnahme des Fadenmolches
4. Dünen, Zwergstrauchheiden, Äcker, Brachland	Kreuz- und Wechselkröte, Knoblauchkröte, z. T. Moorfrosch
5. Abgrabungskomplexe (Steine, Sand, Ton etc.)	Die meisten heimischen Arten, ganz besonders Kreuz- und Wechselkröte, Gelbbauchunke, Geburtshelferkröte
6. Hecken, Gebüsche, Feldgehölze	Erdkröte, Gras-, Moor- und Laubfrosch, Teich-, Berg- und Kammmolch
7. Zwergstrauchheiden und Almmatten oberhalb der Waldgrenze	Alpensalamander, Bergmolch

Von Buchen dominierter Laubwald: Lebensraum für Feuersalamander, Teich-, Bergmolch, Grasfrosch und Erdkröte.

Links: Grasfroschlaich in kleinen Wald-Teichen in der Rhön (Hessen). Gleich dahinter schließt der Landlebensraum an.
Mitte: Quellbach in einem Allgäuer Laubmischwald. Besonders entlang solcher (auch im Sommer) ausreichend feuchten Stellen fühlt sich der Alpensalamander wohl.
Rechts: Ein anderer Lebensraum des Alpensalamanders bei Füssen. Auch scheinbar ausgetrocknete Bäche bieten Amphibien (auch anderen Arten) die nötige Feuchtigkeit.

Totholz in einem lichten Mischwald, unter dem sich Salamander, Molche, Frösche und Kröten verbergen. Moose sind Indikatoren für eine hohe Luftfeuchtigkeit.

Alpiner Lebensraum in Österreich mit teils gestauten Quellbereichen. Hier leben Alpensalamander, Bergmolche und Gelbbauchunken.

Totholz-Stapel in einem Buchenwald sind eine perfekte Versteckmöglichkeit für alle hier vorkommenden Amphibienarten (Feuersalamander, Bergmolch, Fadenmolch, Erdkröte, Grasfrosch).

Winterquartiere

Manche Amphibien überwintern in Gewässern. Regelmäßig wird dies vom Seefrosch praktiziert, der dazu oft sogar ganz spezifische Gewässer aufsucht. Es sind tiefere und größere Gewässer (z. B. Altarme, Altwässer, alte Kanäle), die auch in strengen Wintern nicht durchfrieren können. Wenn die Eisdecke im Winter aber zu lange geschlossen bleibt, können einzelne auch hier sterben, z. B. an dadurch bedingtem Sauerstoffmangel.

Sicherer als Teiche sind Fließgewässer für die Überwinterung von Grasfröschen. Sie frieren nie vollständig zu und führen zudem reichlich Sauerstoff, den Amphibien auch in der Winterstarre benötigen.

Grasfrösche dagegen überwintern mal in Gewässern, mal auf dem Land. Die jeweiligen örtlichen und regionalen Bedingungen dürften hierfür ausschlaggebend sein. Dabei werden sowohl stehende als auch fließende Gewässer zur Überwinterung aufgesucht. Die stehenden Gewässer sind tief, sodass sie nicht durchfrieren. Und bei fließenden, oft kleinere Bäche verhindert deren ständig bewegtes Wasser, dass es zum Durchfrieren kommt. Der Vorteil flacher, ständig fließender Gewässer ist, dass keine größeren Raubfische (Flussbarsch, Hecht u. a.) in ihnen leben können, die im Winter die wenig bewegungsaktiven Frösche erbeuten könnten.

Auf diesem Teich liegt eine dünne Eisschicht. Darunter überwintern Grasfrösche, tief in Schlamm oder der Laubschicht verborgen.

Die Mehrzahl aller mitteleuropäischen Lurche überwintert in Landquartieren. Frostfreie Erdhöhlen, Stein- und Geröllhaufen, Felsspalten, Moos- und Laubschichten am Waldboden, faulende Baumstämme und -wurzeln sind bevorzugte Winterquartiere. In der Nähe menschlicher Siedlungen, im Dorf und Stadtrandbereich können auch Gewächshäuser, Kellerräume u. Ä. aufgesucht werden. An günstigen Stellen können sich viele Individuen zusammenfinden. Berühmt sind alte, verlassene Bergwerkstollen z. B. im Sauerland, in denen jährlich viele Feuersalamander den Winter verbringen. In einem dieser Stollen wurden einmal rund 200 überwinternde Salamander gezählt. Solche unterirdischen Bereiche weisen im Winter 92–99 % relative Luftfeuchte bei Temperaturen zwischen 9 und 11 °C

Verschieden große Höhlen und Stollen dienen etlichen Amphibien zum Überwintern, oft auch gemeinsam mit Fledermäusen. Sie bieten die nötige Feuchtigkeit und sind gewöhnlich auch frostsicher. In Ritzen, Spalten oder unter Steinen findet man in solch unterirdischen Systemen oft hunderte überwinternde Lurche.

Fressen und gefressen werden

Amphibien leben nicht allein. Sie sind wie andere Lebewesen auch eingebunden in ein kompliziertes Netzwerk, das aus den verschiedenen Beziehungen zwischen den Organismenarten resultiert. Große Bedeutung für das Funktionieren der Umwelt haben die Beute-Räuber-Beziehungen. Amphibien erbeuten eine Vielzahl an anderen Tieren. Insekten, Spinnen und Schnecken gehören zu ihren Hauptbeutegruppen. Unter diesen Tieren sind auch viele, die der Mensch gern als „Schädlinge" bezeichnet, weil sie seine Nutzpflanzen vertilgen. Von daher können Amphibien einen Beitrag zur sog. **biologischen Schädlingsbekämpfung** leisten. Für die Kreuzkröte hat dies schon vor vielen Jahren eine Studie aufgezeigt. Für den Raps-, Kartoffel- und Gemüseanbau im Rhein-Main-Gebiet wurde errechnet, dass durch die Fraßtätigkeit von Kreuzkröten zahlreiche der infrage kommenden Schadinsekten spürbar reduziert werden können und hierdurch der Einsatz von Spritzmittel überflüssig sein kann. Bei Vorhandensein einer Population aus einigen Hundert Kröten in Nähe eines Anbaugebietes kam die Studie zu einer jährlichen Einsparungsmöglichkeit an chemischen Spritzmitteln im Wert von damals (1970er-Jahre) um 1000 DM (ca. 500 Euro) je 20 ha.

Amphibien sind selbst aber auch Nahrung für eine Vielzahl anderer Tiere. Ein vereinfachtes Beziehungsschema stellt die Abbildung dar. Sie verdeutlicht, dass die verschiedenen Entwicklungsstadien ganz unterschiedlichen Tieren als Nahrung dienen, wobei es auch hier viele Überschneidungen gibt. Junge Ringelnattern ernähren sich – der eigenen Größe entsprechend – vor allem von Larven und frisch metamorphosierten Jungtieren in und am Rande der Laichgewässer,

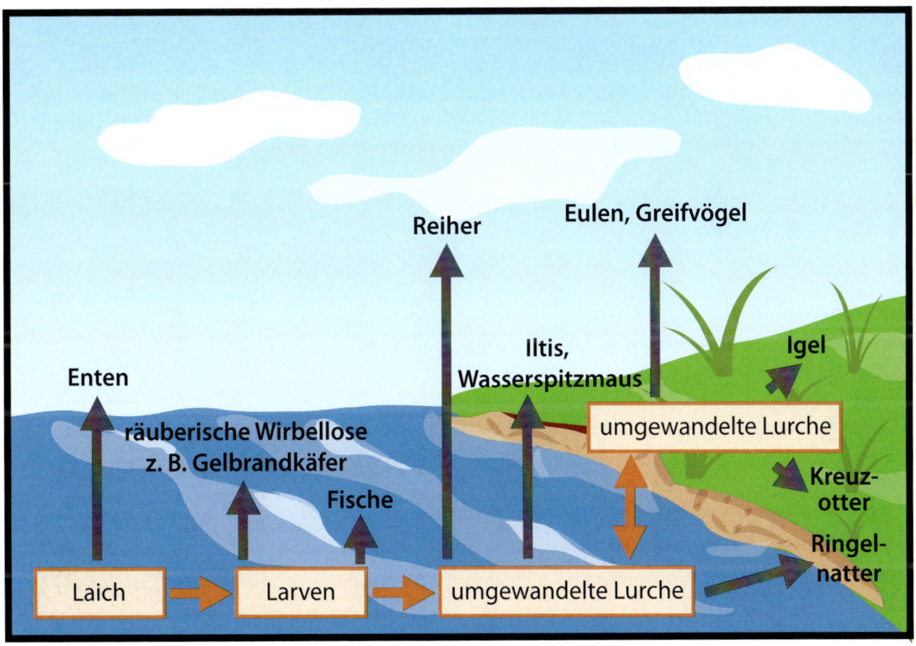

Amphibien als Nahrung für andere Tiere (in Auswahl). Graue Pfeile weisen auf die Räuber hin. Orange Pfeile geben die Entwicklungsrichtung und das Pendeln zwischen Wasser und Land an.

Der wohl prominenteste Feind der Frösche (und anderer Lurche) ist der Weißstorch. Ergo: viele Amphibien = viele Störche.

Barren-Ringelnatter (Natrix helvetica) in den Rieselfeldern, mit erbeuteter Kaulquappe (vermutlich des hier verbreiteten Seefroschs).

Diese junge Barren-Ringelnatter hat einen Bergmolch an Land erwischt. Der nächtlichen Lebensweise passen sich die Schlangen teilweise an, sind also im Hochsommer oft nachtaktiv!

Dieser Bergmolch konnte neben Teichmolchen dabei beobachtet werden, frisch geschlüpfte Grasfrosch-Kaulquappen zu erbeuten.

ältere Schlangen eher von ausgewachsenen Lurchen, also auch an Land.

Der Laich kann pflanzenfressenden Wasservögeln (z. B. Entenvögel, Rallen…), erwachsenen Molchen und Fischen zum Opfer fallen. Die Larven haben viele Feinde unter den räuberischen Wirbellosen und den Wirbeltieren. Umgewandelte Lurche werden z. B. von Schlangen, Füchsen, Mardern oder größeren Fischen erbeutet. Vögel wie Reiher, Möwen, Seeschwalben, Greif- und Rabenvögel fressen halbwüchsige und erwachsene Lurche. Aber auch kleinere Singvogelarten (etwa Drosseln) verschmähen keine Amphibien, solange diese mundgerecht sind. Da die umgewandelten Lurche im Laufe des Jahres zwischen Land- und Wasserlebensräumen wechseln, tragen sie über die Nahrungsfunktion maßgeblich zur Vernetzung der verschiedenen Großlebensräume bei.

Dabei wird die Bedeutung der Amphibien (insbesondere Amphibienlarven) als Nahrungsgrundlage für unzählige andere Tierarten meist unterschätzt. Deutlich wird dies in der Fortpflan-

Junge Blässralle mit fast fertig entwickeltem Wasserfrosch im Schnabel.

Der Nachtreiher, hier mit erbeuteter Kaulquappe, ist ein geschickter Amphibienjäger.

Auch Egel fressen Amphibien (hier einen Teichmolch), wobei nicht mehr geklärt werden konnte, ob er von diesen getötet oder tot aufgefunden wurde.

Besonders fleißig war diese Nebelkrähe mit mindestens 3 jungen Froschlurchen im Schnabel.

Gelbrandkäfer und deren Larven sind gefräßige Amphibienfeinde, die unter Wasser Kaulquappen und selbst ausgewachsene Molche überwältigen.

zungsbiologie vieler Froschlurche bei der sogenannten „R-Strategie", bei der große Mengen von Eiern (in der Folge Larven) produziert werden, von denen letztendlich nur ein verschwindend geringer Anteil das Larvenstadium überlebt oder die Geschlechtsreife erreicht.

Die meisten heimischen Amphibienarten produzieren also dabei ein Übermaß an Eiern, bei dem das Überleben des einzelnen Individuums für das Bestehen der Art weniger entscheidend ist, als dass zumindest einige es schaffen, erwachsen zu werden. Dies muss man sich stets vor Augen führen, wenn man mit dem Begriff „Artenschutz" argumentiert, denn dabei geht es stets über den Erhalt geeigneter Lebensräume, nicht etwa um einzelne Individuen!

Ein Beispiel: Die Laichschnur eines einzelnen Erdkröten-Weibchens kann zwischen 3000 und 6000 Eier beinhalten. In einem verhältnismäßig kleinen Gewässer können 100 und mehr Erdkröten zeitgleich zur Fortpflanzung schreiten. Daraus ergibt sich in diesem Fall eine „Biomasse" von über einer halben Millionen Kaulquappen

Lachmöwe mit erbeuteter, fast fertig entwickelter Froschlarve.

Libellenlarven (hier mit Grasfrosch-Kaulquappe) sind erfolgreiche Amphibienjäger.

in diesem einen Biotop ohne Berücksichtigung aller anderen Amphibienarten (Molche und Frösche), die darüber hinaus im gleichen Gewässer laichen. Die R-Strategie sorgt dabei also für eine utopisch große Menge Nachwuchs, von dem aber nur eine geringe Zahl letztendlich das Larvenstadium überlebt, an Land geht und sich selbst fortpflanzen wird. Weit über die Hälfte der Eier und Larven dürfte Prädatoren wie Fischen, Insektenlarven (insbesondere von Libellen, Wasserwanzen und -käfern), kleinen Säugetieren und Vögeln zum Opfer fallen, aber eben auch Amphibien- und Reptilienarten wie Molchen oder jungen Wassernattern. Sie bilden daher eine bedeutende Nahrungsgrundlage für all diese Arten und sind somit auch für den Fortbestand anderer Tierarten von existenzieller Bedeutung. Wird eine solche Nahrungskette durch Ausbleiben der Amphibienreproduktion unterbrochen, hat dies logischerweise auch einen entsprechenden Schwund aller Beutegreifer zur Folge. Hier sprechen wir von einer „Räuber-Beute-Beziehung", die ohne das massenhafte Vorkommen von Amphibienlarven und Jungtieren insgesamt spürbar an Biodiversität verlieren würde, zumindest aber an „Populationsdichte" bestimmter Arten, die höher in der Nahrungskette stehen. Um es einfacher auszudrücken: Je mehr Amphibien, umso mehr Insekten, Reptilien, Säuger und Vögel leben auch in einem Ökosystem!

Der „R-Strategie" entgegen steht die „K-Strategie", bei der (wie bei Menschen und Großsäugern) nur wenige Nachkommen produziert werden, die dafür aber eher „umsorgt" werden, um das Überleben der Art zu gewährleisten. Das Absetzen von nur 1-2 fertig entwickelten Jungtieren beim Alpensalamander, wenigen Larven statt vieler Eier beim Feuersalamander und auch die Brutpflege der Geburtshelferkröte sind Beispiele unter den heimischen Amphibien.

Darüber hinaus ist auch der Erhalt eines einzelnen Biotopes in einem Komplex nicht ausreichend für ein Artenschutz-Konzept. Nirgends ist das wohl so nachvollziehbar wie bei den Amphibien, die sowohl Wasser als auch Land zum Überleben benötigen. Der beste Teich hilft diesen nichts, wenn die umgewandelten Tiere keine Landlebensräume mehr vorfinden und anders herum. Wo beides aber stimmt, kann sich ein natürliches Gleichgewicht in Bezug auf Jäger und Beute einstellen. Nur wo durch menschliche Einflüsse unnatürliche Umstände entstehen, vermag eine Art die andere auch bis zum Erliegen dezimieren. Beispiele dafür aber gibt es leider reichlich, seien es die Aussetzungen von gebietsfremden Arten (Neozoen), wie etwa Nordamerikanischen Flusskrebsen, auch Ziervögeln (Enten im Parkteich) oder das Ausbringen von Fischen in Kleinstgewässern (z. B. Goldfische im Gartenteich, Forellenzucht...).

Entscheidend: Umweltqualität

Entscheidend für das Vorkommen einer Amphibienart in einem bestimmten Lebensraum ist die Qualität der Umwelt. Beispielsweise sind die oben genannten Gewässer verschiedener Typen nur dann von Amphibien besiedelt, wenn die Wasserqualität gut ist, d. h. wenn sie z. B. nicht versauert sind und keine zu hohen Konzentrationen an Schadstoffen (Spritzmittel, Schwermetalle, Düngerstoffe etc.) enthalten. Leider haben wir es heute mit Umweltverschmutzungen der verschiedensten Art zu tun, die sich auch auf Amphibien negativ auswirken. Auf diese und andere Gefährdungsfaktoren wird im nächsten Kapitel näher eingegangen.

Durch übermäßigen Dünger-Eintrag der umliegenden Felder ist dieser Waldweiher stark eutrophiert.

In einen Bach geleitetes Abwasser – hier kann kein Leben mehr existieren.

Hilfe für Amphibien

In der modernen Zivilisationslandschaft sind Amphibien zahlreichen Gefahren ausgesetzt. Nur wenn man diese kennt und etwas über ihre Wirkungen weiß, kann man den Lurchen helfen. Im Einzelfall kann man manchmal unkompliziert tätig werden, mit Einsatz und gutem Willen. Oft muss man dafür allerdings über finanzielle und technische Mittel verfügen und darüber hinaus auch Geduld und Durchsetzungsvermögen aufbringen, wenn man auf rechtliche, bürokratische oder politische Hürden stößt.

Dieses Kapitel wird in gestraffter Form

- die Situation (Gefährdungsgrad) der einzelnen Arten in den berücksichtigten Ländern darstellen,
- Gefährdungsursachen aufzeigen,
- Möglichkeiten und erforderliche Maßnahmen der Gefahrenabwehr vorstellen sowie praktische Tipps für Hilfs- und Schutzmaßnahmen geben.

Die Situation der Amphibien

Der Gefährdungsgrad von Tier- oder Pflanzenarten wird traditionell in **Roten Listen** zusammengestellt. Darin wird die Gefährdung der Fauna und Flora kategorisiert. Sie berücksichtigen den aktuellen Bestand bzw. die Verbreitung innerhalb einer Bezugsregion (z. B. Staat, Bundesland) sowie längerfristige Bestandstrends (gleichbleibend oder abnehmend, ggf. zunehmend). Die Listen basieren auf ständig verbesserten Kartierungsgrundlagen, werden von erfahrenen Spezialisten erstellt und in Deutschland von den Landesumweltämtern der Bundesländer sowie dem Bundesamt für Naturschutz (BfN) herausgegeben. Dabei wird ein etwa zehnjähriger Rhythmus der Aktualisierung angestrebt. Die Einstufungen in die Gefährdungskategorien sind in gewissem Grade subjektiv, da (überregional) nicht jede Kartierung mit exakt der gleichen Methodik durchgeführt werden kann. Auch stammen nicht alle Erfassungen aus demselben Zeitraum. Schon deshalb sind Listen unterschiedlicher Regionen bzw. Länder nur eingeschränkt miteinander vergleichbar.

Deutlich wird das schon, wenn man bspw. die Rote Liste für Deutschland als Ganzes mit der eines einzelnen Bundeslandes vergleicht. In der Regel sind letztere noch einmal in die Regionen unterteilt, wodurch ein noch differenzierter Eindruck gewonnen wird.

So werden einige Arten deutschlandweit als ungefährdet oder gefährdet aufgeführt, können aber in einigen Bundesländern oder Regionen durchaus als vom Aussterben bedroht, stark gefährdet oder bereits ausgestorben gelten.
So sollte in erster Linie auch immer die entsprechende Region als Maßstab gelten, wenn man sich mit dem Artenschutz auseinandersetzt. Ein Beispiel: Würden die letzten Moore Nordrhein-Westfalens trockengelegt, würde dies zwangsläufig zur Ausrottung der Moorfrösche führen. Hier hilft es dann nicht zu wissen, dass in Niedersachsen, Schleswig-Holstein oder Mecklenburg-Vorpommern noch große Populationen existieren, weshalb die deutschlandweite Listung (hier aktuell „nur" als gefährdet eingestuft) nur gering beeinflusst würde.

Und selbstverständlich ist dieses Beispiel sehr wohl auch auf die Schweizer Kantone oder die österreichischen Länder übertragbar!

Gefährdungskategorien

Der Gefährdungsgrad der Arten wird in bestimmten Kategorien von 0-3 unterschieden und angegeben, wobei zusätzliche Einordnungen mit Buchstaben (Abkürzungen) einen durchaus hohen, leider aber manchmal vernachlässigten Stellenwert haben. Auch in historischer Zeit ausgestorbene bzw. ausgerottete Arten werden in den Roten Listen aufgeführt. Die wichtigsten sind hier aufgelistet, inkl. der hiervon abweichenden Bezeichnungen der Weltnaturschutzorganisation IUCN:

Rote-Liste-Kategorie (RL) / (nach Weltnaturschutzorganisation IUCN)

0 Ausgestorben oder verschollen (IUCN: RE)
1 Vom Aussterben bedroht (IUCN: CR)
2 Stark gefährdet (IUCN: EN)
3 Gefährdet (IUCN: VU)
G Gefährdung unbekannten Ausmaßes (IUCN: DD)
V Vorwarnliste (IUCN: NT)
D Daten unzureichend (IUCN: DD)
***** Ungefährdet (IUCN: LC)

In manchen Listen wird noch die Kategorie „potenziell gefährdet“ (in Österreich „Gefährdung droht“) angegeben, was in etwa der Bemerkung „V“ (Vorwarnliste) entspricht. Diese Arten gelten dann als „noch“ nicht gefährdet, wobei ein negativer Trend (spürbarer Bestandsrückgang) erkennbar ist.

Ausmaß der Gefährdung

Wenn man das Ausmaß der Gefährdung der im vorliegenden Buch behandelten Staaten betrachtet (siehe Tabelle), fällt auf, dass der Anteil der mindestens als gefährdet eingestuften Arten in allen drei Staaten bei mehr als 50 % liegt. Das ist erschreckend hoch und geht eigentlich schon weit über das Alarmierende hinaus! Denn eine Zunahme war in den letzten Jahrzehnten bei keiner Art zu verzeichnen. Bestenfalls ist der Kenntnisstand über die Verbreitung mit der Zeit gewachsen, wie vielleicht beim Springfrosch, was dann aber auch nur eine scheinbare Zunahme der Bestände zur Folge hätte.

Anstiege sind dagegen eher bei gebietsfremden Arten zu erkennen, die aus verantwortungslosen Aussetzungen resultieren und von denen sich zumindest einige als sogenannte „invasive Arten“ erfolgreich ausbreiten. Dabei sind manche aber leider auch imstande, die heimischen Arten langfristig zu verdrängen und ggf. sogar Krankheiten zu verbreiten, die es bei uns ursprünglich nicht gegeben hat. Als jüngste Beispiele sind hier Infektionen mit Chytridpilzen (ugs. Hautpilzen) zu nennen, wie bspw. *Batrachochytrium dendrobatidis* (Bd) und *Batrachochytrium salamandrivorans* (Bsal), letzterer auch als „Salamanderfresser“ bekannt, die bei einigen heimischen Lurchen zum Tode führen.

Wenn dieser Trend anhält, rücken viele Amphibien in der Gefährdungseinstufung weiter nach oben! In Folge der Ausbreitung von Bsal wäre das sogar gleich ein Sprung von „nicht gefährdet“ auf „vom Aussterben bedroht“ bzw. lokal auch „ausgestorben“.
Aber auch bisher (oder früher noch) als „Allerweltsarten“ bezeichnete Arten, wie z. B. der Grasfrosch, werden zunehmend seltener. Mancherorts sind auch schon Bestandsrückgänge durch die immer häufiger werdenden, zu trockenen Sommer beobachtet worden, in denen mangelnder Niederschlag die Gewässer noch während der Larvenphase austrocknen lassen. Hiervon sind einige Arten, die eher in flachen Kleingewässern als tiefen Teichen laichen, mehr betroffen als andere.

Schließlich gibt es Arten, die nur in einem Land und dort bezeichnenderweise nur regional vorkommen und schon von daher besonderer Schutzbemühungen bedürfen, wie Donau-Kammmolch, Italienischer Springfrosch und Norditalienischer Laubfrosch. Davon abgesehen sind innerhalb der einzelnen Staaten bestimmte Arten regional stark gefährdet oder gar vom

Aussterben bedroht, z. B. der Moorfrosch in Hessen und Baden-Württemberg, die Gelbbauchunke in Nordrhein-Westfalen oder der Springfrosch in Niedersachsen.
Zusammenfassend muss noch einmal betont werden, dass insgesamt eine ernste Situation für die Amphibien Mitteleuropas festzustellen ist. Ursachen hierfür, aber auch mögliche Gegenmaßnahmen, werden in den folgenden Kapiteln dargelegt.

Gefährdungsstatus der Amphibien in den drei behandelten Ländern entsprechend den offiziellen „Roten Listen". Wenn keine Gefährdungskategorie angegeben ist, ist die Art hier (noch) nicht gefährdet.

Art	Deutschland	Österreich	Schweiz
Alpensalamander *Salamandra atra*		Vorwarnliste	Leichte Abnahme der Bestände
Feuersalamander *Salamandra salamandra*		Vorwarnliste	verletzlich (gefährdet)
Teichmolch *Lissotriton vulgaris*		Vorwarnliste	stark gefährdet
Fadenmolch *Lissotriton helveticus*		fehlt	verletzlich (gefährdet)
Bergmolch *Mesotriton alpestris*			
Kammmolch *Triturus cristatus*	Vorwarnliste	stark gefährdet	stark gefährdet
Alpen-Kammmolch *Triturus carnifex*	fehlt	gefährdet	stark gefährdet
Donau-Kammmolch *Triturus dobrogicus*	fehlt	stark gefährdet	fehlt
Geburtshelferkröte *Alytes obstetricans*	gefährdet	fehlt	stark gefährdet
Rotbauchunke *Bombina bombina*	stark gefährdet	gefährdet	fehlt
Gelbbauchunke *Bombina variegata*	stark gefährdet	gefährdet	stark gefährdet
Knoblauchkröte *Pelobates fuscus*	gefährdet	stark gefährdet	fehlt
Erdkröte *Bufo bufo*		Vorwarnliste	verletzlich (gefährdet)
Kreuzkröte *Epidalea calamita*	Vorwarnliste	vom Aussterben bedroht	stark gefährdet
Wechselkröte *Bufotes viridis*	gefährdet	gefährdet	ausgestorben
Laubfrosch *Hyla arborea*	gefährdet	gefährdet	stark gefährdet
Norditalienischer Laubfrosch *Hyla perrini*	fehlt	fehlt	stark gefährdet
Moorfrosch *Rana arvalis*	gefährdet	gefährdet	fehlt

Art	Deutschland	Österreich	Schweiz
Grasfrosch *Rana temporaria*		Vorwarnliste	
Springfrosch *Rana dalmatina*		Vorwarnliste	stark gefährdet
Italienischer Springfrosch *Rana latastei*	fehlt	fehlt	verletzlich (gefährdet)
Teichfrosch *Pelophylax esculentus*			
Kleiner Wasserfrosch *Pelophylax lessonae*	Gefährdung unbekannten Ausmaßes	gefährdet	potentiell gefährdet
Seefrosch *Pelophylax ridibundus*		gefährdet	ausgesetzt

Quellen:

- Bundesamt für Naturschutz (BfN) 2020 (online abrufbar unter: https://www.rote-liste-zentrum.de/)
- Umweltbundesamt GmbH, 1090 Wien/Österreich (online abrufbar unter: https://www.umweltbundesamt.at/umweltthemen/naturschutz/rotelisten/downloads-rl-tiere)
- Koordinationsstelle für Amphibien- & Reptilienschutz in der Schweiz (karch) (online abrufbar unter: http://www.karch.ch/karch/de)

Vielfältige Gefahren

Komplette Lebensraumzerstörung

Die gravierendste Gefahr für Amphibien ist die vollständige Vernichtung ihrer Lebensräume. Diese findet leider durch den wirtschaftenden Menschen in hohem Maße statt. Durch größere Baumaßnahmen, z. B. die Erschließung von Gewerbe- und Wohngebieten und den Bau von Straßen, werden zahlreiche Amphibien-Lebensräume vernichtet oder entscheidend entwertet. Immerhin, wenn sogenannte „planungsrelevante Arten“ (nach der FFH-Richtlinie besonders geschützte) in entsprechenden Gebieten vorkommen, müssen zumindest geeignete Ersatzbiotope geschaffen werden, bevor ein Bauvorhaben umgesetzt werden darf. Nicht „planungsrelevante“ aber profitieren leider nicht von diesem gesetzlichen Schutz! Offenbar müssen wohl erst noch mehr Amphibien-Lebensräume vernichtet werden, bis auch sie so selten werden, dass ihnen mehr nötiger Respekt gebührt. Hinzu kommt, dass es geradezu schon Mode geworden zu sein scheint, lieber einen kostspieligen Ausgleich zu schaffen, als die ursprünglichen Lebensräume seltener Pflanzen und Tiere einfach zu erhalten. Denn auch die Mehrkosten scheinen hier längst nicht mehr abzuschrecken, sind vielmehr wohl in so manchem Bauvorhaben schon mit eingerechnet. So manches Mal wird das Naturschutzgesetz auch weiterhin geschickt umgangen, wenn Ökologie der Ökonomie im Wege steht. Dass dem nicht immer so ist und oft auch nicht sein müsste, belegen viele Beispiele (siehe auch Kapitel „Anthropogene Lebensräume“). Denn wenn der Wille nur da ist, kann auch beides Hand in Hand gehen. Ganz besonders führt die anhaltende Intensivierung der landwirtschaftlichen Bodennutzung zur Beseitigung von für Amphibien wichtigen, oft existenziellen Landschaftsstrukturen und Lebensräumen. Als Beispiele seien genannt: das Verfüllen kleiner Stillgewässer (Tümpel, kleine Weiher), die Beseitigung von Hecken und Feldgehölzen, der Umbruch von Feuchtgrünland und seine Umwandlung in Ackerland (z. B. Maisäcker).

Am Beispiel der Verluste kleiner Stillgewässer kann man ersehen, welch erschreckendes Ausmaß die Vernichtung dieser als Laich- und Larvengewässer für die meisten Amphibienarten zwingend erforderlichen Lebensräume angenommen hat. Verschiedene detaillierte Studien (Kartenauswertungen, Luftbildanalysen und Geländebegehungen) haben für eine Reihe mitteleuropäischer Gebiete Verlustraten zwischen 50 und 80 % in Zeiträumen von etwa 50 bis 100 Jahren ergeben. Für die in Nordrhein-Westfalen liegende Gemeinde Metelen resultierte gar eine Verlustbilanz von 31 % in nur 23 Jahren.

Dieser Teich wurde für die Kreuzkröte errichtet und erfüllt den Zweck für diese Zielart perfekt. Allerdings handelt es sich hier um eine „Ausgleichsmaßnahme" für einen Gips-Steinbruch, der u. a. mit dem Aushub von „Stuttgart 21" verfüllt wurde. Leider wird auch ein „guter" Ersatzbiotop den ursprünglichen Lebensraum niemals ersetzen können.

Geradezu grotesk wirkt diese Ausgleichsmaßnahme für ein daneben errichtetes IKEA-Gebäude in Wuppertal. Der lieblos angelegte Folienteich könnte bestenfalls für Gelbbauchunke, Kreuz- oder Wechselkröte dienen, die aber in diesem Bereich gar nicht verbreitet sind.

Sogenannte Flurbereinigungen führten zu gänzlich strukturlosen Landschaftsformen, wie sie jeder von einem Spaziergang in die „Natur" kennen wird.

Intensivierung der Landnutzung und Nährstoffbelastung

Die noch verbliebenen oder auch zwischenzeitlich neu angelegten Kleingewässer und auch die umgebenden, ebenso wichtigen Landlebensräume der Amphibien leiden heute grundsätzlich unter einer zu starken Anreicherung von Nährstoffen. Diese rühren aus der starken Düngetätigkeit der Landwirtschaft, die die Folge einer immer intensiver genutzten Agrarlandschaft ist. Die Nährstoffe werden zum einen aus den unmittelbar angrenzenden Nutzflächen (Äcker, stark gedüngtes Grünland) eingeschwemmt, zum anderen über Niederschläge aus der Luft eingetragen, was Gegenmaßnahmen sehr schwer macht.

Eine zu starke Nährstoffanreicherung in Gewässern führt zur übermäßigen Pflanzenproduktion. Beim regelmäßigen Zerfall der Pflanzenmasse treten starke Sauerstoffzehrungen auf, die zum Absterben von Tieren, z. B. Amphibienlarven führen können. In Landlebensräumen führen Nährstoffanreicherungen zum Verschwinden niedrigwüchsiger Vegetation sowie Zuwachsen offener Flächen, und zwar in kürzerer Zeit als sonst üblich. Solche Flächen sind für Pionierbesiedler sehr wichtig, vor allem für Kreuzkröte und Gelbbauchunke.

Vielerorts wird ehemaliges Grünland (z. B. Viehweiden) durch Anbau von Mais oder Raps für „Bio-Gas" umgenutzt.

Die Intensivierung der Landwirtschaft macht sich aber auch an anderen Fakten fest. So nimmt das Heckennetz in vielen Landschaften ab, Grünlandflächen werden zunehmend umgebrochen und in Ackerflächen verwandelt, die Ackerschläge werden größer und anderes mehr.

Unmittelbare Düngemitteleinwirkungen

Neben den vorstehend genannten, eher indirekten Wirkungen der Düngemitteleinbringung in die Landschaft gibt es auch unmittelbare Wirkungen auf Amphibien. Durch die dünne, empfindliche Haut können die unterschiedlichsten Schadstoffe unmittelbar auf die Tiere einwirken. Zu diesen zählen nicht nur flüssige Mittel, sondern auch solche, die als Granulat eingesetzt werden. So konnten z. B. nach dem Einsatz von Kalkammonsalpeter, Phosphor und Kali zu Tode krampfende und bereits verendete Amphibien gefunden werden, die durch den direkten Kontakt Verätzungen aufwiesen.

Gelangt Stickstoffdünger in höherer Konzentration in ein Gewässer, können auch Laich und Larven beeinträchtigt werden, sei es durch Wachstumsstörungen oder Verkrüppelungen bis hin zum Absterben.

Algenteppich eines stark eutrophierten Teichs. Für Amphibien und deren gesamte Reproduktion sind solche Gewässer verloren.

Pestizide

Pestizide sind synthetisch hergestellte Gifte, die entwickelt wurden, um vom Menschen unerwünschte Lebewesen zu "bekämpfen". Leider hat sich gezeigt, dass bei ihrer Anwendung ungewollte Nebeneffekte auftreten, z. B. auch solche Lebewesen geschädigt oder getötet werden, die man gar nicht „im Visier" hatte. Hierzu gehören leider auch die Amphibien, ob nun durch die Haut oder die vergifteten Nahrungstiere aufgenommen, wie auch schlichtweg dem resultierenden Absterben der Insekten (dadurch Nahrungsmangel), den der Einsatz letztendlich bezweckt.
Die **Wirkung von Pestiziden** ist sehr komplexer Natur, und die Aufschlüsselung der Zusammenhänge gehört zum Schwierigsten, was die experimentelle Umweltweltforschung zu leisten hat. Durch direkte oder indirekte Wirkungen kann die Gefährdung sich unterschiedlich auswirken. So wurde für die Gelbbauchunke und den Moorfrosch nachgewiesen, dass durch geringe Konzentrationen des Insektizids Cypermethrin Deformierungen an Embryonen auftreten und diese bei höheren Konzentrationen absterben.
Ohne den Einsatz aller Pflanzenschutzmittel generell infrage stellen zu wollen (diese Diskussion würde hier zu weit führen), wäre mindestens zu hinterfragen, wo und wie viele dieser Gifte wirklich eingesetzt werden müssen oder aber eingespart werden könnten und sollten. Denn sie sind nun mal eine der maßgeblichen Ursachen für das viel zitierte „Artensterben" und landen – nicht zuletzt auch durch die behandelten Lebensmittel – in unserem eigenen Stoffwechsel. Der mittlerweile wachsende Markt für "Bio-Produkte", bei denen auf den Einsatz solcher Gifte (für einen meist nur geringen Aufpreis) verzichtet wird, ist demnach auch nicht nur ein Schritt zur gesünderen Ernährung, sondern auch ein enorm wichtiger Beitrag für den Artenschutz!

Tödliche Mahd

Die Mahd von Straßenrändern (Banketten), Böschungen, Grabenrändern und Wiesenflächen wurde vor Jahrzehnten noch mit Sensen oder schneidenden Mähgeräten (z. B. Messerbalken) vorgenommen. Mittlerweile werden solche Arbeiten aber mit leistungsstarken, rotierenden Maschinen durchgeführt, die weit negativere Auswirkungen auf die Tierwelt haben.
Dabei kommen große, schnell laufende Zugmaschinen mit sehr rasch laufenden Rotationsmähwerken, z. B. **Kreiselmähern**, zum Einsatz, die meist noch mit Aufbereitern versehen sind. Diese quetschen das Mähgut und beschleunigen hierdurch den Trocknungsprozess. Im Straßenrandbereich werden die Mähwerke manchmal mit Saugmähern kombiniert, die, wenn die Geländeverhältnisse es zulassen, das Mähgut absaugen, um es abzufahren. Eine weitere Methode ist das sogenannte Mulchen, bei dem das zerkleinerte Mähgut zwar nicht abgeräumt wird, sondern (als Nährstoff) auf der gemähten Fläche verbleibt, je nach Schnitthöhe aber auch alle Lebewesen schreddert. Bedauerlicherweise werden gerade Naturschutzflächen oft sogar im Auftrag der (Naturschutz-)Behörden auf diese Weise bearbeitet, ohne Amphibien und andere Bodenbewohner ausreichend zu berücksichtigen.
Planmäßige Untersuchungen der letzten Jahre ergaben, dass gerade aus dem Einsatz von Rotationsmähwerken (z. B. Kreiselmäher, Scheibenmäher) mit Aufbereitern die höchsten Amphibienverluste resultierten, nämlich zwischen 16 und 51 %, je nach Versuchsfläche, Witterung, Schnitthöhe, Arbeitsgeschwindigkeit und anderen Bedingungen. Balkenmäher, die bei uns heute kaum noch zum Einsatz kommen, führten dagegen zu deutlich geringeren Schädigungsraten (5–13 %). Im Schnitt resultierten bei Einsatz von Scheibenmähern mit Aufbereitern etwa doppelt so hohe Schädigungsraten wie beim Doppelmesser-Mähwerk. Die verschiedenen Mähwerkstypen führen zu typischen Verletzungsformen. Bei Balkenmähwerken sind Hautschnitte, abgeschnittene Zehen und Vorderbeine typisch, bei Einsatz von Scheibenmähern zerquetschte und mehrfach gebrochene Beine sowie innere Verletzungen. Zumeist werden sie aber direkt getötet oder verenden wenig später an den Verwundungen.

Der **Einsatz der Sense** hat ähnlich hohe Schädigungsraten zur Folge wie der des Balkenmähers, was auf die geringe Schnitthöhe beim Sensen zurückgeführt wird. Dies zeigt, dass die Nutzung einer Grünlandfläche als regelmäßig gemähte Wiese generell amphibienschädlicher ist als eine Grünlandnutzung durch Beweidung.

Die moderne Wiese ist eine maschinengerecht hergerichtete „Tischebene", möglichst ohne Unebenheiten, auf der Amphibien auch nach dem Schnitt, sofern sie den Einsatz des Mähgerätes überlebt haben, zunächst schlechte Lebensbedingungen vorfinden. Erst mit allmählichem Heranwachsen der Vegetation werden die Bedingungen wieder besser.

Extensive Beweidung

Sicher nicht überall, aber vielerorts doch möglich sind Pflegemaßnahmen durch extensive Beweidung. Vielerorts ist diese schonende Form auch die bestmögliche, wie beispielsweise auf den Deichen an Küsten und Flussufern. In der Summe sind auch diese Flächen als Habitat für Lurche nicht zu vernachlässigen, gerade in Hinsicht auf die meist nahe gelegenen Feuchtgebiete, in denen sie laichen. Unabhängig von Küste oder Binnenland gehören diese Hochwasserschutz-Anlagen tatsächlich zu den Lebensräumen etlicher Amphibien, seien es die Kreuzkröten an Nord- und Ostsee oder Knoblauchkröten und Wechselkröten entlang der Überschwemmungswiesen. Zur leichteren Pflege müssen solche kurz gehalten werden, wobei die maschinelle Mahd ökologisch tote Bereiche schafft und die Flächen für den Naturschutz verschwenden.
Durch extensive Beweidung können hier statt-

dessen wichtige Lebensräume entstehen. Auch im Hinblick auf die Energiewende bestehen viele Möglichkeiten, wenn sie denn auch erkannt werden. Eingezäunte (befriedete) Solarparks könnten mit der richtigen Gestaltung Paradiese für Amphibien wie auch Reptilien, Insekten, Vögel und Wildpflanzen werden. Auch hier wäre die Pflege durch gemischte Herden aus Schafen und Ziegen sinnvoller als jedes Gerät, das man um die einzelnen Anlagen balancieren müsste.

Eine Schafherde im Schwarzwald: Ökologische Landschaftspflege „mit Biss".

Grabenräumung und Böschungsmahd

Auch die ständigen Räumungen von Gräben, die oft zweimal jährlich und nicht selten sogar zur Laichzeit durchgeführt werden, stellen eine Gefährdung für die Amphibien dar. In einer ausgeräumten Landschaft haben Gräben eine hohe Bedeutung als Rückzugsgebiete für Amphibien, vor allem für Grasfrosch, Teich- und Bergmolch, z. T. auch für die Erdkröte und andere Arten. Da die Tiere in und an den Gräben konzentriert sind, können Unterhaltungsmaßnahmen zur falschen Zeit (Frühsommer, Sommer) empfindliche Einbußen bewirken. Der Einsatz von Grabenfräsen, die den Grabeninhalt herausschleudern, ist sicher für viele Kleintiere tödlich. Beim Einsatz von Baggern und Mähkörben werden bei einer Sommerräumung Amphibienlarven aus dem Gewässer geholt und aufs Trockene geworfen.

Für die **Böschungsmahd** gilt im Prinzip dasselbe wie für die Wiesenmahd bereits ausgeführt. Erschwerend kommt hier noch hinzu, dass gerade solche Böschungen ein für Amphibien günstiges Mikroklima (u. a. bodennahe Luftfeuchte) aufweisen und nur zu oft die einzigen Versteckmöglichkeiten zwischen den intensiv landwirtschaftlich genutzten Flächen bieten. Daher kommt es vielerorts zur Konzentration der Amphibien in diesen „ökologischen Nischen".

Gewässerversauerung

Die Industriegesellschaft gibt große Mengen Säure bildender Gase (Schwefeldioxid, Ammoniak) in die Atmosphäre ab, die aus Produktionsprozessen, Kraftfahrzeugen, dem Haushalt und aus der Landwirtschaft generiert werden. Über

Niederschläge können solche als Säuren in Böden und Gewässer gelangen und regional zu Übersäuerung führen. Übersäuertes Wasser aber können die empfindlichen Eier, Embryonen und Larven der Amphibien nicht vertragen. Bei sog. kritischen Säuregraden (je nach Art pH-Werte unter 5) kommt es zu Entwicklungsstörungen, bei noch weiterer Ansäuerung (pH-Werte unter 4) zum Absterben. Dies ist für Amphibien vor allem dort bedrohlich, wo ihre Laichgewässer auf kalkarmen Böden liegen, denn diese können saure Niederschläge nur schlecht neutralisieren. Solche Verhältnisse finden sich z. B. in den Sandgebieten Nordwestdeutschlands und der östlichen Niederlande, wo Knoblauchkröte, Moorfrosch, Faden- und Teichmolch, Kleiner Wasserfrosch und Teichfrosch vielerorts betroffen sind.

Ehemaliger angestauter Quellbereich eines Bachlaufs, in dem heute als verschmutztes, übersäuertes und eutrophiertes Gewässer keine Amphibienreproduktion mehr stattfinden kann.

Wilde Müllablagerungen

Leider werden gerade die kleineren stehenden Gewässer, die eine besondere Bedeutung für die Amphibien haben, von vielen Zeitgenossen immer noch als wilde Müllkippen missbraucht. Diese Unsitte sollte endlich der Vergangenheit angehören, angesichts einer gut funktionierenden geregelten Abfallentsorgung selbst im ländlichen Raum!

Auch unsere Wälder werden z. B. auf Lichtungen, in Bodenvertiefungen und besonders an Weg- und Waldrändern mit vielerlei Abfall und Schutt belastet. Das führt je nach Beschaffenheit des Materials zu übermäßigen Nährstoff- und Schadstoffanreicherungen, mal ganz abgesehen von der Wertminderung für Erholungssuchende.

Nicht zuletzt werden Kleinabgrabungen oft mit Bauschutt und anderem Müll verfüllt. Ältere Abgrabungen mit einem vielfältigen Vegetationsmosaik sind wichtige Ersatzlebensräume für Amphibien, z. B. für Gelbbauchunke, Kreuzkröte, Wechselkröte und Geburtshelferkröte.

Grasfrosch-Laich am Rand des Besucherparkplatzes in einem Naturschutzgebiet (!). Neben der Vermüllung ist auch die Eutrophierung (Algenbildung) durch Stickstoff-Eintrag benachbarter Felder zu erkennen.

Dieser Erdkrötenlaich wurde alternativ zu Schwimmblattpflanzen um treibenden Müll gewickelt.

Verschmutzter Waldrand neben einem Parkplatz. Hier landet oft eine unerträgliche Masse an „Coffee to go"-Bechern und Zigaretten-Stummeln.

Abgeladener Bauschutt am Wegrand.

Rufende Wechselkröte auf einer im Gewässer treibenden PET-Flasche.

Freizeitnutzung und Fischbesatz

Vor allem an etwas größeren Amphibiengewässern kommt es zu Freizeitaktivitäten, z. B. zu Badebetrieb, Bootsfahren und Angelsport. Solche Aktivitäten des Menschen, der irgendwo auch einen Anspruch auf dessen Ausübung hat, müssen nicht grundsätzlich und immer zu einer Gefährdung von Amphibien führen. Es kommt stets auf den Einzelfall an, z. B. wie groß ein Gewässer ist, wie ausgedehnt die genutzten Flächen sind und wann solche Aktivitäten stattfinden. Wenn in einem größeren Gewässer eine Partie von vielleicht einem Viertel des Uferbereiches für den Badebetrieb freigegeben ist, die anderen Uferbereiche aber ausdrücklich geschont werden und sich hier eine Sumpf- und Wasserpflanzenvegetation bildet und halten kann, können durchaus beide Gesichtspunkte – Amphibienschutz und menschliche Bedürfnisse – kombiniert werden.

Ein größeres Problem stellt der künstliche Besatz von Fischen dar, insbesondere in kleineren Gewässern, die von Natur aus keine solchen beheimaten würden. Wenn ein wertvolles, naturnahes Kleingewässer nachträglich mit räuberischen Arten besetzt wird (z. B. mit Forellen, Karauschen, Rotaugen oder Flussbarschen), kann ein Amphibienbestand binnen kurzer Zeit dezimiert werden oder sogar zum Erliegen kommen. Erfahrungsgemäß hält sich dann maximal noch die Erdkröte, da ihre Larven Bitterstoffe produzieren und deshalb weitestgehend von Fischen verschmäht werden. Verheerende Bestandseinbußen können aber auch schon durch das Aussetzen einzelner, vielleicht lästig gewordener Haustiere (Goldfische, aber auch Zierschildkröten oder Edelkrebse) in Park-,

Ende des 18. Jh. wurde die Regenbogenforelle (Oncorhynchus mykiss) als Speisefisch aus Nordamerika in Deutschland eingeführt. Entgegen der Bachforelle (Salmo trutta fario), die sich aber in kleinen oder stehenden Gewässern üblicherweise nicht aufhält, gehören sie nicht zur heimischen Fauna und stellen gerade in solchen ein großes Problem für praktisch alle Kleintiere dar.

Garten oder Naturteiche entstehen, wie sie in verantwortungsloser Weise und manchmal sogar unter dem Deckmantel des „Tierschutzes" erfolgen. Für viele Molche, Frösche oder gerade die Geburtshelferkröte mit ihrer verhältnismäßig geringen Reproduktionsrate können solche unbedachten Eingriffe bisweilen sogar existenzbedrohend sein!

Wo Gewässer von vornherein als reine Zucht- oder Angelteiche angelegt werden, ist dem natürlich nichts entgegenzusetzen. Aber auch hier sollte bestmöglich sichergestellt werden, dass bereits verbreitete (rezente) Arten nicht von naheliegenden Lebensräumen in diese zuwandern, wo sie, ihr Laich und ihre Larven dann unweigerlich zu Fischfutter würden. Verhindern lässt sich das durch Gestaltung des Uferbereichs; besser noch durch Leitsysteme (Krötenzäune), wie sie während der Amphibienwanderungen auch erfolgreich entlang der Straßen eingesetzt werden. Positive Beispiele, wo neben etlichen (so eingezäunten) Fischzuchtteichen auch ein kleiner Amphibienteich am Rand des Grundstücks eingerichtet wurde, belegen den doch meist guten Willen einiger Fischzüchter und Angelsportler, die sich ja letztendlich auch an der Natur erfreuen.

Freizeitnutzung

Das Verständnis für „Natur" wird in unserer Gesellschaft leider sehr unterschiedlich wahrgenommen! Wo ökologische Zusammenhänge aber aufgrund mangelnder Kenntnisse nicht umfangreich verstanden werden, sind oft auch Konflikte zwischen Freizeitnutzung und Naturschutz unausweichlich. Dieses vielmehr gesellschaftliche Problem, vielleicht auch ein Missverständnis der Begriffe „Recht und Freiheit", führt bisweilen zur Gefährdung von geschützten Arten, also auch den Amphibien! Problematisch wird dies besonders, wo gewisse Hobbys und Sportarten auch nicht darauf ausgelegt sind, den Naturschutz in angemessener Weise zu berücksichtigen.
Grill- und Saufpartys in Wäldern oder stillgelegten Steinbrüchen, als Badesee missbrauchte Gewässer und dergleichen sind dabei nur die augenscheinlichen Störungen, aber schon diese sind vielerorts leider eher Regel als Ausnahme. Selbst vermeintlich „harmlose" Aktivitäten können unter Umständen Schaden anrichten, wenn sich dabei an keine Umgangsformen gehalten wird. Hier sind z. B. Sportarten zu nennen, die sich je nach Ausführung unbedenklich oder ebenso zerstörerisch auswirken können, je tiefer wir damit letztlich in die Lebensräume der Tiere eindringen.

Die Bilder zeigen verschiedene illegale „Downhill-Trails" in einem Naturschutzgebiet (Burgholz, Wuppertal), die nicht nur hier und in ihrer Masse zu erschreckenden Verwüstungen führen.

Beispielhaft ist hier ein „Extremsport" zu nennen, der sich immer weiter entwickelt und überall Naturfreunde, aber auch Naturschutz- und Forstbehörden vor große Aufgaben stellt.
Gemeint ist damit eine ganz bestimmte Form des „Radsports", die an Rücksichtslosigkeit ihresgleichen sucht. Mit speziellen oder hierfür umgebauten Fahrrädern, die kaum noch für das normale Radeln geeignet sind, wird beim sogenannten „Downhill" Wert auf wilde Strecken in möglichst steilen Hängen gelegt. Hier wird querfeldein und explizit abseits der Wege gefahren, ohne sich um die Folgen des eigenen Handelns zu scheren. Wo für diesen Sport bestimmte Touren ausgewiesen sind (Downhill-Parks), ist daran sicher nichts auszusetzen. Leider scheinen solche aber einigen auf Dauer nicht zu genügen, sondern vielmehr irgendwann „langweilig" zu werden. Missbraucht werden dementsprechend auch Wälder und andere Naturbereiche, die nicht nur wilden Pflanzen und Tieren als letzte Lebensräume dienen, sondern letztlich auch der Naherholung für den Menschen. Trotz auffallend wachsender Problematik durch regelrechte Verwüstungen (selbst in Naturschutzgebieten) und zunehmenden Konfrontationen mit Landbesitzern, Anwohnern und Erholungssuchenden ist für das fragwürdige Freizeitvergnügen vielerorts noch keine Lösung in Sicht. Denn ständig entstehen durch das bereits kommerziell betriebene Hobby neue Strecken, die im Internet sogar mit GPS-Streckenführung beworben werden.

Grundsätzlich scheint, so zeigt die ernüchternde Erfahrung, jeder nach seiner Argumentation erst einmal „immer im Recht" zu sein, um ein mögliches Fehlverhalten zu beschönigen. Als Rechtfertigung werden dann oft andere Probleme thematisiert, die gewiss noch schlimmer sein können. Solche Entschuldigungen helfen aber niemandem in einem konkreten Fall, sondern führen höchstens dazu, dass jeder sich das Recht rausnimmt, selbst zu entscheiden, wann und wo der Naturschutz sinnvoll ist und wo er vielleicht

umgangen werden kann, um eigene Interessen durchzusetzen.
Argumente, die auf Halbwissen und Egoismen beruhen, können jedenfalls keine Basis für den nötigen Respekt vor unserer Umwelt sein, und so haben wir uns alle an gewisse Regeln zu halten, die den Grundstein für ein erfolgreiches Miteinander und damit letztlich auch den Artenschutz legen.
Denn – bekannt oder nicht – gelten im Umgang mit unserer Umwelt (der Natur und den Tieren) neben einer eigentlich anzunehmenden Selbstverständlichkeit auch gesetzliche Bestimmungen – längst nicht nur in den Schutzgebieten!

Straßentod

Ein seit Langem erkanntes und dennoch immer größer werdendes Problem ist die Zunahme der Straßendichte; natürlich längst nicht nur in den hier behandelten Ländern. Zeitgleich nimmt die Verkehrsdichte zu, die den Ausbau noch vorantreibt. Dabei zerschneiden Straßen die Lebensräume und stellen somit ein Hindernis für alle Wildtiere dar, im Besonderen aber für Amphibien während ihrer Laichplatzwanderungen.

Der grundsätzlich zwar erfreuliche Ausbau neuer Radwege birgt aber auch Gefahren für Lurche (hier Bergmolch). Dies findet bislang noch wenig Beachtung in Statistiken.

Bei der Dichte der Straßen, besonders in den Ballungsräumen, fallen so alljährlich unzählige Tiere dem Straßenverkehr zum Opfer, was zur Schwächung der Populationen bis hin zu ihrem Erliegen führen kann.
Paradebeispiel hierfür sind die Erdkröten, die als sog. Explosivlaicher im Frühjahr zu Hunderten bis Tausenden nahezu zeitgleich an die Laichgewässer wandern. Im Scheinwerferlicht der Autos bleiben sie oft sitzen und werden dann in vielen Fällen auch massenhaft überfahren.
Hier ist die Problematik aber nur besonders auffällig, weil für jeden sichtbar. Bedenken wir aber, dass Amphibien ganzjährig umherwandern. Auch wo Verkehrswege ihre Landlebensräume zerschneiden, kann nur erahnt werden, wie viele im Verlauf des Jahres auch darüber hinaus auf Straßen zu Tode kommen, ohne dass es so präsent wird.
Denn auch andere Amphibienarten wie Molche und Salamander, oft weniger bemerkt, erleiden tagtäglich den Straßentod.

Welch hohes Ausmaß im Einzelfall erreicht werden kann, zeigt ein Beispiel aus Brandenburg (Parsteiner See): Entlang einer nur zeitweilig stärker befahrenen Kreisstraße wurden in den Jahren 2000 und 2001 lebende und tot aufgefundene Amphibien gezählt. Auf der 2.250 m langen Untersuchungsstrecke wurden bei 17 nächtlichen Zählungen insgesamt 1.985 Amphibien festgestellt, von denen nicht weniger als 1.418 (= 71,4 %) überfahren worden waren.
Meist werden allerdings nur die lebenden Amphibien gezählt, die während der Laichplatzwanderung an Fang- bzw. Schutzzäunen eingesammelt werden. Hier tragen zumeist „freiwillige Helfer“ die Tiere über die Straße, da sich Städte und Gemeinden offenbar nicht überall in der Pflicht sehen oder sich auf dem „Ehrenamt“ gewissermaßen ausruhen. Ein durchaus bedauerlicher Zustand, wenn aktiver Amphibienschutz auf eine nebenbei leider schwindende Zahl derer basiert, die dem jährlich wiederkehrenden Massensterben nicht tatenlos zusehen können und wollen. Dabei liegt die Konzentration aber

sicher zumeist auf die Rettung der Tiere, weniger auf die Erfassung der Abnahmen durch den Straßenverkehr. Zudem sind Maßnahmen wohl meist nur da zu beobachten, wo in der weiteren Umgebung auch genügend Menschen leben (Ballungsräume), von denen sich dann zumindest einzelne überhaupt engagieren. Noch immer fehlen diese weitgehend entlang abgeschiedener Landstraßen, auch wenn dort noch von einer gesünderen Populationsdichte und entsprechend höheren Verlusten auszugehen ist. Somit gibt es auch nur in wenigen Fällen belegbare Statistiken über die tatsächliche Anzahl der überfahrenen Tiere und dementsprechend oft auch keine „gesetzliche Grundlage" für eigentlich notwendige Schutzmaßnahmen, wie etwa permanente Leitsysteme (Krötentunnel und dergleichen), die das vermeidbare Sterben auf ein Minimum reduzieren könnten. Dabei ist das Artensterben mittlerweile in aller Munde und von solchen Schutzmaßnahmen würden letztendlich auch alle anderen Kleintiere profitieren (bspw. Laufkäfer, Kleinsäuger etc.), die allesamt nicht zuletzt die Nahrungsgrundlage für all die Arten bedeuten, die höher in der Nahrungskette stehen.

Hierzu nur ein Beispiel: In den 60er-Jahren des vergangenen Jahrhunderts konnten Knoblauchkröten z. B. in Gewöllen Berliner Waldkäuze nachgewiesen werden, die den Untersuchungen zufolge (zumindest saisonal) zwischen 14 % und 45 % der Nahrungstiere ausmachten (Nöllert, 1984). Heute aber kann man wohl froh sein, wenn an einigen der früheren Lebensräume überhaupt noch eine Restpopulation der Art besteht.

Der Verlust der Quantität als Beutetiere hat also unweigerlich auch Folgen auf das gesamte Ökosystem und die Bestände höher entwickelter Tiere (Vögel, Säugetiere...), oder um es einmal ganz trivial auszudrücken: Keine Frösche – keine Störche!

Für das Jahr 1986 wurde eine Bilanzierung an 114 Schutzprojekten verteilt über Nordrhein-Westfalen durchgeführt. Man kam auf die beeindruckende Zahl von rund 160 000 wandernde Amphibien, meist Erdkröten, aber auch Grasfrösche, Teich- und Bergmolche. Ein Großteil dieser Tiere wäre sicher überfahren worden, wenn die Rettungsmaßnahmen nicht durchgeführt worden wären!

Auch eine landesweite Erhebung von auf den Straßen in Baden-Württemberg wandernden Amphibien aus dem Jahre 1993 belegt, dass die Straßenquerung ein flächendeckendes Phänomen geworden ist. Knapp 800 Straßenabschnitte mit wandernden Lurchen wurden im Rahmen einer Befragung gemeldet. Rund 700.000 wandernde Amphibien wurden ermittelt, davon machte 74 % die Erdkröte aus, 16 % der Grasfrosch und noch 6 % der Bergmolch.

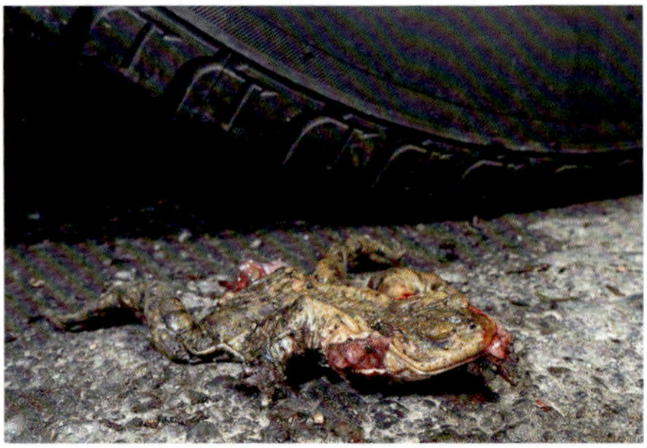

Von einem Auto überfahrene Erdkröte: Jährlich trifft dieses Schicksal Hunderttausende!

Nur 4 % entfielen auf die übrigen 12 Amphibienarten des Landes (wobei die Gruppe der Wasserfrösche als eine Kategorie zusammengefasst wurde). Etwa ein Drittel der Straßenabschnitte entfiel auf Landstraßen, ein weiteres Drittel auf Kreisstraßen und ein Fünftel auf Gemeindestraßen, nur etwa ein Zehntel entfiel auf Bundesstraßen.

Natürlich wurden nicht alle gemeldeten Tiere überfahren, aber die Zahlen zeigen, welch hohes **Gefährdungspotenzial aus der zunehmenden Straßendichte** für die einheimische Amphibienfauna resultiert. Dabei stellen die Zahlen aus den beiden genannten Bundesländern nur die Spitze des Eisberges dar. Eine realistische Hochrechnung der auf den Straßen Deutschlands, Österreichs und der Schweiz jährlich umgekommenen Tiere wird wohl kaum möglich sein.

Denn selbst wenn sie nicht von den Reifen erfasst werden, verenden viele sogar durch den enormen Luftdruck, der unter schnell fahrenden Fahrzeugen entsteht! So wurde berechnet, dass durch einen Kleinbus, der mit nur 50 Stundenkilometern über die Straße fährt, ein Amphibienkörper innerhalb von 0,5 Sekunden eine Stoßbelastung von 51 Pond erleidet. Diese plötzliche Druckerhöhung presst den ganzen Organismus zusammen, und als Folge treten die inneren Organe aus den Körperöffnungen aus.

Bislang weniger untersucht sind die Auswirkungen von Schadstoffen (Abgas, mikroskopisch kleiner Reifenabrieb, Streusalz...), die außerdem vom Verkehr ausgehen und letztendlich in die angrenzenden Gewässer gelangen können.

Zu den in der Regel bei Erhebungen gemeldeten erwachsenen Straßenopfern kämen vor allem noch die frisch umgewandelten Jungtiere, deren große Zahl man selbst an einzelnen Straßen bestenfalls nur grob schätzen könnte. Kaum größer als 1 cm sind all diese auf dem Asphalt praktisch unmöglich genauer erkenn- und erfassbar, selbst nicht bei intensivsten Bemühungen. Besonders deutlich werden diese enormen Einbußen der Individuen und somit der „Biomasse", wenn zigtausende junger Frösche und Kröten nahezu zeitgleich die Metamorphose beenden und an Land gehen (sog. "Froschregen"). Das Foto unten belegt in erschreckender Weise, wie viele zigtausend junge Kröten in dieser Phase den frühen Tod auf einer Landstraße finden, wenn Schutzmaßnahmen ausbleiben. Wo also Leitsysteme und/oder Tunnel fehlen und sich niemand darum bemüht, weil bspw. das Verkehrsaufkommen seitens der Behörden als für zu gering für den Kostenaufwand eingeschätzt wird, bleiben solche Bilder weiterhin keine Ausnahme.
Wenn uns das nicht egal ist und wir (über Worte hinaus) wirklich etwas bewirken wollen, müssen tatsächlich auch Maximalforderungen ernst genommen werden, wie etwa das selbstverständliche Integrieren von Leitsystemen und Kleintier-Tunneln bei wirklich jedem Bau einer neuen Straße oder allen zukünftigen Straßensanierungen in Feld, Flur und Waldgebieten!

Unvorstellbar viele überfahrene Jungkröten auf einer nur wenig befahrenen Landstraße: Die einzelnen Individuen sind nicht mehr zu erfassen, sondern größtenteils nur noch als dunkle „Masse" auf dem helleren Asphalt erkennbar.

Gullytod

Eine bislang kaum ins Bewusstsein der Menschen gedrungene Gefahr für Amphibien und andere Kleintiere stellen die für die Straßenentwässerung wichtigen Gullys dar. Die Bordsteine leiten nämlich nicht nur das Regenwasser in diese Einrichtungen, aus Sicht der Amphibien wirken sie vielmehr wie ein Leitsystem, d. h. sie wandern an ihnen entlang, geraten an einen Kanaldeckel und fallen in den Schacht hinein. Hinaus kommen sie aus dieser Tiefe bei der üblichen technischen Konstruktion meist nicht mehr. Bei langer Trockenheit sterben sie elendig, und bei starken Regenfällen ertrinken sie. In einem Aachener Parkgelände konnten von Mai bis November 1990 nicht weniger als 1086 Amphibien (überwiegend Erdkröten und Grasfrösche), 3 Ringelnattern und ca. 80 Kleinsäuger geborgen werden.

Auf diesem Weg gelangen also unzählige Tiere in die Abwasserkanalisation und von dort in die Kläranlagen. Ein rühriger Klärmeister der Kläranlage Pfaffenhofen a. d. Ilm (zwischen München und Ingolstadt) hat viele Jahre alle Kleintiere, die er erblicken konnte und die noch lebten, aus der Anlage gerettet, gereinigt und in die Ilmwiesen entlassen. Darüber hat er glücklicherweise Buch geführt. In zwölf Jahren (1973 bis 1984) kamen dabei 6974 Lurche (vorwiegend Erdkröten und Frösche, daneben Teichmolche und Kreuzkröten) zusammen. Hätte der Klärmeister sie nicht geborgen, wären die Tiere im Klärschlamm mit „verarbeitet" worden. Niemand kann nur annähernd abschätzen, wie viele bereits auf dem Weg von den Gullys bis zur Kläranlage umgekommen sind! Vereinzelt wird bereits mit Absperrungen und Ausgangshilfen experimentiert, von denen aber nur wenige hier und da, aber nicht allgemein praktikabel erscheinen. Denn

In die breiten Öffnungen solcher Gullydeckel fallen jährlich unzählige Kleintiere, darunter Molche, Frösche und Kröten, die in kaum einer Statistik auftreten.

Laub-Auffangeimer lassen sich schnell und leicht entleeren. Eine ganzjährige Kontrolle mit Schwerpunkt auf die Laichzeit der Erdkröten und Grasfrösche ist ein wichtiger Beitrag zum Amphibienschutz, der leider noch zu wenig berücksichtigt wird.

wo immer das Wasser abfließen muss, gelangen automatisch auch Kleintiere (insbesondere Jungtiere und die kleinen Molche) in die Bodenöffnungen. Mindestens in Kernzonen, also amphibienreichen Gebieten, wären regelmäßige Kontrollen der Auffangeimer sehr wünschenswert. Durchaus umsetzbar erscheint dies bspw. in Kleingartenanlagen, öffentlichen Parks oder auf Friedhöfen, wo sicher alljährlich und völlig unbemerkt große Verluste entstehen. Dazu reicht vielleicht oft schon der bloße Hinweis an Anlieger, Forstarbeiter, Klein- oder Friedhofsgärtner, um wie bei der Arbeit an Krötenzäunen auch zur Kontrolle und Entleerung der Gullys anzuregen. Wo aber Oberflächenwasser direkt in die Kanalisation geleitet wird, müssten seitens der Städte auch entsprechende Umrüstungen durch geeignete Auffangeimer erfolgen, um eine solche Hilfe überhaupt zu ermöglichen.

Landschaftszerschneidung

Durch die geschilderte Auswirkung tragen Straßen in hohem Maße zur Landschaftszerschneidung und zur Fragmentierung von Lebensräumen und Populationen bei. Das wiederum schränkt den Austausch von Erbgut zwischen den lokalen Populationen ein, was zur erblichen Isolation und hierdurch bedingt zu Inzuchteffekten führen kann. Inzuchteffekte können die Lebensfähigkeit der Tiere einschränken, im Extremfall sterben zu kleine Populationen sogar aus. Durch die Barrierewirkung wird auch eine Wiederbesiedlung ehemals bewohnter Lebensräume sowie eine Erstbesiedlung von neu entstandenen Gewässern erschwert oder verhindert.

Die Gefahr der Isolierung wächst auch dadurch, dass es neben Straßen weitere ausbreitungshemmende Faktoren in der Landschaft gibt, z. B. betonierte oder mit Spundwänden befestigte Kanäle, bebaute Gebiete oder intensiv genutzte Agrarflächen.
Umso wichtiger erscheinen neben Grünbrücken auch sogenannte Trittsteinbiotope, die einen Austausch zwischen voneinander getrennten Lebensräumen trotz unbewohnbarer Zwischenräume ermöglichen können.
Vielerorts werden "eigentlich" wertvolle Bereiche völlig unnötig (zudem meist kostenintensiv) zu Tode gepflegt, über die Wildtier-Wanderungen sonst durchaus möglich wären und somit eigentlich wichtige Vernetzungsmöglichkeiten bilden könnten. Allen voran die vielen Straßenränder, die nicht selten (bisweilen ohne Sinn und Zweck) nur „sauber" und dadurch eben lebensfeindlich gestaltet sind. Denn regelmäßiges Mähen oder Mulchen überlebt kein Kleintier und bietet weder Nahrung noch Versteck für Zuwandernde. Vermutlich müssten wir auch weniger über das Insektensterben klagen, wenn

Grünbrücken (meist Bärenbrücken genannt) werden gewöhnlich für Großwild wie Wölfe und Bären angelegt. Von diesen profitieren aber selbstverständlich auch alle anderen Tiere. Abgebildet ist eine solche in den Villacher Alpen bei Arnoldstein (Österreich) über der Autobahn A2.

Feldsölle waren einst fester Bestandteil der Kulturlandschaft. Diese kleinen Oasen für Wildtiere fehlen heute ebenso wie Lesesteinhaufen und Hecken.

mehr solcher derzeit nur nutzlosen Flächen, ein bisschen naturnaher gestaltet würden, statt sie einer übermäßigen „Ordnung" zu opfern. Um den Konjunktiv noch weiter zu bemühen, hätte eine ästhetische Gestaltung darüber hinaus auch einen Mehrwert für uns Menschen, denn wer sieht schon lieber einen kurz gemähten Rasen, Asphalt oder Beton in einer Landschaft, als eine blühende Wiese mit Tagfaltern, Wildbienen, Gewässern und anderen Strukturen? Diese aber fehlen „auch" den Amphibien, sei es als Landlebensraum, Laichbiotop oder Versteckplatz mit dem nötigen Mikroklima.

Genau hier kommt es allerdings auf jeden von uns an, denn erfahrungsgemäß passiert von alleine meist nichts! Zumindest da nicht, wo sich niemand kreativ einbringt, also auch etwas bemüht, die eigene Umwelt mitzugestalten. So beschwerlich es manchmal erscheinen mag und so langsam manche Mühlen auch mahlen, lohnt sich manchmal schon ein Schreiben an die Stadt oder den Bürgermeister, um gewohnte Strukturen zu durchbrechen und Änderungen/Verbesserungen anzuregen. Längst nicht nur den Lurchen helfen schon Ideen, wie zumindest einen Teil einer Grünfläche auch mal sich selbst zu überlassen, wo es ohnehin niemandem weh tut und es u. U. nicht einmal etwas kosten würde. Denn neben den Laichbiotopen sind Amphibien auch von naturnahen Grünflächen abhängig, nicht zuletzt schon aufgrund der Nahrungsbeschaffung (Wirbellose), die darin gedeihen.

Wichtige Lebensräume oder Trittsteine können schon durch die kleinsten Maßnahmen gelingen, wie folgendes Beispiel zeigt:

In einer Wuppertaler Kleingartenanlage existiert eine isolierte Population der Geburtshelferkröte, zumindest scheinbar ohne jedes Laichgewässer. Mitunter wurde vermutet, dass es sich hier nur um eine Restpopulation älterer Tiere handeln könnte, die sich jedoch nicht fortpflanzen kann. Genauer betrachtet konnte festgestellt werden, dass einige der Schrebergärtner handelsübliche Speiskübel eingegraben hatten, in die Wasserpflanzen (z. B. Schwertlilien oder Rohrkolben) eingesetzt wurden. Offenbar gelingt es dem kleinen Froschlurch sogar in diesen kaum mehr als ½ qm kleinen Wasseransammlungen, erfolgreich zu reproduzieren. Gleiches gilt nebenbei z. B. für den Bergmolch, dem schon ein Wassereimer zu reichen scheint, um die Eier darin abzusetzen. Ihn findet man gleichermaßen sogar auf Friedhöfen, sofern die hier üblichen Wasserbecken zum Auffüllen von Gießkannen niedrig gebaut sind oder für die ungeahnt guten Kletterer nur irgendwie erreichbar sind.

Dieses „Blumenwasser-Becken" auf einem Friedhof dient als Laichgewässer für Molche und Geburtshelferkröten

Flurbereinigung und Entwässerung

Unter Flurbereinigungen versteht man im weitesten Sinne die Neugestaltung landwirtschaftlicher Flächen, meist durch Zusammenlegung kleinerer Felder zu einem großen Ganzen mit dem Ziel der Nutzungsoptimierung. Hier ist entscheidend, welche Formen der Nutzung und welche Interessen in der Landschaftsplanung jeweils vertreten werden. In der Vergangenheit wurden Naturräume dabei wenig oder gar nicht berücksichtigt, was den Verlust von ehemaligen Grünstreifen, Söllen und Hecken zur Folge hatte. Zu oft haben sich nur intensiv nutzbare Monokulturen durchgesetzt, denen es an jeder naturnahen Struktur fehlt. Wo einst Feldwege mit Randstreifen, Kleingewässer, Viehtränken und Gräben, Büsche oder Lesesteinhaufen die Felder säumten, sind weiträumig ebene Flächen entstanden, auf denen ausschließlich Feldfrüchte oder Mais und Raps angebaut wird. Geländehohlformen, in denen sich vorher Wasser sammeln konnte, wurden eingeebnet, wodurch nicht nur die Lebensräume von Kleintieren, sondern auch die traditionellen Kulturlandschaf-

Durch die Flurbereinigung vollständig verschwundene Kulturlandschaft auf Fehmarn, ohne Knicks (Wallhecken) und Sölle (Kleingewässer), die sie einst formten.

ten aus dem Landschaftsbild verschwanden. Exemplarisch soll hier die Ostseeinsel Fehmarn genannt werden, mit immerhin 185 km^2 Fläche. Die hier liebevoll als „Fehmarnsche Nachtigall" bezeichnete Rotbauchunke und ihren harmonischen Ruf kannte dort bis vor wenigen Jahrzehnten noch jedermann. Sie wäre durch die Umstrukturierungen auf der Insel binnen weniger Jahre beinahe ausgestorben, konnte auch nur noch durch aufwändige Naturschutzmaßnahmen an 1-2 Stellen im Westen der Insel erhalten werden. Ob sie sich auf den vom NABU aufgekauften Flächen des Wasservogelreservats Wallnau aber auch langfristig halten kann, ist keineswegs garantiert. Dies gilt nebenbei auch für andere Amphibienarten, wie die Knoblauchkröte, die hier vielleicht bereits verschollen ist und ebenso die einst noch häufig vorkommenden Kammmolche, Moorfrösche, Wechsel- und Kreuzkröten.

In besonderem Maße sind von der Flurbereinigung auch die norddeutschen Moore betroffen, die einst weite Flächen der Landschaft einnahmen. Nicht alleine die industrielle Abtorfung zur Torfgewinnung selbst, sondern auch die Entwässerung des Umlandes für die Landwirtschaft machte diesen (auch als CO2-Speicher für den Klimaschutz wertvollen) Feuchtgebieten den Garaus.

Auch hier ist es lediglich den Naturschutzverbänden zu verdanken, dass sich Bestände seltener Arten, u. a. durch Wiedervernässung und andere Renaturierungsmaßnahmen zumindest in einigen Bereichen halten konnten und zum Teil auch wieder erholen.

Wegfangen von Amphibien

Vor allem im städtischen Bereich spielt das Wegfangen von Amphibien für Aquarien, Terrarien oder den eigenen Garten (bzw. Gartenteich) eine nicht zu unterschätzende Rolle. In Dortmund wurde eine ehemals in einem kleinen Steinbruch lebende Teichmolchpopulation durch Wegfang der erwachsenen Tiere sowie eine kleine Grasfroschpopulation durch ständige Entnahme von Laichballen ausgerottet. Es muss deshalb noch einmal betont werden, dass der Fang von Amphibien aus der Natur generell verboten ist und für Sonderfälle (z. B. pädagogische oder wissenschaftliche Zwecke) eine behördliche Genehmigung einzuholen ist!

Ein idyllisches Hochmoorgebiet in Niedersachsen. Im Vordergrund die Laichgewässer des Moorfroschs, an dessen äußerem Rand gelegen.

Generell gilt für Gartenteiche, dass nicht jede "Wunschart" sich darin (oder im notwendigen Umland) auch wohlfühlt und von alleine bleibt, wenn sie irgendwo ausgesetzt wird. Sinnvoll hingegen ist die amphibienfreundliche Gestaltung von Teich und Garten mit den notwendigen Strukturen und selbstverständlich ohne Fischbesatz im angebotenen Laichgewässer. Als Verstecke bieten sich kleine Totholzhaufen oder auch unverfugte Natursteinmauern an, um die meist kleinen Grundstücke für heimische Arten attraktiv zu machen. Auch auf das ständige Mähen der Rasenfläche sollte zumindest teilweise verzichtet werden, längst nicht nur um die direkte Tötung zu vermeiden. Stimmen die einfachsten Maßnahmen, siedeln sich viele Arten dann auch von alleine an, die gewöhnlich ohnehin im Umland verbreitet sind. Kommen hier aber überhaupt keine Amphibien vor, macht auch die Auswilderung keinen Sinn, denn dann hat das vermutlich andere Gründe (etwa der Einsatz von Giften, sei es nur auf den benachbarten Grundstücken). So gut es vielleicht auch gemeint ist, bleibt jede (ohnehin verbotene) Ansiedlung dann erfolglos.

Gefahren im Wald

Von illegalen Vermüllungen, die gerade auch unsere Wälder betreffen, war bereits die Rede. Durch dichte Fichtenanpflanzungen an Standorten, an die natürlicherseits eher Laub- oder Mischwälder hingehören, werden Amphibienlebensräume beeinträchtigt oder zerstört. Durch **Befestigung von Forstwegen**, z. B. durch Zuschütten mit Bauschutt, kann die Lebensgrundlage guter Amphibienbestände vernichtet werden. Denn in großflächigen Wäldern sind wassergefüllte Wagenspuren auf Forstwegen nicht selten die einzigen Laich- und Larvengewässer. Auch durch das Durchfahren solcher Wagenspuren können viele Amphibienlarven umkommen. Einen weiteren Gefahrenfaktor stellen die sogenannten **Kompensationskalkungen** gegen die Bodenversauerung dar. Sie könnten Verluste oder Schädigungen von Amphibien bewirken, vor allem wenn sie aus der Luft durchgeführt werden. Unmittelbarer Kontakt mit dem Kalk kann zu Verätzungen der empfindlichen Haut führen und somit auch zum Ableben. Erfreulicherweise wurden die Ursachen für den „Sauren Regen" durch Rauchgasentschwefelung weitgehend reduziert. Großflächige Kalkungen über Waldgebieten werden deshalb heute seltener ausgeführt als noch in den 1980er-Jahren. Zum Neutralisieren versauerter Waldböden wird diese Methode aber lokal noch immer praktiziert.

Bestehen bleiben dafür die wachsenden Probleme der Freizeitnutzung, wie schon auf Seite 186 ausgeführt.

Amphibien helfen

Kleingewässer- und Amphibienkartierung

Eine wichtige Grundlage für den langfristigen und planmäßigen Amphibienschutz ist eine Erfassung der bestehenden Laichgewässer und ihrer Amphibienvorkommen innerhalb eines engeren Gebietes z. B. einer Stadt oder Gemeinde. Hierzu werden maßgebliche Daten in standardisierten Erhebungsbögen aufgeführt, zu denen u. a. die Lage der Lebensräume und Laichgewässer auf Karten, aktuelle Daten über Eigenschaften (Größe, Tiefe, Amphibienbestand etc.) und derzeitiger Zustand wie fortgeschrittene Verschlammung, drohende Austrocknung, aber längst nicht nur negative gehören. Nach Möglichkeit sollten außerdem Gefahren und Belastungen (z. B. Vermüllung, Eutrophierung...), und letztlich auch Handlungsempfehlungen für Pflege- und Schutzmaßnahmen festgehalten werden. Auch die Erfassung und Dokumentation von Straßenabschnitten, an denen viele Amphibien die Fahrbahn überqueren, ist vor allem langfristig wichtig. Denn nur so können mögliche Bestandsrückgänge erkannt und dokumentiert werden. Schließlich ist eine Erfassung und

Kartierung der Landlebensräume, die genauso lebensnotwendig sind wie die Gewässer, eine wichtige Planungs- und Schutzgrundlage.

Selbstverständlich muss man nicht erst eine Kartierung durchführen, um konkret als Einzelner oder Gruppe den Amphibien zu helfen! Oft muss man sogar sehr kurzfristig handeln, um das Schlimmste zu verhindern. Im Grunde müssen Kartierung und Schutz von Amphibien Hand in Hand gehen.

Studenten der Bergischen Universität Wuppertal in einem Steinbruch bei der Kartierung von frisch metamorphosierten Kreuzkröten. Die Individuen werden in mehreren so gekennzeichneten Flächen gezählt, ein Mittelwert errechnet und zur Schätzung mit der übrigen Fläche multipliziert.

Bestehende Kleingewässer erhalten

Eine der vordringlichsten Maßnahmen des Amphibienschutzes ist der Erhalt und die Pflege bestehender Laichgewässer, vor allem wenn sie bedeutende Amphibienbestände aufweisen. Es ist immer besser, vorhandene Kleingewässer mit einer gut ausgebildeten Lebensgemeinschaft von Pflanzen und Tieren zu erhalten, als nach dem Zuschütten Ersatzgewässer zu schaffen! Eine Ausnahme bilden hier lediglich die kleinen Laichbiotope der Pionierarten, die eher von einer ständigen Dynamik profitieren als von langfristig bestehenden Teichen. Solchen nämlich ist mit der Schaffung ständig neuer Kleinstgewässer (Senken oder Pfützen, selbst Radspuren) eher gedient als mit dem Erhalt einzelner Wasserflächen, die mit zunehmender Sukzession für sie bald unattraktiv werden und dann schlichtweg nicht mehr genutzt werden. Leider aber werden immer wieder Kleingewässer vernichtet, z. B. zugeschüttet oder überbaut. Dabei sind natürliche oder naturnahe Kleingewässer nach § 30 des Bundesnaturschutzgesetzes „geschützte Biotope", was aber offenbar kaum bekannt ist oder viele Menschen einfach nicht interessiert.

Besonders wirkungsvoll können Schwerpunktaktionen sein. Ein Beispiel war die Kampagne „Ein König sucht sein Reich" des NABU Landesverbandes Nordrhein-Westfalen. In dieser ging es vorrangig um den Schutz des Laubfrosches. So diente dieser auch als „Flaggschiff-Art", um Kleingewässer und ihr grünland- und heckenreiches Umfeld im Tiefland Nordrhein-Westfalens zu erhalten und zu fördern. Im Prinzip bestand die Aktion im Ankauf geeigneter Flächen, verteilt über die Region, um neue Gewässer anzulegen oder alte zu entwickeln und zu pflegen. Dabei wurde ein engmaschiges Netz kleiner Gewässer in der Landschaft angestrebt. Außerdem wurden die Landlebensräume des Laubfrosches und anderer Amphibien verbessert. Die Finanzmittel für die Ankauf- und Pflegemaßnahmen wurden von Stiftungen und aus öffentlichen Haushalten (Land NRW, Gemeinden) sowie gezielt eingeworbenen Spendengeldern erbracht. Generell ist Amphibienschutz (allgemein Artenschutz) nur über den Erhalt der Lebensräume zu erreichen. Dabei ist nicht nur die Fortpflanzungsstätte, sondern auch der Landlebensraum zu berücksichtigen, denn das eine hilft ohne das andere nicht.

Vor allem Naturschutzbehörden und -verbände sind deshalb im besonderen Maße gefordert, sich für den Bestandsschutz kleiner Stillgewässer einzusetzen. Eine gute Möglichkeit für Naturschutzverbände, etwas zum Amphibienschutz zu leisten, ist der Ankauf oder die Pacht kleiner Stillgewässer und eines dazugehörigen Schutzstreifens von mindestens 5–10 m Breite. Noch besser ist es, ganze Parzellen zu erwerben und diese ökologisch aufzuwerten.

Nicht selten werden Kleingewässer völlig unbemerkt zugeschüttet. In einigen Fällen ist dann Zivilcourage gefragt, um mögliche Verstöße zu melden.

Die Initiative „Natur auf Zeit" dient dem Zweck, gewisse Flächen zumindest zeitweise für den Artenschutz zu gestalten, solange dort keine andere Nutzung stattfindet. Infos unter: ***www.bfn.de/natur-auf-zeit.***

Feldsölle, wie dieser in Mecklenburg-Vorpommern, verschwinden zunehmend in der modernen Landwirtschaft.

Segen und Fluch zugleich: Die Behörden

Auch ohne sich selbst mit viel Bürokratie befassen zu müssen, kann und sollte sich jeder Einzelne für Amphibien einsetzen, wenn irgendwo Missstände bemerkt werden! Sei es nur, sie einfach zu melden, denn die zuständigen Ämter können im Einzelfall erst dann aktiv werden, wenn sie überhaupt Kenntnis von möglichen Mängeln oder ggf. erforderlichen Maßnahmen haben! Aber auch schon durch Gespräche mit Grundstückseigentümern oder Landwirten kann der Wert für kleine Gewässer und Amphibien vermittelt werden, der so manchem vorher vielleicht nicht einmal bewusst war. Hier führt nur Mut zum Erfolg!

Naturschutzbehörden haben aber darüber hinaus entscheidende Möglichkeiten, etwas für den Kleingewässer- und Amphibienschutz zu erreichen. Gegenüber Verbänden haben sie den Vorteil, gesetzliche Vorschriften umsetzen zu können. Bei Eingriffsplanungen sollten sie eindringlich darauf hinwirken, dass Gewässer möglichst geschont werden. Durch die von ihnen vorzunehmende Festsetzung von Ausgleichs- und Ersatzmaßnahmen können sie z. B. die Neuanlage von Kleingewässern bestimmen. Naturschutzbehörden sind gehalten, die Rechtsgrundlagen (z. B. den Schutz der Kleingewässer nach § 30 Bundesnaturschutzgesetz) anzuwenden, sie durch Anordnung durchzusetzen oder notfalls über den Klageweg für Ersatzgewässer Sorge zu tragen.

Dem ist allerdings auch die nötige Kompetenz der Sachbearbeiter vorausgesetzt, die bezüglich der Amphibien ganz sicher nicht überall als selbstverständlich vorausgesetzt werden kann. Es braucht wenig Vorstellungskraft, um anzunehmen, dass nicht in jeder Naturschutzbehörde auch ein ausgewiesener Amphibien-Experte mit mehr als nur ausreichendem Sachverstand sitzt. Solcher bedingt weit mehr als nur oberflächlich angelerntes Wissen über ökologische Zusammenhänge, vielmehr auch spezifische Kenntnisse über die sehr unterschiedlichen Ansprüche der jeweiligen Arten. Solche aber können längst nicht nur durch ein vorauszusetzendes Biologiestudium vermittelt werden, bei dem letztendlich nicht mehr als fundiertes Grundwissen erlernt werden kann.

Wer sich dann ausschließlich während der Arbeitszeit mit Amphibien beschäftigt, sie somit eher theoretisch als aus der Naturbeobachtung kennt, kann eigentlich nur unter Vorbehalt (in letzter Instanz) mit ihrem Schutz beauftragt werden. In der Praxis bilden daher oft „Bio-Stationen" eine wichtige Brücke zwischen Artenkenntnis und Verwaltung, was vielerorts auch gut funktioniert. Erfolgreicher Amphibienschutz ist also gewissermaßen auch abhängig von den Personen in den zuständigen Ämtern, ihrer Erfahrung und dem Engagement über die berufliche Pflicht hinaus.

Wünschenswert wären für Behördenvertreter aber zumindest mehr verpflichtende Teilnahmen an Fachtagungen, Seminaren und speziellen Kursen. Solche werden zwar regelmäßig angeboten, erfahrungsgemäß aber leider vorwiegend von ehrenamtlichen Naturschützern

Früher beinahe undenkbar, mittlerweile setzt sich aber auch in Landwirtschaft oder Betrieben der Naturschutzgedanke durch, ohne dass Behörden es erzwingen müssten. Hier ein (als „freiwillige Maßnahme") für Kreuzkröten abgesperrter Laichbiotop im Kalksteinbruch Oetelshofen (Wuppertal).

statt Entscheidungsträgern besucht. Neben einer dauerhaften Fortbildung ist auch ein konstruktiver Austausch mit naturwissenschaftlichen Vereinen oder Naturschutzverbänden angeraten, um vor einer Entscheidung das nötige Fachwissen der jeweiligen Experten zu berücksichtigen.

Gut gemeinte Maßnahmen, streng nach Gesetzesvorlage und "Lehrbuch", sind leider nicht immer auch zielführend, solange die Biologie der rezenten (jeweils vorkommenden) Arten nicht gänzlich verstanden ist. So helfen hübsch anmutende Teiche mit breiter Schilfzone bspw. der Gelbbauchunke oder Kreuzkröte weniger als eine kleine Schlammpfütze, während solch temporäre Kleinstgewässer wiederum für Grünfrösche oder Kammmolche weitgehend ungeeignet sind. Hier ist also immer genau zu wissen, welche Schritte jeweils erforderlich sind, ohne dabei etwa ästhetische Ansprüche als Maßstab heranzuziehen.

Auch kann Artenschutz nur dann funktionieren, wenn nicht immer „nur" streng nach Paragrafen agiert wird, sondern sich gerade in den zuständigen Behörden etwas mehr Pragmatismus durchsetzt. Dies wird besonders deutlich, wenn man den Aspekt zunehmend trockener Sommer berücksichtigt bzw. insgesamt sich ständig ändernder Umstände, die in teils über 20 Jahre alten Gesetzen nicht bedacht werden konnten.

Dazu sollte es möglich sein, dass Behördenvertreter auch mal über ihren Schatten springen, wenn dringende Maßnahmen erforderlich erscheinen. Denn nur zu oft mahlen die Mühlen gerade hier derart langsam, dass jede Hilfe bis zum Abschluss einer Bearbeitung vielleicht schon zu spät kommt. Wo Eile geboten ist, dürfen Gesetze, die ja für den Artenschutz geschrieben wurden, ihn nicht sogar verzögern, aufhalten oder verhindern, weil sie erst vom Schreibtisch aus zu genehmigen sind. Gesunder Menschenverstand ist demnach angebrachter als gesetzeskonforme Korrektheit in Perfektion.

Bedenklich können gerade auch besonders kostspielige Maßnahmen sein, wenn zwar streng nach Verordnung, aber ohne tiefgreifende Expertise agiert wird. Etliche Beispiele zeigen, dass gerade hohe Ausgaben für Artenschutzprojekte gerne in die Kritik der Medien geraten, leider manchmal sogar zu Recht. So etwa bei Ausgleichsmaßnahmen für Bauprojekte, bei denen zwar geltendes Recht umgesetzt, manchmal aber leider nicht genau genug hingeschaut wurde.

Um dafür ein prominentes Beispiel in Bezug auf Reptilien zu heranzuziehen:

Durch Umsiedlungsmaßnahmen von Mauereidechsen (*Podarcis muralis*) beim Bau des Bahnprojektes „Stuttgart 21" kamen Kosten in zweistelliger Millionenhöhe zusammen. Dem kann aus Sicht des Artenschutzes generell nichts entgegengesetzt werden, denn wer den Lebensraum einer geschützten Art beeinträchtigt oder vernichtet, hat (auch gesetzlich) zumindest für entsprechenden Ausgleich zu sorgen – koste es, was es wolle!

Von vielen Medien aber zumeist polemisch, wurde das im genannten Beispiel mit unsachlichen Zahlen und nicht verstandenen Gegebenheiten zusammengefasst, was letztendlich zu nachhaltigem Unmut für Naturschutzmaßnahmen in der Gesellschaft führte.

Aber selbst wenn tatsächlich nicht einzig die Umsiedlungen der Eidechsen solch hohe Kosten zur Folge hatten, wurden dafür tatsächlich (unnötig) hohe Summen ausgegeben. Dabei lagen den Naturschutzbehörden durchaus alternative Pläne vor, die für die heimischen Arten weit wertvoller hätten sein können, aber angeblich nicht bewilligt werden konnten.

Denn grundsätzlich ist die Mauereidechse zwar eine streng geschützte Art, das genannte Vorkommen aber bestand ausschließlich aus eingeschleppten Tieren, bei uns also nicht heimischer Unterarten (u. a. aus Frankreich und Italien), die sich darüber hinaus noch fleißig untereinander kreuzen. Diese hätten also streng genommen zu den Neozoen gezählt werden müssen und aus Sicht des Naturschutzes somit eher entnommen, als umgesiedelt (dadurch sogar weiter verbreitet) zu werden! Mit dem nötigen Sachverstand hätte den Behörden eigentlich klar sein

müssen, dass die letztlich umgesetzte Maßnahme demnach sogar gegen EU-Recht verstößt (Verordnung (EU) Nr. 1143/2014 - Management der Einbringung und Ausbreitung invasiver gebietsfremder Arten).
Dieses Beispiel soll verdeutlichen, wie Naturschutzgesetze in den Händen von nicht fachkundigen Bürokraten auch ad absurdum geführt werden können. An derart verfehlten Einsätzen leidet dann nicht nur der Artenschutz (Imageschaden), sondern auch bald auch das Verständnis für die jeweiligen Ausgaben in der Bevölkerung, von der sie letztendlich zu tragen sind.
Ein wichtiger Aspekt ist darüber hinaus die mitunter vernachlässigte oder bisweilen eher halbherzige Öffentlichkeitsarbeit. Naturschutz muss nicht nur durchgeführt, sondern dessen Notwendigkeit auch medienwirksam und vor allem verständlich vermittelt werden, um mehr Akzeptanz (und vielleicht auch neue Mitstreiter) zu gewinnen. Das kann aber nur dann gelingen, wenn kompetente und verantwortungsvolle Personen mit derart wichtigen Aufgaben betraut werden, denen bestenfalls auch das Herz für die Sache blutet. Nur mit sachlicher Transparenz kann die Gesellschaft letztlich bei notwendigen Maßnahmen mitgenommen werden, und diese landen dann auch nicht (bezogen auf obiges Beispiel) auf dem Pranger von Boulevard-Presse und Satiresendungen.

Pflegemaßnahmen an älteren Gewässern

Mit dem Erhalt der Amphibien-Laichgewässer allein ist es nicht immer getan. Viele von ihnen müssen von Zeit zu Zeit gepflegt werden, z. B. um nicht völlig zuzuwachsen oder zu verlanden. Hier ist es ganz wichtig, Fachleute hinzuzuzie-

Pionierarten wie die Gelbbauchunke benötigen kleine flache „Pfützen", die notfalls erst geschaffen werden müssen, wenn sich äußere Umstände ändern. Dies gilt auch für Abbaugebiete, in denen durch fehlende Aktivität (z. B. bei Stilllegung) keine solchen mehr entstehen (hier erfolgreich durchgeführt von der Biologischen Station Aachen).

hen! Ein wilder Aktionismus schadet u. U. mehr, als dass er hilft. Denn jede Pflegemaßnahme stellt auch einen Eingriff in die Natur dar. Deshalb muss im Einzelfall sorgfältig abgewogen und entschieden werden, was man tun will, um zu helfen, wie man es technisch bewerkstelligt und zu welcher Jahreszeit man es am besten macht. Wenn man Mitglied in einem der großen Naturschutzverbände (z. B. BUND, NABU) ist, erhält man hier Rat. Wer nicht in einem Naturschutzverband Mitglied ist, sollte sich an eine Orts- oder Kreisgruppe der Verbände wenden, um Experten genannt zu bekommen (s. S. 243). Auch sind alle Maßnahmen mit der zuständigen Naturschutzbehörde abzustimmen. Und wenn man selbst nicht der Grundstückseigentümer ist, muss man – zu allererst – mit ihm Kontakt aufnehmen und ins Gespräch kommen. Ohne seine Zustimmung läuft nichts, sonst gibt es unnötigen Ärger!

Oben links: In Abbaugebieten steht praktisch immer auch Gerät zur Verfügung, um Gewässer entschlammen.
Oben rechts: Deutlich arbeitsintensiver ist die Arbeit mit langstieligem Eimer, wie H. P. Schill vom NABU-Wuppertal hier erfährt.
Unten: Im Team ist alles leichter und macht gewöhnlich auch mehr Freude (hier Studenten der Berg. Universität Wuppertal). Bei größeren Gewässern ist eine Wasserpumpe unentbehrlich.

Pflegemaßnahmen in und an Amphibiengewässern

- Müllentfernung (Entrümpelung). Hier kann sich der Einzelne oder eine örtliche Naturschutzgruppe sehr nützlich machen. Der anfallende Müll muss ordnungsgemäß entsorgt werden. Die Müllteile sollten nach Kleintieren abgesucht werden. Gern halten sich Tiere (z. B. Amphibien) in weggeworfenen Autoreifen oder alten Gefäßen auf.
- Behutsames Freistellen von sonnenexponierten Gewässerufern durch Röhrichtentfernung, Gehölzrückschneiden oder -beseitigen im Herbst/Winter. Stets nur einen Teil entfernen, denn Laubfrösche, Teichfrösche und andere Amphibien schätzen Röhrichtzonen, bestimmte Vögel brüten in ihnen, z. B. Teichralle, Teichrohrsänger, Rohrammer und Rohrweihe!
- Beweidung eines Teils der Uferregion mit Rindern, Schafen oder Ziegen als Pflegemaßnahme, anstatt alle paar Jahre Röhricht und Gehölze zurückschneiden. Hierzu muss ein Teil der Ufer abgezäunt werden, damit nicht alles verbissen und zertreten wird, oder aber man beweidet das ganze Gewässerufer, aber nur für einige Wochen im Spätsommer/Herbst.
- Entfernen von Oberboden an flachen, wechselfeuchten Ufern zur Förderung von Pionierbesiedlern (z. B. Kreuzkröte). Kleinflächig kann man dies manuell mit Schippen erreichen, wobei sich der Einzelne wieder nützlich machen kann. Großflächiges Abschieben kann man nur mit einer Raupe bzw. einem Bagger bewerkstelligen.
- Entkrautung des Gewässers bei übermäßig starkem Pflanzenwuchs (möglichst erst im Spätsommer durchführen). Es sollte in der Regel nur ein Teil des Gewässers entkrautet werden. Am schonendsten ist die Entkrautung mittels Harken und Rechen. Das anfallende Pflanzenmaterial soll einige Tage am Ufer liegen bleiben, damit Kleintiere ins Gewässer zurückkehren können. Anschließend sollten die Pflanzen kompostiert werden.
- In Ausnahmefällen kann eine Entschlammung eines Teils oder nahezu des ganzen Gewässers erforderlich sein, z. B. wenn sich eine mächtige Faulschlammschicht auf dem Gewässerboden gebildet hat und zum Sommer Sauerstoffschwund die Folge ist. Solche Maßnahmen sind zum Schutz von Larven stets im Spätherbst durchzuführen. Teile des Schlamms sollten dabei aber belassen werden; in diesem befinden sich wichtige Kleinstlebewesen. Bei Unbedenklichkeit kann der anfallende Schlamm z. B. auf Äckern oder nahe des Ufers ausgebracht werden; notwendige Genehmigungen sind dabei Voraussetzung! Möglicherweise belastete Schlämme (z. B. aus Gewässern alter Gewerbe- und Industriegebiete) gehören selbstverständlich nicht in Feld und Flur, sondern müssen als Sondermüll entsorgt werden. Achtung: Alle Maßnahmen können genehmigungspflichtig sein!
- Entfernen von nicht gewünschten Fischbeständen (Großfische wie Karpfen, Flussbarsche, Hecht oder gefräßige kleinere Arten wie Goldfische, Sonnenbarsche). Dies ist ein schwieriges Unterfangen. Deshalb sollte man mit einem örtlichen Angelverein zusammenarbeiten, der die Fische in ein Ersatzgewässer bringen könnte. Eventuell vorübergehendes Abpumpen des Wassers, wozu die Unterstützung durch die örtliche Feuerwehr oder das Technische Hilfswerk sehr hilfreich ist. Gewöhnlich suchen diese sogar „Übungsflächen"!

Neue Kleingewässer anlegen

Was für Pflegemaßnahmen bereits betont wurde, gilt auch für Neuanlagen: Kein wilder Aktionismus, sondern gut durchdachtes und sorgfältig geplantes Vorgehen bei der Neuanlage von Kleingewässern. Ganz besonders vermeide man einen stereotypen Schematismus. Es sollten nicht durchweg ähnlich aussehende Standardgewässer in Serie angelegt werden, sondern Gewässer **in unterschiedlicher Lage** und mit **verschiedenen Formen**. Nur so ist gewährleistet, dass eine größere Zahl an Tier-, Pflanzen- sowie Amphibienarten geeignete Lebensbedingungen findet. Kleingewässerstandorte können z. B. in Bach- und Flussauen, in Laub- oder Mischwäldern und an Waldrändern sowie in Grünlandflächen liegen. Besonders günstig können Lagen an Schnittpunkten mehrerer Lebensraumtypen sein, z. B. dort wo Wald-, Acker- und Grünlandflächen aneinanderstoßen. Es sollten sowohl sonnig gelegene, halb beschattete und voll beschattete Gewässer angelegt werden. Auch sollten **unterschiedlich große und tiefe Gewässer** geschaffen werden, die teils ganzjährig Wasser führen, teils regelmäßig im Spätsommer austrocknen. **Gerade an temporären, zeitweilig trocken fallenden Gewässern besteht ein großer Mangel!** Auch solche mit ganzjähriger Wasserführung können und sollten durchaus in mehrjährigen Abständen einmal austrocknen. Dies ist für alle Amphibienarten günstig, da hierdurch die Gewässer am ehesten fischfrei bleiben.

Wichtig sind **geeignete Standortvoraussetzungen**. Sollen ganzjährig wasserführende Teiche geschaffen werden, muss ein Kontakt zum Oberflächen- oder Grundwasser bestehen (Achtung: ggf. genehmigungspflichtig!), denn ein absolut dichter Untergrund ist natürlicherweise so gut wie nie gegeben. Selbst Lehm oder Ton (bestehend oder eingebracht) hält große Wassermengen oft nicht langfristig, sodass der Aufwand meist nicht zum Erfolg führt. Auf Teichfolien sollte in der freien Landschaft zwar möglichst verzichtet werden, bei Anlage von Gartenteichen sind sie aber unerlässlich, wie auch in bestimmten, zielgerichteten Artenschutzprojekten. Sogar langlebige Baustoffe wie Beton können zum Einsatz kommen (s. S. 202).

Will man Arten fördern, die vorzugsweise sehr kleine und zeitweilig austrocknende Gewässer besiedeln, reichen oberflächlich verdichtete Schichten. Zu diesen gehören etwa Gelbbauchunke und Kreuzkröte. Beide Arten begnügen sich schon mit wassergefüllten Wagenspuren, die man durch mehrmaliges Durchfahren mit einem Geländewagen, Traktor oder Kleinbagger schaffen kann. In den Wintermonaten sollten diese von Zeit zu Zeit erneut durchfahren werden, um den Grund zu verdichten.

Folienteiche im Garten sind kleine Oasen für Amphibien (hier im Uferbereich mehrere Teichfrösche).

Ungewöhnlich, aber effektiv: Wassergefüllte Radspuren als Pflegemaßnahme für Kreuzkröten und Gelbbauchunken.

Mit wenigen Spatenstichen in einer lehmigen Feuchtwiese wurden ideale Bedingungen für die Gelbbauchunke geschaffen. Dieses Laichbiotop misst gerade mal etwa 1 m².

Bei der **Auswahl des Standortes** für neue Gewässer ist der aktuelle Wert der ins Auge gefassten Fläche unbedingt zu berücksichtigen. Ggf. ist sogar ein anderer Standort zu suchen, wenn hier bereits ein wertvoller Orchideen-Standort oder ein Quellsumpf liegt, der durch das Vorhaben entwertet oder gar zu vernichtet würde!

Als Weiteres ist ein **geeignetes Umland** der Gewässer sehr wichtig. Der Schutz von Kleingewässern kann nur wirklich wirksam sein, wenn auch das Umfeld ökologisch einigermaßen intakt ist. In der offenen Ackerlandschaft sollten mindestens 10–20 m breite Pufferstreifen das Gewässer umgeben, besser wären natürlich noch größere Bereiche. Eine Lage direkt neben einem Maisacker sollte jedenfalls unterbleiben, da die Entwicklung des Gewässers hier unter schlechten Vorzeichen steht! Der hohe Dünger- und Pestizideinsatz auf dem Acker führt zu Einschwemmungen ins Gewässer, zur Verkrautung, Verschlammung und Sauerstoffzehrung sowie durch Pestizide u. U. zur direkten Abtötung von Laich und Larven.

Frank Lamprecht beweidet Naturschutzflächen mit Schafen, Ziegen, Eseln und Wasserbüffeln. Auf seinem Hof entstehen hier gerade neue Gewässer, die dem Vieh als Tränke und u. a. auch Amphibien als Lebensraum dienen werden.

Eine besonders gute Lage wäre die in einer größeren und max. mäßig gedüngten Grünlandfläche. Aber nicht alle Amphibienarten leben im Grünland. So benötigt die Knoblauchkröte im Umfeld der Laichgewässer grabfähige, lockere Böden, die sie im Ackerland, auf Spargelfeldern und in Dünenlandschaften findet. Die Erdkröte bevorzugt in der Nähe der Laichgewässer dagegen Wälder als Sommerlebensraum und Winterquartier. Im Einzelnen sei auf die Lebensraumansprüche der Arten verwiesen, wie sie in den Artporträts zusammengestellt sind.

Zum geeigneten Umland gehört auch, dass keine viel befahrenen Straßen im engeren Umfeld der Gewässer vorbeiführen. Das führt sonst sehr bald zum Straßentod wandernder Amphibien und macht spezielle Schutzvorkehrungen erforderlich, die teuer werden können. Als **Sicherheitsabstand** sollten 1–2 km Entfernung zu Bundesstraßen und Autobahnen angestrebt werden, zu Kreisstraßen wenigstens 0,5 km.

Oben links: Neuanlage von Flachwasser-Bereichen für die Kreuzkröte als „freiwillige Maßnahme" eines Abbaubetriebes (Kalkwerke Oetelshofen).
Unten links: Im Rahmen des „Earth Day" schuf der Baumaschinen-Hersteller Komatsu hier ein großes Gewässer mit schwerem Gerät.
Rechts: Im Rahmen einer DGHT-Maßnahme entstanden neue Laichgewässer für die Gelbbauchunke im Kasseler Raum.

Gestaltungstipps für Amphibiengewässer

Grundprinzip: Nicht versuchen, an einem Gewässer alle Strukturen zu realisieren, sondern an mehreren, unterschiedlich zu gestaltenden Gewässern.

Größe: Innerhalb eines engeren Gebietes, z. B. einer Gemeinde, sollte eine Mischung von stehenden Gewässern zwischen 5 und 10000 m² Wasseroberfläche angestrebt werden.

Tiefe: Um möglichst vielen Arten gerecht zu werden, sind unterschiedlich große Gewässer mit Tiefen zwischen 20 und 40 cm sowie solchen mit bis zu 2 m sinnvoll. Die Tiefe richtet sich dabei auch nach der Größe: Kleine Gewässer (etwa für Gelbbauchunken) nur flach anlegen (30–50 cm); größere (ab 50 m²) sollten über 1,20 m tief sein, um die frostsichere Überwinterung darin zu ermöglichen.

Ufer: Mindestens die halbe Uferlänge sollte flach auslaufend angelegt werden und möglichst sonnenexponiert liegen. An größeren Gewässern könnte ein Teil (1/3 bis 1/2 der Uferlänge) auch steile Wände (z. B. für Uferschwalbe, Eisvogel, bestimmte Insekten) aufweisen, sofern das geologische Ausgangsmaterial bindig bzw. stabil genug ist.

Achtung: Bei Schul- und anderen Lehrgewässern muss von steilen Ufern abgesehen werden, schon wegen der Gefahr von Stürzen, Abrutschen etc. Die Gewässertiefe sollte hier (rein aus Sicherheitsgründen) weniger tief als normalerweise angestrebt sein, außer das Gelände ist absolut sicher eingezäunt, sodass ohne Lehrkräfte wirklich kein Betreten möglich ist.

Querschnitt: Bei den tieferen Gewässern soll sich an die flache Uferzone eine zentrale Tiefenzone anschließen. Dieser Stockwerkbau ermöglicht die Entwicklung einer Vegetationszonierung (Sumpfpflanzen am Ufer, Schwimm- und Tauchpflanzen im Zentrum).

Umriss: Die Gewässer können rundlich, eiförmig, hantelförmig oder wie auch immer gestaltet sein. Eine vielgestaltige Uferlinie ist vorteilhaft, aber nicht zwingend.

Inseln: Auf die Anlage der früher beliebten Inseln soll bei kleineren Gewässern verzichtet werden, da sie den Verlandungsprozess beschleunigen und möglicherweise Enten (Prädatoren von Laich und Larven) als Brutplatz entgegenkommen.

Bepflanzung: Auf eine Bepflanzung kann in aller Regel verzichtet werden, denn eine standortgerechte Vegetation stellt sich meist innerhalb weniger Jahre von allein ein.

Es gibt kaum noch Erdkröten, die bei der Wanderung zum Laichplatz keine Straße kreuzen müssten.

Maßnahmen gegen den Straßentod

Eine besondere Herausforderung des praktischen Amphibienschutzes stellt der Schutz der Amphibien an Straßen dar. Dabei kamen die ersten Lösungsversuche sogar aus dem Straßenbau und der Straßenunterhaltung, denn die Wanderung von Amphibien in größerer Zahl kann gerade auf nasser Fahrbahn zu einem Problem der Verkehrssicherheit werden. Viele technische Möglichkeiten und Konstruktionen sind bereits getestet worden, mit sehr unterschiedlichen Erfolgen. Eine abschließende Lösung des Problems ist bis heute nicht gelungen, auch wenn vereinfachende Broschüren oder Werbeflyer dies vorgaukeln. Man hat im Laufe der Zeit aber Optimierungsschritte vorgenommen. Einiges ist durch Versuch und Irrtum herausgefunden worden. Manches bleibt noch zu tun. Fest steht mittlerweile: **Es gibt keine ideale Standardlösung, neben Vorteilen und Stärken haben alle angewendeten Methoden auch irgendwelche Nachteile.**

In einem Bund/Länder-Arbeitskreis „Amphibienschutz" wurde ein **„Merkblatt zum Amphibienschutz an Straßen"** (kurz: MAmS) erarbeitet, dessen aktuelle Auflage aus dem Jahre 2000 stammt. Auch wenn dieses durch weitere Forschungen und Erfahrungen fortzuschreiben ist, gibt es, wie Ingenieure sagen, den „Stand der Technik" wieder. An ihm orientiert sich auch die nachfolgende Darstellung. Für Einzelheiten, vor allem zur technischen Ausführung, muss auf dieses Merkblatt verwiesen werden, das u. a. beim FGSV Verlag, Konrad-Adenauer-Straße 13, 50996 Köln bezogen werden oder auch online abgerufen werden kann.

Grundsätze

Prinzipiell wäre es wünschenswert, wenn der Arten-/Amphibienschutz die eigentlich nötige Beachtung schon in der Planung zukünftig anstehender Straßenbaumaßnahmen finden würde. In der Praxis könnte das z. B. bedeuten, dass jede neu zu bauende Straße von vorne herein über Durchgänge (Tunnel) verfügen würde. Die Kosten wären dementsprechend vorab zu berücksichtigen, was aber sicher schon daran scheitert, dass das zunehmende Artensterben mehr theoretisch behandelt als Maßnahmen dagegen in der Praxis umgesetzt werden. Nehmen wir aber zur Grundlage, dass für den Bau von 5 km Autobahn Kosten zwischen 6 und über 20 Millionen Euro veranschlagt werden, scheint es doch zumindest denkbar, dass ein im Verhältnis dazu verschwindend geringer Teil auch in den Artenschutz fließen sollte. Denn jeder Einschnitt durch Straßenbau dezimiert automatisch die Biomasse betreffender Regionen. Zielsetzung sollte es deshalb auch zukünftig sein, unumgängliche Schäden so gut wie nur möglich auf ein Minimum zu reduzieren. Hierzu bedarf es nicht nur entsprechender Finanzen, sondern vielmehr auch einem gesellschaftlichen Umdenken (Willen), bei dem Naturschutz in jeder Umstrukturierung der Landschaft eine größere Rolle zu spielen hätte.

Nichtsdestotrotz wird man sich doch über eines im Klaren sein müssen: Nicht jedes einzelne Tier kann vor dem zunehmenden Verkehr und einem dabei immer dichter werdenden Straßennetz gerettet werden.

Leider muss man Prioritäten setzen, zumal auch die Finanzmittel und personellen Möglichkeiten immer begrenzt sind. Außerdem müssen viele Schutzvorrichtungen unterhalten und gepflegt werden. Daraus folgt, dass es pragmatisch gesehen vor allem dann Sinn macht, tätig zu werden, wenn:

- von häufigen Arten große Tierkontingente bei ihren Wanderungen eine Straße überqueren. Das ist meist bei der Erdkröte der Fall, z. T. auch beim Grasfrosch, örtlich können auch beim Springfrosch und bei Molchen gehäuft Wanderungen registriert werden und natürlich von vielen anderen Arten. Von der Erdkröte wandern oft Hunderte, manchmal mehrere Tausend erwachsene Tiere im Frühjahr zu ihrem Laichgewässer und im Sommer Zehntausende frisch verwandelte Jungtiere von ihrem Gewässer ab.
- Individuen seltener oder besonders bedrohter Arten wandern, selbst wenn es sich um kleinere Tierzahlen handelt. Solche Fälle können je nach Region z. B. die Knoblauchkröte, Rotbauchunke und den Laubfrosch betreffen.

Straßensperrungen

Eine sehr wirksame und auch kostengünstige Methode zum Schutz wandernder Amphibien ist die zeitweilige Sperrung des entsprechenden Straßenabschnittes, die nach § 45 der Straßenverkehrsordnung (StVO) auch möglich ist. In Einzelfällen ist Derartiges auch schon durchgeführt worden, in Nordrhein-Westfalen z. B. in den Städten Dortmund, Herne, Bielefeld und Ibbenbüren. Wenn die Möglichkeit einer zumutbaren Umleitungsstrecke gegeben ist und eine Einigung mit örtlichen Anliegern erfolgt, ist dies grundsätzlich umsetzbar. Für die verkehrsrechtliche Anordnung der Sperrung ist die Straßenverkehrsbehörde (Kreis, kreisfreie Stadt) zuständig.

Die Initiative zu einer solchen Maßnahme kann vom Einzelnen oder noch besser von einem örtlichen Naturschutzverein (oder Heimatverein etc.) an die Stadtverwaltung herangetragen werden. Zuvor sollten zumindest vorläufige Daten zu Wanderungen (Arten, Zahlen, Wanderzeiten) und überfahrenen Tieren vorliegen, um die Sperrung hinreichend begründen zu können. Bei einer vorgesehenen Sperrung ist eine frühzeitige und umfassende Information der betroffenen Anwohner notwendig! Gleich welche Maßnahme angedacht ist, können die Behörden sie aber nur dann bearbeiten und letztendlich auch genehmigen, wenn eine „Verhältnismäßigkeit" erkennbar ist. Für 10-20 wandernde Erdkröten werden sicher keine Straßen gesperrt oder gar aufgebrochen, um nachträglich Tunnel oder Leitsysteme zu errichten. Hier zeigt sich ganz besonders, wie wichtig regelmäßig aktualisierte Erfassungen von Daten

sind! Denn binnen weniger Jahre können neue Straßen ganze Bestände dezimieren, wenn sie bspw. in direkter Umgebung eines Laichgewässers errichtet wurden. Populationsgrößen erst zu dokumentierenn wenn sie schon nahezu erloschen sind, kann letztlich auch dazu führen, dass die Dringlichkeit von Schutzmaßnahmen „dann" nicht mehr zu belegen wäre.

Generell gilt für Straßensperrungen:

- Meist sind sie nur an Nebenstrecken bzw. kleineren Straßen praktikabel und durchsetzbar, also da wo ohnehin meist nur geringeres Verkehrsaufkommen herrscht.
- Die Maßnahme muss jedes Jahr neu angeordnet werden, eine Dauerlösung ist die Straßensperrung oft nicht. Man sollte sie eher als Sofortmaßnahme begreifen und dann in Ruhe eine Dauerlösung anstreben. So wurde es beim Autobahnzubringer an der A4 auch gehandhabt.

Manchmal muss man einfach ganz schnell handeln, wie das folgende Beispiel zeigt. Auf einem Autobahnzubringer für die A 4 Köln-Olpe im Bergischen Land wurden Ende Juni 1983 kurzfristig ca. 100 000 junge Erdkröten durch vorübergehende Sperrung (8 Tage) des Zubringers auf einer Strecke von 400 m vor dem Überfahren bewahrt. Im Herbst wurde dann ein Durchlass in die Straße eingebaut, Leitzäune sicherten die Hinleitung der Tiere zu diesem Durchlass und zu einer vorhandenen, einige hundert Meter entfernt liegenden Unterführung. Im Verlaufe des Juli 1984 nutzten schätzungsweise 1 Million Jungkröten die beiden Durchlässe als Unterquerungshilfe.

Provisorischer Sperrzaun

Selbst wo große Mengen an Amphibien überfahren werden, ist eine Straßensperrung oft nicht durchsetzbar oder praktikabel. Vielerorts sind weder ausreichend noch zumutbare Umleitungsmöglichkeiten gegeben. Man muss deshalb oft andere Strategien wählen. Als kurzfristige, ggf. auch mittelfristige Maßnahme eignen sich rasch aufgebaute **provisorische Sperrzäune in Kombination mit Eimer- oder Kastenfallen**. Hierdurch werden die Tiere also bewusst daran gehindert, die gefährliche Straße selbst zu überqueren. Man fängt sie stattdessen ab und trägt sie über die Straße, von wo aus ihre weitere Wanderung unbeschadet fortgesetzt werden kann.

Amphibienschutzzäune haben zwei Aufgaben zu erfüllen: Sie sollen die Tiere am weiteren Geradeauslaufen hindern (Sperrwirkung), und sie sollen sie an den Zäunen bis zu den Fangeimern entlang leiten, in denen sie sich sammeln (Leitwirkung). Als Provisorium und Sofortmaßnahme können einfache, nicht zu teure Konstruktionen aus undurchsichtiger Kunststofffolie eingesetzt werden, die mit Metall- oder Holzpfosten fixiert werden. Durchsichtige Folien und Drahtgeflechte eignen sich eher nicht, da deren Leitwirkung schlechter ist! Eine Mindesthöhe von 40–60 cm ist erforderlich, um ein wirksames Hindernis darzustellen. Die Oberkante des Zaunes sollte in Anwanderrichtung umgebogen sein (Überkletterschutz) und die Unterkante ca. 10 cm tief im Boden eingegraben werden (Untergrabungsschutz). Auf der Anwanderseite werden bündig mit der Bodenoberfläche im Abstand von ca. 10 m Fanggefäße (z. B. Plastikeimer) eingegraben. In diesen sammeln sich die Tiere. Es muss deshalb Sorge getragen werden, dass zu Wanderzeiten regelmäßig, d. h. mehrmals täglich, besonders am frühen Morgen und bei starken Wanderungen zusätzlich in der Nacht kontrolliert wird. Nach stärkerem Regen muss das Wasser herausgeschöpft werden. Ein Stöckchen, das ein Stück aus dem Eimer herausschauen muss, ermöglicht nachweislich Kleinsäugern den Ausstieg.

Erdkröten wandern entlang eines Krötenzauns.

Durch eine Lochung der Eimerböden kann Regenwasser nach unten ablaufen. Solche Perforationen sollten aber nur angebracht werden, wenn eine gute Drainage gewährleistet ist, was in Straßennähe meistens der Fall ist. Bei zu erwartendem Stauwasser jedoch drückt dieses von unten in die Eimer hinein, was nur schwer zu verhindern ist. In Hinblick auf trockene Phasen müssen feuchtes Laub oder Moospolster auf den Boden der Fallen gelegt werden.

Rein aus Kostengründen werden meist runde Haushaltseimer verwendet. Effizienter sind allerdings solche mit rechteckigem Querschnitt, die mit der Längsseite am Sperrzaun angebracht werden und somit eine bessere Fängigkeit aufweisen. Wenn (z. B. wegen eines Kälteeinbruchs) keine Wanderungen stattfinden und die Kontrollen ausgesetzt werden, müssen alle Fangeimer abgedeckt werden! Schon deshalb sind Eimer mit passgenauem Deckel vorteilhaft. Kleiner Tipp: Leere Mayonnaise-Eimer sind fest verschließbar und fallen bei Imbissstuben stets kostenlos an.

Der hohe Aufwand bei der Betreuung dieser Sperrzäune und ihrer Eimerfallen ist oft nur leistbar durch ehrenamtlichen Einsatz. Der Einzelne bzw. Gruppen aus Naturschutz- und Heimatvereinen (ggf. auch Schulklassen bzw. Kursgruppen) können deshalb wertvolle Hilfe leisten. Die Einsätze müssen aber gut koordiniert werden und bedürfen immer einer behördlichen Genehmigung (zuständig ist die jeweilige Untere Naturschutzbehörde). Wegen der Arbeiten an der Straße und über die Straße hinweg müssen Sicherheitsvorkehrungen für die Helfer getroffen werden (**Signalwesten**, Achtungsschilder oder Warndreiecke etc.), um Unfälle zu vermeiden! Eine rechtzeitige Abstimmung mit den Straßenbehörden und der örtlichen Polizei ist dafür voraussetzend.

Im Querschnitt rechteckige Eimerfallen haben eine größere Kontaktfläche zum Sperrzaun als die meist benutzten runden Eimer. In diesem Falle ist ein weitmaschiges Schutzgitter gegen größere Beutegreifer (Fuchs, Iltis...) aufgelegt, das aber nur bei entsprechender Verankerung wirksam sein kann. Foto D. Glandt

Senkrechter Blick in eine rechteckige Eimerfalle mit einer Reihe Amphibien auf dem Eimerboden. Foto D. GLANDT

Bei dieser Variante wurde der Leitzaun aus „preiswerter" Abdeckfolie geschnitten. Jeder Eimer hat eine Ausstieg-Hilfe (Stock) und ist zur detaillierten Erfassung nummeriert.

Es gibt eine Reihe von Firmen, die für diesen Zweck verschiedene Fabrikate und Komplettpakete anbieten. Alle haben Vor- und z. T. auch Nachteile. Eine vergleichende Bewertung der Materialien findet sich in der Broschüre „Baumaterialien für den Amphibienschutz an Straßen" der Landesanstalt für Umwelt, Messungen und Naturschutz Baden-Württemberg aus dem Jahre 2000.

Dauerabschrankung

Erhöhte Anforderungen stellen dauerhaft installierte Fang- und Leiteinrichtungen dar. Für diese gibt das MAmS ein detailliertes Anforderungsprofil. Eine diese Kriterien berücksichtigende Bewertung unterschiedlicher Baumaterialien für Sperr- bzw. Leitwände hat das Büro amphitec-bioConsult, München vorgenommen (www.amphitec-bioconsult.de). Mittlerweile ist darüber hinaus eine Fülle von Forschungsergebnissen publiziert, bei denen Pro und Kontra von Material und Bauweise untersucht wurden. Sie alle zu erläutern, würde aber ein weiteres Buch füllen.

Das MAmS empfiehlt Dauerabschrankungen aus Beton- oder Stahlfertigteilen (siehe Zeichnungen). Entscheidende Merkmale: Höhe 40–60 cm. An der Unterkante verläuft eine sog. Lauffläche von mindestens 20 cm Breite. Diese soll die Leitwirkung erhöhen, da der Raumwiderstand durch die Vegetation (Gräser) vermieden wird. Ein Übersteigschutz verläuft an der Oberkante. Der Einbau erfordert professionelle Maschinen und Fachpersonal.

Nicht berücksichtigt wurde im MAmS der Laubfrosch. Er kann dank seiner Haftnäpfe an den Finger- und Zehenspitzen hervorragend klettern und galt lange als Art, die man am Überklettern von Sperrzäunen nicht hindern kann. Experimentelle Untersuchungen zeigen aber, dass es Elemente gibt, auch für ihn schwer überwindbar sind. Von sieben getesteten Varianten erwies sich (nach ZBIERSKI & SCHNEEWEISS) ein halbrunder Beton-Leitstein am besten als Sperrelement geeignet. Allerdings ist bisher nur die Sperrwirkung dieses Elements getestet, nicht die Leitwirkung entlang solcher Absperrungen.

Ein spezielles Problem ergibt sich, wenn Wirtschaftswege oder andere wenig befahrene Nebenstraßen in die Straße einmünden, an der entlang eine Dauerabschrankung angebracht ist. Hier hat sich eine u-förmige Betonrinne bewährt, die oben mit einem befahrbaren Gitterrost abgedeckt ist.

Eine Mischung aus Dauerabschrankung (vorne) und flexiblem Krötenzaun (im Hintergrund).

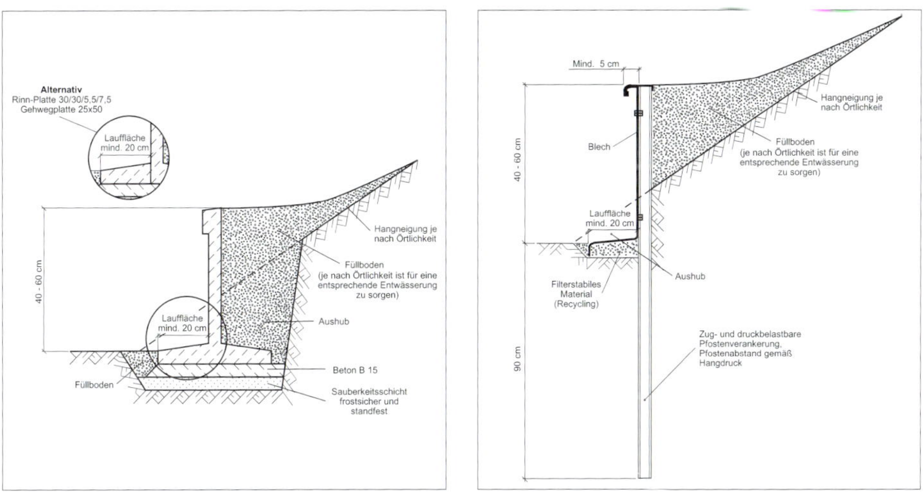

Querschnitt durch eine Sperr- und Leiteinrichtung aus Betonfertigteilen (links) und aus Stahlfertigteilen (rechts), wie sie im sog. MAmS, Ausgabe 2000 empfohlen werden. Abgedruckt mit Genehmigung des Bundesministeriums für Verkehr, Bau und Stadtentwicklung, Bonn.

Amphibiendurchlässe

Abschrankungen in Kombination mit Eimerfallen erfordern einen hohen Betreuungsaufwand zu den Wanderzeiten (Frühjahr, Sommer, teilweise sogar Herbst). Ideal wäre es, auf Eimerfallen zu verzichten und die Tiere mittels geeigneter Durchlässe unter der Straße herzuführen.
Als Regellösung sollen sog. Einfachdurchlässe eingebaut werden, die auch als „Doppelweg-Röhrensysteme" bezeichnet werden.
Das sind Durchlässe, in denen die Kleintiere (Amphibien, Reptilien, aber auch Kleinsäuger und Wirbellose) in beide Richtungen wandern können. Die früher teilweise eingebauten Einweg-Doppelröhrensysteme, d. h. eine Röhre für die Hinwanderung und eine separate für die Rückwanderung, machen höchstens zur Datenerfassung Sinn und werden zumindest als Naturschutzmaßnahme nicht empfohlen. Heute zumeist eingesetzte Durchlässe sind aus Beton oder Blech, die im Querschnitt rechteckig, halbrund oder rund sind und deren lichte Weite sich nach der Länge richten muss. Je länger der Durchlass, umso breiter muss er auch sein, damit die andere Seite für Tiere auch als mögliches Ziel (nicht etwa Sackgasse) erkennbar ist. Nur als Richtwert: Bei einer Länge von bis 20 m sollte die Breite gut 1,0 m betragen, die Höhe etwa 0,75 m.
Besonders empfohlen werden sog. Rahmendurchlässe. Der Boden sollte im Optimalfall mit Erde, Sand oder einer Laubschicht bedeckt werden, statt ihn als blanke Betonfläche zu belassen. Einfacher gestaltet sich der Untergrund, wenn nur Decke und Seiten aus Beton bestehen und der Boden unbearbeitet bleibt. Einen solchen Durchlasstyp nennt man Stelztunnel.

Permanentes Amphibien-Leitsystem mit großer Tunnelöffnung in Brandenburg. Im unteren Bild ist ein Moorfrosch (Rana arvalis) abgebildet.

Grünbrücken

Straßendurchlässe sind immer nur ein Behelf, um die Auswirkungen der Zerschneidung von Amphibienpopulationen abzufangen. Idealer wäre es, wenn Amphibien und andere Tiere über die Straße wandern könnten, ohne sie unmittelbar überqueren zu müssen. Aus diesem Grunde wurden über einige Straßen (meistens Autobahnen) sogenannten Grünbrücken gebaut. Primär sind diese recht kostenaufwendigen Bauwerke für große Wildtiere (Hirsche, Rehe, Wildschweine, Wölfe oder Bären) gebaut, aber davon profitieren ebenso unzählige Kleintiere wie Kleinsäuger, Wirbellose, Reptilien und Amphibien. Selbst Vögel nutzen bevorzugt solche gefahrlosen und stressfreien Überquerungen, wo sie zur Verfügung stehen. Das Prinzip von Grünbrücken ist selbsterklärend, doch muss jede Konstruktion gut durchdacht sein, um die Effektivität zu gewährleisten. Dem liegen stets wissenschaftlich fundierte Daten zugrunde und so müssen sie beispielsweise eine Breite von mindestens 50 m aufweisen, um auch von Großwild wie Rothirschen angenommen zu werden (zum Vergleich: für Rehe wären 15 m ausreichend). Zudem sind sie so abgesichert, dass weder Material noch Tiere auf die Straße fallen können. Dies gilt nebenbei auch für Kleintiere! Über die Funktion der

Vernetzung von Lebensräumen hinaus kann auf ihnen ein durchaus wertvoller Lebensraum entstehen! In den Niederlanden und Belgien nennt man die Grünbrücken deshalb auch „Ecoducte". Je nach Gestaltung können viele Arten also Nutzen ziehen, so auch die Amphibien. Dies gilt insbesondere, wenn auf ihnen sogar Laichgewässer angelegt werden! Ähnlich wie Leitungstrassen müssen auch Grünbrücken weitestgehend baumfrei gehalten werden, um Schäden an der Statik (durch Wurzelwerk) oder Hinabfallen von Ästen auf die Fahrbahn ausschließen zu können. Während die weitere Umgebung oft Land- oder Forstwirtschaftlicher Nutzung unterliegt, entstehen auf vielen Grünbrücken daher (ganz nebenbei) höchst artenreiche Offenlandbiotope, die im Optimalfall nicht gespritzt werden oder sich irgendwann etwa zu schattigen Wäldern entwickeln. Genau solche offenen Habitate sind für viele Arten existenziell, aber in der intensiv genutzten Landschaft leider immer seltener selten anzutreffen.

Ältere Grünbrücke (Ecoduct „Kootwijk" westlich von Apeldoorn, Niederlande), auf der Kreuz- und Erdkröten sowie Wasserfrösche gefunden wurden. Foto S. Bogaerts

Ecoduct „Groune Woud" über der A2 nördlich von Eindhoven, Niederlande. Kleiner Ausschnitt, der eines der auf dieser Überquerung angelegten Gewässer zeigt. Es wurden Kammmolche bei der Wanderung über den Ecoduct beobachtet. Foto S. Bogaerts

Autobahn-Grünbrücke („Ecoduct") „Kikbeek" über der E 314 bei Genk, Belgien. Eine noch junge, im Mittel 60 m breite Grünbrücke (links sind die Autobahndurchlässe zu sehen, rechts die breite, durch Erdwälle begrenzte Überquerung), auf der auch ein Gewässer angelegt wurde, in welchem sich sehr bald Kreuzkröten angesiedelt und fortgepflanzt haben. Außerdem wurden Berg-, Teich- und Fadenmolche sowie Wasserfrösche in diesem Gewässer nachgewiesen. Foto S. Bogaerts

Zusatz- und Ersatzlaichgewässer

Eine andere Problemlösung ist die Anlage eines Zusatzlaichgewässers, wo eine Straße die Wanderrouten zwischen Landlebensräumen und Laichgewässer durchschneidet. Hier kann u. U. die Anlage eines neuen Feuchtbiotops vor der Straße eine Alternative bieten. Dadurch würde für viele Lurche die Notwendigkeit entfallen, diese jedes Jahr mehrmals zu überqueren oder durch einen Amphibientunnel zu wandern.

Dauerhafte Absperrungen müssten dann verhindern, dass die Lurche trotzdem auf die Fahrbahn kriechen, da viele (insbesondere Erdkröten) auf ihr Geburtsgewässer fixiert sind. Besser noch wäre es, das Ersatzgewässer etwas weiter ab der Straße anzulegen. Diese Anstrengungen können aber auch nur eine Notlösung sein, denn erstens beraubt man das bereits bestehende Gewässer seiner Biodiversität, zweitens werden viele trotzdem versuchen, ihren altbewährten Geburtsort zu erreichen.

Bei Anlage und Gestaltung des neuen Gewässers sollte man möglichst das alte zum Vorbild nehmen. Bestenfalls bekommt man Rat von erfahrenen Experten, die dazu noch zu Verbesserungen beitragen, die Neuanlage also ggf. sogar optimieren können. Ein Problem ist die anfangs fehlende Vegetation. Die meisten einheimischen Amphibienarten brauchen aber zumindest etwas untergetauchte Wasserpflanzen oder Pflanzenstrukturen als Ablaichsubstrat, aber auch (z. B. Molche) als Versteckplatz. Auch ist in ganz jungen Gewässern die Nahrungssituation für die Larven der Frösche, Kröten und Molche sowie für erwachsene Molche weniger optimal. Je nach Amphibienart kann es deshalb erforderlich sein, wenigstens 1–2 Jahre zu warten, bis sich eine geeignete Vegetation und eine hinreichende Nahrungssituation entwickelt hat. Hat man jedoch wenig Zeit, kann man durch Umsetzen von einzelnen Pflanzen aus dem Ursprungsgewässer „nachhelfen". Durch „Beimpfen" mit Algen und Kleinkrebsen kann die Nahrungssituation im Anfangsstadium der Gewässerentwicklung verbessert werden. Hierzu reicht es gewöhnlich schon, einige Eimer Wasser aus dem alten in den neuen Teich einzubringen.

Da einige Amphibienarten in einem gewissen Maß auf ihr angestammtes Gewässer geprägt sind, muss man notfalls mit einem Trick Sorge tragen, dass das neue überhaupt angenommen wird. Hierzu nimmt man eine **Umsiedlung** während der Laichzeit vor. Da erwachsene Frösche und Kröten u. U. aus dem neuen Habitat wieder abwandern, um zu versuchen, ihr angestammtes Gewässer wiederzufinden, siedelt man am besten Laich oder Larven um. Nach Erreichen der Geschlechtsreife kehren diese zumeist zu dem „Ersatzbiotop" zurück, in dem sie selbst die Entwickelung vollzogen haben.

Der Versuch, ausgewachsene Amphibien umzusiedeln, ist ungleich schwieriger! Bei Erdkröten hat man dies gemacht, indem man bereits verpaarte Tiere entweder in nach oben offene

Ablaichgehege (links) und Ablaichkäfige (rechts) können bei der Umsiedlung von Erdkröten gute Dienste leisten. Fotos A. Geiger

Ablaichgehege oder Ablaichkäfige gesetzt hat. Als notwendiges Laichsubstrat kann zum Beispiel Reisig dienen. In diesen Gehegen oder Käfigen laicht zumindest ein Teil der Erdkröten ab, die gleich im Anschluss freigelassen werden können.
Wenn ein Amphibienlaichgewässer teilweise oder ganz überbaut wird, ist im Rahmen von Ausgleichsmaßnahmen ein neues anzulegen. In diesem Fall spricht man von einem Ersatzlaichgewässer, für das die gleichen Maßnahmen Anwendung finden.

Maßnahmen gegen den Gullytod

Auf die Problematik der Kanaldeckel wurde bereits eingegangen (s. S. 192). Hier soll es deshalb um mögliche Lösungen gehen, denn während der Fokus bei Schutzmaßnahmen oft auf den Straßentod gelegt wird, wird dieses auch ganzjährig bestehende Problem leider noch zu sehr vernachlässigt. Dies spiegelt sich auch in der Anzahl der Untersuchungen wieder, die in keinem Verhältnis zur Menge der Erhebungen von Verkehrsopfern unter den Kleintieren steht. Da vor allem Erdkröten an Hindernissen wie Bordsteinkanten entlanglaufen, können schon kleine Ausbuchtungen um den Gully herum eine umleitende Wirkung bedeuten. Senkt man den Bordstein hier sogar für eine kurze Strecke ab, sodass die Tiere nicht zum Kanalschacht geleitet werden, sondern die Straße schon an dieser Stelle verlassen können, lassen sich ebenfalls Verluste vermieden. Dies ist mit geringem Aufwand und unbürokratisch möglich, wo nur ein entsprechender Hinweis an die Naturschutzbehörde eingeht und guter Wille der Sachbearbeiter besteht.
Hier und da können ggf. engmaschige Schutzgitter (Maschenweite 8 x 8 mm) unter den Kanaldeckeln angebracht werden. Hierdurch besteht allerdings Verstopfungsgefahr, was enormen Wartungsaufwand mit sich bringt. Stattdessen sind spezielle Ausstiegshilfen für Kleintiere sinnvoll, die mancherorts auch schon erfolgreich eingesetzt werden. Das Prinzip ist denkbar einfach, preiswert und nahezu überall durchführbar. In Form einer Wendeltreppe wird dazu ein Kunststoff-Wellrohr am Schachtrand (oder Auffangeimer-Rand) befestigt, durch das (oder auf dem) nicht nur Amphibien emporklettern können und sich selbständig befreien können.
Solche und ähnliche Ausstieghilfen werden bereits kommerziell angeboten (http://www.amphibtec.ch) und verdienen insgesamt viel größerer Aufmerksamkeit. Weitere Informationen sind auf der Homepage der „Koordinationsstelle für Amphibien und Reptilienschutz in der Schweiz" (KARCH) nachzulesen (http://www.karch.ch). Ohne Ausstiegshilfen müssen Auffangeimer (sofern vorhanden) zumindest in Wanderzeiten regelmäßig kontrolliert werden, um gefangene Tiere abzusammeln und zu befreien. Die schweren Deckel müssen hierzu herausgehoben werden, wobei spezielle Kanaldeckelheber (Schachthaken) helfen, wie sie z. B. bei Straßenreinigungsbetrieben und Feuerwehren üblich sind.

Extensivierung der Agrarlandschaft

Eine grundlegende Strategie des Amphibienschutzes – und darüber hinaus des Naturschutzes allgemein – wäre eine großflächige Extensivierung der Agrarlandschaft. Das erfordert eine andere Agrarpolitik als die seit Jahrzehnten betriebene. Kleinflächige Programme bieten aber immerhin einen Einstieg, z. B. Feuchtwiesen- und Wiesenbrüterprogramme, von denen auch Amphibien profitieren.
Extensivierung, die im Grunde eine Umkehr der Intensivierung der letzten Jahrzehnte bedeuten würde, umfasst eine Fülle an Einzelmaßnahmen (siehe Kasten). Diese sind für die gesamte Artenvielfalt sehr bedeutsam und könnten zu einer Entschärfung der Gefährdungssituation, wie sie die Roten Listen leider widerspiegeln, maßgeblich beitragen.

Maßnahmen zur Extensivierung der Agrarlandschaft: maßgeblicher Beitrag zum Amphibienschutz

- Umwandlung von Ackerflächen in Dauergrünland, was insbesondere für die Fluss- und Bachauen zu fordern ist; dabei können als Übergangsstadien vorübergehende, sich selbst begrünende Brachflächen auch für Amphibien von Bedeutung sein
- Wiedervernässung von trockengelegtem, ehemals feuchtem Grünland (auch Mooren)
- Reduzierung der Dünger- und Pestizidmengen durch gezielten und sparsameren Einsatz; Aussparen von Gewässerrandbereichen, d. h. „dünger- und pestizidfreie Schutzzonen" von mindestens 5–10 m Breite
- Wo immer möglich Beweidung statt Mahdnutzung des Grünlandes (wobei es aus vegetationskundlich-botanischer Sicht wünschenswert sein kann, die Mahdnutzung in einzelnen Flächen zu bevorzugen); Reduzierung der Viehdichte auf den Weiden, bei Rindereinsatz auf maximal 2–4 Rinder pro Hektar, Gewässerufer auszäunen oder nur teilweise (eventuell zeitweise!) zur Beweidung freigeben; für empfindliche Lebensräume (Auen) werden weniger als ein Rind oder Pferd pro Hektar empfohlen
- Verminderung der Schnitte für Mähwiesen auf 1–2-mal jährlich; bei einer Sommermahd Abklärung und Berücksichtigung der örtlichen Situation in Hinblick auf bedeutende Amphibienbestände (z. B. massenhaftes Abwandern frisch umgewandelter Jungtiere im Juni)
- Wiederherstellung zugeschütteter Kleingewässer an ihren ursprünglichen Standorten
- Amphibien schonende Mahdtechniken (siehe hierzu gesonderte Ausführungen)

Amphibien schonende Mahd

Eine Mahd, die Amphibien und andere Kleintiere völlig verschont, gibt es nicht. Aber es gibt bestimmte Mahdtechniken und Vorgehensweisen, die zumindest schonender für Amphibien sind als andere. Dies sind:

- Verzicht auf Mähaufbereiter
- Einsatz von Balken-Mähwerken anstelle der heute meist üblichen Rotations-Mähwerke (z. B. Scheibenmäher, Kreiselmäher)
- Möglichst wenige Überfahrten bei der Bearbeitung und Nutzung leichter Geräte
- Schnitthöhe mindestens 15 cm
- Mahd der Wiesenflächen von innen nach außen (anstatt umgekehrt) oder in Streifen an einer Seite beginnend, damit Amphibien und andere Kleintiere eine bessere Fluchtchance haben
- Heugewinnung anstatt Silage (bei Ersterer bleibt das Mähgut ein paar Tage liegen und kann von den Amphibien als vorübergehender Schlupfwinkel und Schutz vor starker Sonneneinstrahlung genutzt werden, bei Silage wird das Mähgut oft direkt aufgeladen und abgefahren)
- Ungemähte Randstreifen von mindestens 2–3 m Breite stehen lassen (in mehrjährigem Abstand brauchen diese Streifen allerdings einen Pflegeschnitt)
- Bei größeren Flächen wäre ein Mosaik von gemähten und zeitweilig ungemähten Flächen mit einem zeitlichen Versatz der Mahdzeitpunkte wünschenswert, dadurch sind immer einzelne Teilflächen mit einem gewissen Aufwuchs vorhanden, die als zeitweilige Rückzugsgebiete für Amphibien fungieren können.

Entscheidend für die Umsetzung der vorstehenden Empfehlungen ist die finanzielle und sonstige Unterstützung der Landwirte, um ökologisch sinnvoller wirtschaften zu können. Hier ist die Politik gefordert!

Amphibienschutz im Wald

Ein wichtiger Beitrag zum Amphibienschutz im Wald ist der Erhalt und die Pflege von Waldgewässern. Besonders auf nicht befestigten Forstwegen finden sich **wassergefüllte Wagenspuren** mit bedeutenden Molchbeständen, vor allem von Faden- und Bergmolch. Daneben haben diese Kleinstgewässer große Bedeutung für die Geburtshelferkröte, die Gelbbauchunke und z. T. auch den Feuersalamander.

Für die großen Geräte der modernen Forstwirtschaft sind diese Wagenspurensysteme eher ein Hindernis, die Gefahr des Zuschüttens mit Schotter oder anderen Materialien ist deshalb groß. Hier ist es sehr wichtig, wenigstens einen Teil der Fahrspuren zu erhalten, vorrangig solche auf wenig befahrenen Seitenwegen. Da sich in den Spuren lediglich Stauwasser sammelt, müssen sie von Zeit zu Zeit durchfahren werden, was aber möglichst in den Wintermonaten geschehen sollte.
Mehrere Ziele sollen damit erreicht werden: erneute Bodenverdichtung, Vermeidung des Zuwachsens vom Rande her, Herausschleudern von Falllaub und Sauerstoffanreicherung.

Sehr wichtig ist eine **naturnahe Waldbewirtschaftung**. Aus Sicht des Amphibienschutzes gehören hierzu folgende Maßnahmen:

- Förderung von Misch- und Laubwäldern in den (unteren) Mittelgebirgs- und den Tieflandlagen
- Offenlassen kleiner Lichtungen nach dem Absterben einzelner Bäume; auch eine Kleinkahlschlagswirtschaft kann sehr hilfreich sein, schon offene Flächen von nur einigen hundert Quadratmetern können sehr förderlich sein
- Liegenlassen von Totholz, vor allem von Stücken dickerer Baumstämme (wichtige Tagesverstecke z. B. von Feuersalamandern und Molchen während der Landlebensphase im Sommer); empfohlen werden mindestens 10 m^3 liegendes Totholz pro Hektar
- Verzicht auf Unterhaltungsmaßnahmen an kleinen Fließgewässern im Wald, z. B. wegen der hier lebenden Larven des Feuersalamanders. Es sollte vielmehr stets ein gewisser Totholzanteil im Gewässer bleiben. Hierdurch entstehen Ruhigwasserbereiche, die für Salamanderlarven sehr wichtig sind
- Verzicht auf Entwässerungsmaßnahmen in Waldbereichen, vor allem in bodennassen Wäldern, Erhalt von wasserreichen Erlen- und Birkenbruchwäldern (wichtige Lebensräume für Gras- und Moorfrosch)
- Erhalt und Förderung nährstoffarmer Waldränder und Waldinnensäume an Wegen und auf Lichtungen (z. B. wichtig für Springfrösche)
- Erhalt der letzten Auwälder Mitteleuropas als herausragend amphibienreiche Lebensräume.

Erlebniswelt im Kleinen – Amphibien an Garten- und Schulteichen

Eine gute Möglichkeit, Amphibien unter halbnatürlichen Bedingungen zu beobachten und kennenzulernen, sind Garten- und Schulteiche. Bei geschickter Gestaltung und entsprechenden Ausmaßen (Größe, Tiefe) können diese Gewässer wie natürliche Kleingewässer in der „freien Landschaft" aussehen und eine ähnliche Vielfalt an Pflanzen- und Tierarten vorweisen. Selbst wenn das primäre Motiv für einen Garten- oder Schulteich vielleicht nicht immer der Artenschutz ist, kann man mit ihm dennoch (ganz nebenbei) einen Beitrag dazu leisten.
So fängt man „zwei Fliegen mit einer Klappe". Gerade an Schulen ist der Besuch an einem Gewässer immer eine Auflockerung des sonst leider oft trockenen Unterrichts und sicher mehr als nur eine Stunde wert. Zu entdecken gibt es hier vieles, nicht nur Amphibien, was manches Elternhaus nicht bieten kann.

Naturnahe Gartenteiche

Die Anlage naturnaher Gartenteiche kann ein Beitrag des Einzelnen zur Förderung bestimmter Amphibienarten sein. Dies zeigen z. B. isolierte Restvorkommen von Molchen oder sogar der Geburtshelferkröte inmitten der Städte, die es ohne sie längst nicht mehr gäbe. Meist werden hierdurch allerdings die ohnehin noch häufigeren Arten gefördert, vor allem Grasfrosch, Teichfrosch, Erdkröte und Teichmolch.

Für kleine Gärten eignen sich auch Fertigteiche. Das untere Bild zeigt denselben nach nur 6 Monaten.

Ein Extrembeispiel für die Wichtigkeit und Funktion von Gartenteichen: In dieser und etwa 20 weiteren kleinen „Folien-Pfützen" (je unter 1 m^2) existiert die letzte Population von Gelbbauchunken dieser Region. Nur durch das persönliche Engagement von Joachim Pastors, Sören Hoppe und Neubesitzer Felix Hager auf einem Privatgrundstück konnte sie so erhalten werden.

In Einzelfällen kommen aber auch gefährdete Arten in Gartenteichen vor und pflanzen sich in ihnen fort, z. B. Kammmolch, Laubfrosch und Gelbbauchunke. Entscheidend für die Eignung eines Gartenteichs als amphibienförderndes Gewässer ist dabei die Umgebung (welche Arten kommen hier vor?) und nicht zuletzt die Zielsetzung! Die Fragestellung muss dabei sein, ob man die heimische Fauna unterstützen oder bspw. einen Fischteich einrichten möchte. Denn beides kann in aller Regel nicht zusammen funktionieren, da Amphibienlarven von den meisten Fischarten systematisch weggefressen werden. Dies gilt vor allem für kleinere Wasserflächen, wie sie die typischen Gartenteiche darstellen. Der Besatz mit Fischen ist somit eher eine Gefährdung der heimischen Arten, nebenbei auch von Libellen und vielen anderen, als eine Hilfe.

Wo eine viel befahrene Straße in Gartennähe vorbeiführt, werden sicher auch einige Tiere bei ihren Wanderungen überfahren. Kommen hier aber ohnehin Molche, Frösche oder Kröten vor, kann jede noch so kleine Hilfe auch ein Ausgleich für die vielen Verkehrsopfer bedeuten und einer dadurch bereits gefährdeten Population sogar unter die Arme greifen. Manche Umstände lassen sich also schwer vermeiden, andere hingegen schon mit kleinsten Maßnahmen. Wichtig ist stets eine Ausstiegsmöglichkeit, die über mindestens einen Uferabschnitt gegeben sein muss (steile, ggf. sogar geflieste Ufer sind natürlich zu meiden). Wo genügend geeignete Nischen im Garten zur Verfügung stehen, müssen die meisten Tiere auch nicht zwingend abwandern. Die Gestaltung der Landfläche ist demnach ebenso bedeutend für einen Bestand wie das Reproduktionsgewässer selbst. Förderlich sind u. a. kleine Totholzhaufen, die mit der einhergehenden Moder-Feuchtigkeit gerne als Unterschlupf angenommen werden und selbst unter einer Hecke noch Platz finden können. Auch Natursteinmauern eignen sich als Unterschlupf, sind dazu auch sehr dekorativ! Zudem sollten unbeabsichtigte Fallen vermieden werden, wie sie etwa bodennahe Kellerfenster darstellen können, die oft nur unbedacht offen stehen. In den immer trockener werdenden Sommern bedeuten schon die kleinsten Teiche auch ein Reservat für Amphibien. Denn selbst Arten, die außerhalb der Laichzeit eher zu Land unterwegs sind, finden hier die überlebenswichtige Nässe und suchen solche immer gerne auf. Selbst wo wenig Platz vorhanden ist, helfen z. B. kleine Teichwannen (Fertigteiche), wie sie in jedem Baumarkt erhältlich sind. Für manche Arten wie den Bergmolch reichen oft sogar Eimer oder Speiskübel (Mörtelwannen) als Unterstützung, die mit Wasser gefüllt im Boden versenkt werden. An eine Ausstieghilfe ist dabei aber unbedingt zu denken, denn ohne diese werden sie zu tödlichen Fallen, vor allem für Kleinsäuger! Hierzu können Steine oder Äste dienen, die über den Rand herausragen, oder etwa Jutestoff, der vom Ufer bis ins Wasser ausgelegt wird.

Neu angelegte Gartenteiche werden früher oder später durch Zuwanderung von selbst besiedelt. Das Einsetzen von Amphibien, deren Laich oder Larven ist zu Recht verboten und macht in den allermeisten Fällen auch keinen Sinn. Zunächst einmal setzt es die Entnahme aus anderen Populationen voraus, die ohne eine behördliche Genehmigung nicht erfolgen darf. Eine Umsiedlung geschützter Lebewesen kann nur aus triftigem Grund gestattet werden, der für die Besiedlung eines privaten Teiches schlichtweg nicht gegeben, sondern lediglich dringlichen Artenschutzprojekten vorbehalten ist. Auch gut gemeinte Ansiedlungen haben generell zu unterbleiben, denn sie bedürfen einer Prüfung durch Experten, für dessen Umsetzung deshalb nicht jeder selbst, sondern die Naturschutzbehörden zuständig sind. Des Weiteren ist nicht jede Art auch da erfolgreich, wo man sie sich wünscht. Arten halten sich nur in einem Gebiet, wenn alle Bedingungen passen, also längst nicht nur das potenzielle Kleingewässer. Bei dem verständlichen Wunsch nach Amphibien im eigenen Garten bedarf es etwas Geduld und wie bereits angeführt, auch der richtigen Gestaltung. Dann aber ist es sicher nur eine Frage von

Monaten, bis sich die ersten Tiere aus der Umgebung von selbst einfinden und das Grundstück erfolgreich besiedeln. In jüngster Zeit verbreiten sich zudem Amphibienkrankheiten (Hautpilzerkrankungen), was durch jede Umsiedlung aus anderen Biotopen noch forciert werden kann.

Gestaltung des Gartenteichs

Bei der **Gestaltung des Gartenteichs** sind grundsätzlich ähnliche Gesichtspunkte zu empfehlen wie bei Kleingewässern in der freien Landschaft. Aber es gibt auch deutliche Unterschiede.

Größe: Naturnahe Gartenteiche sollten im Allgemeinen zumindest 20–50 m^2 Wasseroberfläche aufweisen. Aber auch in kleineren Teichen können Amphibien leben.

Tiefe: Im Querschnitt sollte ein Stockwerkbau realisiert werden: flache Uferregion, zentraler Tiefenteil, Letzterer sollte etwa ein Drittel bis die Hälfte der Wasseroberfläche ausmachen. Grasfrösche überwintern z. B. unter Wasser. Deshalb sollte die tiefste Stelle nicht weniger als einem Meter betragen, damit sie der Frost nicht erreicht und auch bei zugefrorener Oberfläche genügend Sauerstoff verbleibt.

Wasserhaltung: Diese ist meist nur durch eine künstliche Abdichtung gewährleistet, z. B. mittels Teichfolie (in Gartencentern erhältlich). Modern sind derzeit "leider" angeblich wasserdichte Naturteiche mit einem Ton-Fundament. Sie haben sich aber in der Praxis als nicht beständig herausgestellt, sodass Kosten und Mühe hier in aller Regel vergebens sind. Nehmen Sie lieber Abstand von kostspieligen Experimenten mit Ton-Abdichtungen, die für die Anlage von Gartenteichen meist nicht geeignet sind!

Wasserspeisung: Möglichst mit Regenwasser, das in Regentonnen gesammelt und bevorratet wird.

Bepflanzung: Nur punktuell vornehmen, möglichst mit einheimischen Wasser- und Sumpfpflanzen aus einem guten Fachgeschäft, das sich auf heimische Pflanzen spezialisiert hat. Entnehmen Sie keine Pflanzen aus anderen Teichen, denn auch damit können unerwünschte Tierseuchen verschleppt werden.

Tiere: Keine Tiere einbringen! Die Besiedlung mit Tieren findet entsprechend der Lage des Gartens, dem Umfeld und den Ausbreitungsmöglichkeiten der Tierarten von allein statt. Man muss sich in Geduld üben! Eine schöne Aufgabe ist es, Buch zu führen und die selbstständige Besiedlung so auch langfristig zu dokumentieren.

Im Einzelnen muss auf die entsprechende Fachliteratur verwiesen werden, die sich mit Naturgärten und Naturteichen auseinandersetzt. Wenig hilfreich sind ältere, meist längst überholte Gartenteich-Bücher, in denen es mehr um Zierpflanzen als den Naturhaushalt geht.

Der optische und biologische Wert eines Gartenteichs hängt auch von der Einbettung in den Garten ab und damit von der Gestaltung des Gartens. Ein insgesamt naturnah angelegter Garten bietet den Amphibien auch Lebensräume nach dem Wasseraufenthalt. Hierzu gehören z. B. Wiesenflächen mit "echten" Wildblumen, die weniger vom Gartencenter als darauf spezialisierten Züchtern angeboten werden. Daran erfreuen sich nicht nur Honigbienen, sondern vielmehr auch Wildbienen und andere Insekten, die die Nahrungsgrundlage unserer Amphibien bilden. Stein- und Totholzhaufen können als feuchte Tagesverstecke und frostfreie Winterquartiere dienen.

Neuerdings immer beliebter werden sogenannte Schwimmteiche. Eine gelungene Kombination aus Naturteich und Swimmingpool.

Niedrige Mauern (bestenfalls unverfugt) sind für Amphibien kein Hindernis, bieten sogar Verstecke und bereichern die Optik eines Gartenteichs.

Beobachtungen

Die Beobachtungsmöglichkeiten von Amphibien am Gartenteich werden durch viele Faktoren bestimmt. Meist lassen sich zumindest Wasserfrösche und Molche gut beobachten, da sich diese aufgrund ihrer Wanderfreudigkeit früher oder später einfinden. Rührend schildert W. von Sanden-Guja die ausgeprägte Ortstreue eines Wasserfrosches, der sich als Halbwüchsiger in seinem neu angelegten kleinen Gartenteich (von 4 x 2,5 m Oberfläche bei 80–90 cm Wassertiefe) eingefunden hatte. Dieses Tier blieb Jahre an seinem Gewässer und überwinterte regelmäßig in dem Teich. Mit Erreichen der Geschlechtsreife wanderte der Frosch zur Paarungszeit für einige Zeit ab (offenbar zu einem etwa 700 m entfernt liegenden See, dem in Niedersachsen liegenden Dümmer), um danach wieder zum Gartenteich zurückzukehren. Auch als der Gartenteichbesitzer den Wasserfrosch umsiedelte und ihn zum See brachte, kehrte er einige Tage später wieder zurück.

Außer Wasserfröschen können sich auch Erdkröten und Grasfrösche in Gartenteichen einstellen, manchmal sogar Laubfrösche. Ein Beispiel: Im Bergischen Land existiert ein isoliertes Restvorkommen der Gelbbauchunke nur noch aufgrund der Anlage von Mini-Folienteichen auf einem privaten Grundstück. Einzig dank der Pflege und ständigen Neuanlage der größtenteils weniger als 1 m^2 kleinen Pfützen durch den Besitzer der Fläche kann sich die Art hier halten. Dies unterstreicht die Bedeutung selbst kleinster Gewässer, die oft ausreichen, um Populationen stabil zu halten. Weitere Profiteure der Biotop-Pflege sind hier außerdem Bergmolch, Teichmolch, Fadenmolch, Kammmolch, Grasfrosch und letzten Endes hier auch die Barrenringelnatter (*Natrix helvetica*) als natürlicher Feind genannter Arten. Auch in den aufgelockerten Außenbezirken der Stadt Wien bilden naturnahe Gartenteiche die wichtigsten Laichgewässer für den Laubfrosch. Weitere Amphibienarten, die in dortigen Gartenteichen beobachtet wurden, sind Alpen-Kammmolch, Donau-Kammmolch, Teichmolch, Gelbbauchunke, Wechselkröte, Springfrosch, Grasfrosch und Wasserfrösche.

Schulteiche

Im Prinzip gelten die vorstehend gebrachten Tipps auch für Schulteiche und Lehrgewässer in Schulbiologischen Zentren. Es gibt aber deutliche Modifizierungen, die mit der pädagogischen Funktion der Gewässer zusammenhängen. Gartenteiche sind meist recht klein (Wasseroberfläche selten mehr als 40 m^2) und gut überschaubar. Sie könnten schon von daher eine stärkere und regelmäßige Frequentierung durch Schüler nicht verkraften (Trittbelastung, Aufwühlen von Bodengrund, Durchwühlen der Vegetation etc.). Deshalb sind an Schul- und andere Lehrgewässer folgende Anforderungen zu stellen:

- Die Größe sollte mindestens 100, besser 200–300 m^2 betragen. Wo dieser Platz nicht zur Verfügung steht, ist die Anlage mehrerer kleiner Teiche im Sinne eines Verbundes (Ökosystems) eine denkbare Alternative.
- Man sollte möglichst eine natürliche Wasserhaltung und -speisung anstreben, wo immer das möglich erscheint. Anderenfalls muss zur Abdichtung auf Folien zurückgegriffen werden, über die eine hohe und dadurch trittfeste Schicht aus Ton oder Kies eingebracht werden kann. Leider ist auch hier Vandalismus nie auszuschließen. Ein einziger Stich in die Folie kann solche Projekte schon zunichtemachen. Deshalb sollte ggf. auch über ein Betonfundament über der Folie nachgedacht werden, die mit Kies überdeckt kaschiert werden kann.
- Der Zugang sollte nur von einer bestimmten Seite möglich sein (max. 30-50 % des Ufers), sodass trotz Betreten des Teichgeländes immer eine Ruhezone erhalten bleibt. Dies ist erfahrungsgemäß am besten durch Einzäunung umsetzbar. Durch die klare Trennung kann dieser Teil bedenkenlos als „Erlebnis- und Unterrichtszone“ genutzt werden.
- Sinnvoll können zur Befestigung der zugänglichen Ufer auch Holzstege sein, die

Stege führen zum Inneren des Teiches, sodass auch die tieferen Bereiche des Gewässers eingesehen werden können (Naturschutzzentrum Wilhelmsdorf am Pfrunger-Burgweiler Ried).

NABU Kindergruppe an der befestigten Uferseite des kleinen Schulungsteiches in einem öffentlich zugänglichen Gartenprojekt (Utopiastadt, Wuppertal).

ggf. auch tiefer zur Teichmitte reichen, oder (ähnlich einer Brücke) sogar mitten durch den Teich. Das schont den Uferbereich und ermöglicht den Schülern ein Arbeiten unmittelbar am Ufer, ohne feuchte oder gar nasse Füße zu bekommen und, je nach landschaftlicher Einbindung des Teichs, ohne ständig Gummistiefel tragen zu müssen.

Die uferparallele Ausrichtung des Stegs gegenüber einer senkrecht zum Ufer ins Gewässer vorstoßenden (wie bei Boots- und Angelstegen üblich) hat zwei Vorteile: Zum einen ermöglicht diese Ausrichtung allen Schülern gleiche Eindrücke von Gewässer und Lebewelt; zum anderen ist gerade für Grundschulkinder ein Steg mit Sicherheitsrisiken verbunden, vor allem wenn das Gewässer zum Zentrum hin tiefer wird. Dem gegenüber stehen Stege oder Brücken, die auch

Der Holzsteg ist hier am Ufer des Teiches installiert worden, was optimales Arbeiten und Beobachten ermöglicht.

in den tieferen Bereich blicken lassen. Zum Festhalten können ein- oder beidseitig Geländer befestigt werden. Allerdings ist es Kindern durchaus zuzutrauen, nicht unbeabsichtigt ins Wasser zu fallen! Es versteht sich von selbst, dass Schulteiche keine Tiefe erreichen sollten, in denen ein Ertrinken überhaupt möglich wäre. Dennoch sind gesetzliche Sicherheitsbestimmungen einzuhalten, die übrigens auch für "private" Gartenteiche gelten. Schon etwas tiefere Teiche dürfen demnach nicht ohne Aufsicht begehbar sein, was eine Umzäunung der Anlage unabdinglich macht. Dies aber schont den Lebensraum ohnehin auch außerhalb der Unterrichtsstunden und verhindert Missbrauch (z. B. Schlittschuhfahren im Winter) oder Vandalismus.

Der Nutzung eines einzigen Lehrgewässers sind Grenzen gesetzt, vor allem wenn in der warmen und interessanten Saison (März bis Oktober) außerhalb der Ferien jede Woche mehrere Schulklassen oder Kurse an diesem arbeiten. Ist das Gewässer groß, z. B. über 100 m^2, kann man zwei oder drei „Unterrichtszonen" einrichten und von Zeit zu Zeit zwischen diesen wechseln. Besser ist die Anlage von zwei Lehrgewässern. Eines wird ein Jahr lang genutzt, das andere strikt geschont; im darauf folgenden Jahr kann sich das erste Lehrgewässer regenerieren, und das zweite Gewässer wird genutzt.

Aufgaben und Beobachtungen

Eine gute Aufgabe und Übung ist es, zunächst das Wohngewässer der zu untersuchenden Amphibien zu beschreiben. Beobachtungsgabe und Schätzvermögen können hierbei geschult werden. Der Tiefgang hängt von der jeweiligen Klasse bzw. Jahrgangsstufe ab.

Zu den Aufgaben sollten z. B. gehören:

- Eine Umrissskizzierung (Gestalt) und Vermessung des Gewässers (Länge, Breite; zunächst schätzen, dann abschreiten, noch besser vermessen mittels Bandmaß)
- Schätzung der Tiefe des Gewässers und anschließend Tiefenmessung mittels Lot (schon bei Gewässern ab einem Meter Tiefe stellt man fest, dass es sehr schwer ist, diese zu schätzen; das gilt vor allem, wenn man den Grund nicht sehen kann)
- Skizzierung der Vegetation in Aufsicht und anhand eines charakteristischen Profils

Amphibien eignen sich für Naturbeobachtungen sehr gut. Geeignete Beispiele sind:

- Ansprache und Unterscheidung der Arten (siehe hierzu Artporträts)
- Verhaltensbeobachtungen an Wasserfröschen: Fluchtverhalten, Beutefang, Sich-Sonnen, Paarungsrufe (Ausstülpen der Schallblasen, Einzelrufer, Chorrufen), Paarungsverhalten (Anschwimmen und Anspringen von Artgenossen, Verklammerung der Paare, in günstigen Fällen auch Laichabgabe)
- Verhaltensbeobachtungen an Erdkröten und Grasfröschen während der eingeschränkten Paarungszeit im Frühjahr. Darüber hinaus Balz und Nahrungsaufnahme von Molchen, die auch über einen längeren Zeitraum möglich sind.
- Entwicklung von Laich und Larven aller vorkommenden Arten; ggf. auch mit entsprechender Genehmigung im Schulaquarium (Klassenzimmer)

In kleine Aquarien gesetzte Tiere lassen sich vor Ort beobachten und gleich danach wieder aussetzen. Schon die Einrichtung der Becken macht Kindern Spaß!

Keschern ist besonders für junge Menschen immer ein Erlebnis. Neben Amphibien lassen sich unzählige andere Tiere entdecken, die ebenso faszinieren können.

Auch am Teichrand lohnt die Suche nach Amphibien. Unter zuvor ausgelegten Totholz-Stämmen verbergen sich nicht nur diese, sondern auch Ringelnattern, Blindschleichen oder auch interessante Käfer.

Beobachtungsmöglichkeiten

Mit dem **Fernglas** lassen sich auch scheuere Arten (z. B. Wasserfrösche) störungsfrei beobachten.

Sehr nützlich sind **kleine Aquarien**, die man auf einem feststehenden Tisch in Nachbarschaft zum Schulteich aufbaut und zu Beginn der Unterrichtsstunde vorsichtig (ohne Schlamm aufzuwirbeln) zu zwei Dritteln mit Teichwasser füllt. Außerdem werden einige wenige Unterwasserpflanzen ins Aquarium gegeben, die als Halt für Molche dienen. Molche und Amphibienlarven lassen sich darin dann gut von der Seite betrachten und beobachten. Die Bestimmungsmerkmale können gut besprochen werden. Nach Beendigung der Stunde bitte immer alles (Wasser, Tiere, Pflanzen) in den Teich zurückgeben!

Für ein näheres Betrachten der Larven eignen sich sehr gut sog. **Becherlupen** (auch Lupendosen genannt). Es handelt sich hierbei um tassengroße zylinderförmige Gefäße mit fest installierter Lupe im Deckel und einer Maßeinrichtung im Boden (Bezugsquellen s. S. 244).

Es ist immer ein Erlebnis für Kinder (aber auch Erwachsene!), Amphibien in die Hand zu nehmen, z. B. unverpaarte Erdkrötenmännchen auf der Suche nach einem Weibchen zur Laichzeit. Man braucht ihnen nur den Daumen oder zwei Finger hinhalten, und die Tiere umklammern diese hartnäckig. Solche unmittelbaren Erlebnisse bleiben lange in Erinnerung und bilden einen wertvollen Teil der Erfahrungswelt junger Menschen. Letztlich kommt es darauf an, Verständnis und Wertschätzung für die Natur zu entwickeln. Das unmittelbare „Erleben mit allen Sinnen" ist ein ausgezeichneter Ansatz, um dies zu erreichen.

Wenn kein Aquarium zur Hand ist, reichen auch Eimer und Wasserglas, um Kaulquappen, Molchlarven oder andere Kleintiere von ganz nahe zu betrachten.

Es sei nochmals darauf hingewiesen, dass man sich nach dem Anfassen von Lurchen die Hände gut abwäscht. Hierzu sollte ein größerer Eimer (oder mehrere kleine) mit Wasser bereitgehalten werden, das man nach dem Unterricht außerhalb des Teiches wegschütten sollte. Um die Ausbreitung von möglichen Tierseuchen (Bd, Bsal, Ranaviren...) zu minimieren, gilt es leider schon bei Kindern, sie möglichst früh auf diese Gefahren hinzuweisen. So macht es durchaus Sinn, Hände und Schuhwerk nach jeder Exkursion zu desinfizieren (70 % Ethanol mittels Zerstäuber an Schuhsohlen und Hände sprühen – auch Materialien wie Aquarien und Kescher müssen behandelt werden!). Vorsorge und Achtsamkeit gehören letztendlich ebenso zu pädagogischen Mitteln und so können die Erwachsenen von morgen auch nicht früh genug für dieses tragische Thema sensibilisiert werden.

Umweltbildungseinrichtungen

Nicht jede Schule hat ein geeignetes Gelände, um einen Schulteich anzulegen. Erfreulicherweise gibt es aus diesem und anderen Gründen eine in den letzten 20 Jahren stark angestiegene Zahl außerschulischer Umweltbildungseinrichtungen (Schulbiologiezentren, Naturschutzstationen etc.), in deren Veranstaltungsangeboten neben vielen anderen Themen auch Amphibien spezieller behandelt oder doch zumindest integriert sind. Die Umweltzentrendatenbank der „Arbeitsgemeinschaft Natur- und Umweltbildung e.V." bringt für Deutschland Angaben zu 1000 derartiger Einrichtungen (www.umweltbildung.de)!

Diese Institutionen gilt es zu nutzen, von Kindergärten, Schulen, Vereinen und schlichtweg von jedermann. Oft haben die Einrichtungen eigene Gelände mit Teichen, Weihern und Tümpeln, an denen Amphibien beobachtet werden können und in denen auch manchmal spezielle Veranstaltungen zum Thema „Heimische Amphibien" durchgeführt werden. Biologische Stationen führen Exkursionen und andere Veranstaltungen durch. Nebenbei besteht hier gewöhnlich auch die Möglichkeit eines Schülerpraktikums oder eines Freiwilligendienstes (FÖJ) nach Beendigung der Schul- oder Studienzeit!

Nachfolgend wird exemplarisch die amphibienbezogene Arbeit einer österreichischen Einrichtung vorgestellt.

Umweltpädagogisches Fallbeispiel: Der Ansatz der Auring-Schule

Das Projekt **Kröten machen Schule der Auring-Schule** in Hohenau an der March/Niederösterreich will Begeisterung und Interesse für Amphibien und ihre Lebensräume wecken sowie Vorurteile abbauen.

Eine Amphibienschutzanlage bietet geführten Gruppen die Chance, Lurche hautnah zu erleben. Gut sichtbare Kleingewässer und eine unmittelbar angrenzende Straße verdeutlichen Zusammenhänge und damit die Gefahren, denen die Tiere bei der Laichwanderung ausgesetzt sind. Gleichzeitig wird die Notwendigkeit ihres Schutzes wirkungsvoll demonstriert, unterstützt durch eine altersgemäße Aufbereitung des Themas. Diese kann spielerisch erfolgen – die Einrichtung hält eine große Auswahl an Demonstrationsmaterialien, Rätseln und Aktionen vor. Ausgesprochen beliebt ist die praktische Handhabung wie das Kontrollieren einiger „Schau-Eimer" am Krötenzaun. Denn erst anschauliche Erfahrungen und persönliche Erlebnisse wie das im wahrsten Sinne des Wortes „Begreifen" ermöglichen eine nachhaltige Sensibilisierung. Mit ihren neuen Erkenntnissen werden diese

Kinder erleben Natur nur, wenn man Ihnen auch die Möglichkeit dazu bietet! Hier die kleine Mathilda Schulz auf einer DGHT-Exkursion mit einem Laubfrosch.

Kinder die Situation vor der eigenen „Haustür" (hoffentlich) viel aufmerksamer betrachten und damit unbewusst als Multiplikatoren in einem weiten Umfeld wirken können. Mit ihrer offensichtlichen Begeisterung werben sie hervorragend für die Amphibien und deren Schutz.

Helle Freude rufen die Kletterfähigkeit und Tarnung der Laubfrösche hervor. Und wer selbst einmal die Grabversuche einer Knoblauchkröte auf der Hand gespürt hat, vergisst das nicht! Fasziniert sind Groß und Klein auch von den Molchen, die eben keine Eidechsen sind. Und überhaupt die Augen der Rotbauchunke: „Schau mir in die Augen, Kleines" – Wer kann diesen kleinen Herzen widerstehen?!

Da im Umfeld der Auring-Schule die Knoblauchkröte häufig ist, spielt sie eine große Rolle in der pädagogischen Arbeit.

Vorschläge zur Vertiefung des Themas „Gefährdung der Knoblauchkröten-Lebensräume":

- Oftmals zerschneiden Straßen den Lebensraumverbund der Amphibien. Viele Tiere werden beim Versuch überfahren, die Verkehrswege zu überqueren. Welche Möglichkeiten gibt es, die Autofahrer aufmerksam zu machen? Gestaltet ein neues Verkehrsschild, das auf eine Krötenwanderung und die nötige Vorsicht hinweist!

- Die Knoblauchkröte ist eine streng geschützte Art, dennoch wird ihr Bestand in Österreich als „stark gefährdet" eingestuft. Warum? Wie könnten Zeitungsschlagzeilen aussehen, die sich mit dieser Problematik auseinandersetzen?
- Gestaltet ein Rollenspiel mit den Betroffenen eines geplanten Straßenbauprojektes, das mitten durch den Biotopverbund von Knoblauchkröten führen soll!

Kindern im Alter von 5–10 Jahren wird das Verwandlungsspiel **„Sei (k)ein Frosch"** empfohlen. Als Zeichen für die Aufnahme in den Kreis der „Wasserplatscher" erhalten die Kinder eine von Umweltpädagogen gebastelte Froschkappe, die wie ein Sonnenschutz getragen wird. Dabei ist es nicht wichtig, tatsächlich wie ein Lurch auszusehen; entscheidend ist die Nachahmung der wirklich auffälligen Körperteile wie die markanten Augen. Nun durchleben die Kinder am eigenen Leib ein Lurchjahr. Dazu gehört das Aufsuchen eines Winterquartiers oder das erfolgreiche Fliegenfangen. Zudem gilt es eine Straße zu überqueren, ohne von den gefährlichen Autoreifen, die von den Spielleitern auf einem Feldweg in beide Fahrtrichtungen gerollt werden, getroffen zu werden. Um die Schwierigkeit zu unterstreichen, müssen die Schüler wie die Frösche hüpfen, teilweise erschwerend mit Schwimmflossen ausgestattet. Warum nehmen die Lurche überhaupt diesen gefährlichen Weg? Was macht ein Frosch, wenn plötzlich „sein" Tümpel verschwunden, sprich zugeschüttet, ist?

Exkursion in einen aktiv betriebenen Steinbruch mit einer Jugendgruppe des BUND zu den hier lebenden Kreuzkröten. Wünschenswert wären solche Ausflüge aber auch für Schulklassen, damit nicht nur ohnehin schon interessierte Kinder den Einblick in die heimische Fauna erleben können.

Umweltbildung

Wenn wir Amphibien schützen wollen, führt kein Weg an Umweltbildung vorbei. Einerseits ist Naturschutz die soziale Herausforderung und Verantwortung gegenüber der kommenden Generation, auf der anderen Seite müssen wir die Weichen für die nächste legen. Das beginnt natürlich schon im Elternhaus, endet aber nicht in Kindergarten und der Grundschule, sondern muss auch in weiterführenden Schulen und den Universitäten einen deutlich höheren Stellenwert gewinnen. Solange Salamander gemeinhin als „Eidechsen" bezeichnet werden und manch Jugendlicher mehr Fußballspieler beim Namen kennt als heimische Singvögel (geschweige denn Lurche), läuft aktuell ganz offensichtlich noch etwas gehörig schief. Auch darf sich (der aktuellen Klimadebatte zum Trotz) der Natur- und Artenschutz nicht mehr oder weniger ausschließlich auf den Erhalt oder die Neupflanzung von Wäldern konzentrieren, denn die wirklich seltenen Arten finden wir (nicht nur unter den Lurchen) vielmehr im „Offenland". Und so löblich wie notwendig es ist, die Erdkröten während der Wanderungen über eine Straße zu tragen, so sträflich wird der Schutz anderer Arten leider oft vernachlässigt, die ein ähnliches Engagement aber noch viel nötiger hätten.

Die Grundlage für den Artenschutz ist daher eine möglichst umfangreiche Kenntnis über unsere heimischen Organismen (Tiere & Pflanzen) und im Besonderen deren Verhalten und Lebensraumansprüche – also der „Ökologie". Schnell stellen wir dann fest, dass Schutz nicht einzig über ein paar „gut gemeinte" Aktionen gelingt, sondern deutlich komplexer ist und somit viel umfangreicherer Maßnahmen bedarf.

In den vorangegangenen Kapiteln wurde einiges bereits exemplarisch aufgezeichnet: Ein Gartenteich hilft Amphibien nicht, wenn Goldfische darin schwimmen, der Rasen ringsherum nahezu täglich gemäht wird oder große Seerosenblätter die gesamte Oberfläche beschatten. Als Naturschutzmaßnahme hilft ein großer, tiefer Teich mit üppiger Vegetation zwar bspw. dem Kammmolch, aber eben nicht der Kreuzkröte, die in flachen, vegetationsarmen Pfützen laicht. So muss die Planung und Gestaltung eines Lebensraumes sich eben nach den Ansprüchen der vorkommenden Arten richten, nicht anders herum und erst recht nicht „vorrangig" nach unserem ästhetischen Empfinden. Denn selbst Betonteiche, Radspuren oder Schlammpfützen sind für Gelbbauchunke, Kreuzkröte oder Wechselkröte eben besser geeignet als ein „hübscher" Teich mit Schilfzone, Rohrkolben und Schwimmblattpflanzen.

Es mag ein frommer Wunsch sein, aber hinsichtlich der rapiden Veränderungen unserer Zeit ist es vielleicht auch eine mehr als dringende Empfehlung, ein neues Pflichtfach an allen Schulen zu etablieren, das sich genau damit befasst. Denn „Ökologie" befasst sich nicht alleine mit Artenkenntnis, sondern insgesamt dem Umgang mit unserer Umwelt. Dieser beginnt mit dem eigenen Verhalten („bewusster" Einkauf, Müllvermeidung, Energieverbrauch, Umweltverschmutzung …) und wird leider längst nicht durch jedes Elternhaus vermittelt. Einen ersten Schritt in diese Richtung könnte die Bildungskampagne „BNE" (Bildung für nachhaltige Entwicklung) bedeuten, die allerdings noch in der Entwicklungsphase steckt.

Trotz zunehmender Herausforderungen der Schulen (Stichwort Lehrermangel, große und zunehmend heterogene Klassen, marode Schulgebäude usw.) leisten viele von ihnen hervorragende Bildungsarbeit zum Thema Artenkenntnis. Dies ist in den Einzelfällen aber ganz und gar dem Engagement einzelner Pädagogen zu verdanken, nicht etwa den eigentlich zuständigen behördlich übergeordneten Stellen, die eine der Zeit und den Gegebenheiten angemessene Bildung (Stichwort: „Artensterben") sträflich vernachlässigen.

Natürlich macht den Kindern und Jugendlichen

das Lernen auch mehr Freude und ist somit auch effektiver, wenn es praxisbezogen ist und nicht ausschließlich in geschlossenen Räumen stattfindet. Wo ist Biologie (Ökologie) besser zu begreifen, wenn nicht am eigenen Schulteich oder auf Exkursionen?
Wasser und Tiere faszinieren eigentlich jeden von uns, ob groß oder klein. Ein noch so kleiner Teich kann schon Inspiration genug sein, um das Interesse der Mädchen und Jungen tendenziell in eine Richtung zu lenken, die der Welle vom digitalen Zeitvertreib wie Computerspielen zumindest eine Alternative aufzeigt.

Dafür muss also zunächst eine Infrastruktur geschaffen werden, die selbstverständlich nicht überall gleich ins Werk gesetzt werden kann. Daher ist die Gestaltung des Naturkundeunterrichts in Anlehnung an die geltenden Lehrpläne und Schulcurricula bedingungslos der Fantasie der Lehrkräfte unterworfen, für die ihnen dann auch (während der Arbeitszeit) ein entsprechender Freiraum gewährt werden muss. Dass Schulen im Ballungsraum von Großstädten selten auch Platz für einen Teich auf dem Hof haben, steht außer Frage. Vielerorts ist aber schon die Anlage von kleinen „Biotopen" auf dem Schulgelände möglich und etliche Beispiele belegen dies auch. Alternativ kann nahezu überall zumindest ein „Terrarien-Raum" oder mindestens ein Schaubecken im Biologie-Raum Möglichkeit bieten, die Biologie der Amphibien anschaulicher zu vermitteln, als nur aus einen Buch. Zudem fördern deutlich mehr Ausflüge in entsprechende Einrichtungen (Tierparks, Biostationen...) oder einfach in die Natur, die Bereitschaft der jungen Menschen, sich überhaupt für Pflanzen und Tiere zu interessieren. Wettzumachen sind dabei die teils eingeschränkten Möglichkeiten, manchmal leider auch der mangelnde Wille im jeweiligen Elternhaus, die gemeinsame Freizeit „draußen" zu gestalten. Hier sind dann also Kindergärten, Schulen und zuletzt auch Universitäten gefragt, um Ausgleich zu schaffen! Insbesondere sind hier auch die Hochschulen gefragt, an denen die Lehrkräfte ausgebildet werden. Denn es sind neben außerschulischen Bildungseinrichtungen vor allem die zukünftigen Lehrer, die es als Bildungsmultiplikator in der Hand haben, kommende Generationen für unsere Natur und somit auch die Welt der Amphibien zu sensibilisieren.

Entscheidend ist auch die Gestaltung von Freiflächen, z. B. auf Schulhöfen. Hier könnte alles Mögliche stehen, oder aber in diesem Fall ein Schulteich – sei er noch so klein.

Beobachtungen festhalten – Erfassen und Kartieren von Amphibien

Man kann Amphibien beobachten und sich an ihnen erfreuen, ohne irgendeinen fachlichen Anspruch zu erheben. Diese „elementare", aber wichtige Annäherung an eine faszinierende Tiergruppe sollte man sich nie nehmen lassen.

Einen Schritt weiter geht man, wenn man beginnt, eine Art wiederholt zu beobachten, vielleicht über eine ganze Saison hinweg und dabei seine Beobachtungen festhält. Eventuell lassen sich Erlebnisse und Ergebnisse auch veröffentlichen, sei es auf der eigenen Website oder in sozialen Medien. Es sei hier auf ein Büchlein von Walter von Sanden-Guya („Mein Teich und der Frosch") hingewiesen, in dem der Autor auf mitnehmende, manchmal amüsante, manchmal fast betroffen machende Weise seine Erlebnisse mit einem einzelnen Teichfrosch schildert, der an seinem Gartenteich lebte.
Schließlich gibt es die wirklich anspruchsvolle Beschäftigung mit den Amphibien. Beispiele sind:

- Realisierung von Unterrichtseinheiten im Rahmen des Schulunterrichts
- Durchführung von Hochschulveranstaltungen, z. B. Geländepraktika, Exkursionen
- Erarbeitung von Stellungnahmen zu geplanten Eingriffen in Natur und Landschaft, wie etwa bei einer Straßenbaumaßnahme durch Naturschutzverbände, Planungsbüros, Biologische Institute oder Fachbehörden
- Erfassung und Bewertung des sog. Erhaltungszustandes von Amphibien der Anhänge II und IV der „Fauna-Flora-Habitat-Richtlinie" (FFH-RL) der Europäischen Union.
- Spezielle wissenschaftliche Studien über Arten, Artengemeinschaften und Lebensräume im Rahmen von Examensarbeiten (Diplom-, Master-, Doktorarbeiten) oder sonstiger Forschungsaktivitäten

Mittlerweile existieren bereits einzelne Fachbücher, in denen Geländemethoden zur Untersuchung von Amphibien, ihrer Populationen und Lebensräume zusammenstellt wurden. Solche richten sich aber in erster Linie an Biologen, die sich entweder beruflich oder zumindest sehr intensiv mit Amphibien befassen. Da zudem immer weiter an Erfassungsmethoden gearbeitet wird, werden aktualisierte und neue Veröffentlichungen dauerhaft folgen. Sie sind aber der nicht Schwerpunkt des vorliegenden Buches und könnten aufgrund der Fülle hier niemals vollständig behandelt werden.
Nachfolgend wird deshalb nur eine einführende und somit kurze Darstellung elementarer Methoden gegeben, die allgemein gebräuchlich sind.

Unersetzbar – die unmittelbare Beobachtung

Durch nichts zu ersetzen ist die unmittelbare Beobachtung der Amphibien. Diese und – bei den Froschlurchen – das Verhören der Rufe sind zweifelsohne beeindruckend. Meist benötigt man keine technischen Hilfsmittel, aber sehr nützlich ist bei bestimmten Beobachtungen ein Fernglas. Unentbehrlich ist dagegen eine gute Taschenlampe, da viele Aktivitäten vorwiegend nach Sonnenuntergang zu beobachten sind.

Wichtig beim Beobachten ist eine gewisse Ausdauer. Nur wenn man Ruhe und Muße hat, d. h. eben vor allem genügend Zeit, kommt man zu repräsentativen Ergebnissen. Schon die Annäherung an ein Gewässer beginnt damit, dass man ruhig und vorsichtig auf dieses zugeht. Bei ungestümer Annäherung springen gleich zahlreiche Froschlurche ins Wasser und suchen das Weite.

Zu beachten sind die **Zutrittsmöglichkeiten zu einem Gewässer.** Am eigenen Gartenteich, am Schulweiher, dem Lehrgewässer eines Biologiezentrums oder einer anderen Umweltbildungseinrichtung ist das noch ohne Formalitäten möglich. Für den Zutritt zu einem Naturschutzgebiet (NSG) dagegen benötigt man oft eine Genehmigung der zuständigen Behörde, außer man bewegt sich nur auf öffentlich zugänglichen Wegen. Manche NSG sind allerdings während der Frühjahrsmonate gesperrt, meist aus Vogelschutzgründen (Brutzeit).
Aber auch außerhalb von geschützten Gebieten gilt es selbstverständlich zu prüfen, ob es sich um ein privates oder sogar betriebliches Gelände handelt. Wer Eigentümer höflich um Erlaubnis fragt, bekommt in aller Regel auch eine freundliche Antwort statt unnötigem Ärger, der sonst folgen kann.

Wenn man anfängt, sich mit Amphibien zu beschäftigen, sollte man möglichst unvoreingenommen beobachten.
Wenig konstruktiv ist es dabei, nur vorab schon Gelesenes zu suchen oder bestätigen zu wollen. Dadurch verliert man schnell den Blick für Neues, Interessantes und Überraschendes.
Lassen Sie sich stattdessen eher mitnehmen und von dem begeistern, was Sie selbst erleben! Ganz besonders Schüler und Studenten sollten sich stets Notizen machen, die sich irgendwann noch als wertvoll erweisen könnten. Die oft nicht leichte Interpretation des gesehenen kann auch später noch erfolgen. Genaue Beobachtung und sorgfältiges Beschreiben sind die Grundlage jeder naturwissenschaftlichen Arbeit.

Manche Amphibien (z. B. Wasserfrösche, Moorfrösche...) sind recht scheu und störanfällig. Man sollte sie deshalb möglichst wenig stören! Wenn man ihr Verhalten studieren möchte, hilft ein Fernglas mit mittlerer Vergrößerung (z. B. 7 x 42, 8 x 40, eventuell 8 x 30). Viele Arten entfalten nachts ihre Hauptaktivitäten. Die Taschenlampe hilft, die Tiere zu beobachten. **Aber:** Man sollte sie dabei nie zu lange anleuchten, eher kurz zur Orientierung und im entscheidenden Moment dann etwas länger zur unmittelbaren Beobachtung. Beeindruckend sind rufende Männchen von Laubfrosch und Kreuzkröte, die nachts im flachen Wasser sitzen und ihre kehlständige Schallblase mächtig auftreiben, begleitet von fast ohrenbetäubendem „Lärm". Wichtig ist, sich ruhig zu verhalten und langsam zu bewegen. Vor allem Laubfrösche verstummen bei Störungen schnell und verbergen sich.

Dr. Jörg Plötner beim Erfassen von Wasserfrosch-Larven. Eine Wathose erlaubt es dem Biologen, notfalls auch in tiefe Bereiche vorzudringen.

Amphibienexperte Andreas Nöllert beim Beobachten der Teichfauna. Immer dabei ist ein langstieliger Kescher, nur für den Fall der Fälle.

An Gewässern mit klarem Wasser und flachen Ufern lassen sich Molche nachts besonders gut beobachten. Tagsüber halten sie sich gern versteckt in der Vegetation oder in tieferen Gewässerpartien auf. Bei warmem Wetter tauchen sie zwar häufiger auf, um Luft zu schnappen, aber einen besseren Eindruck von der Fülle eines guten Molchgewässers (vor allem Kammmolche) erhält man bei Dunkelheit mithilfe einer Taschenlampe.

Für nächtliche Beobachtungen eignen sich Stirnlampen, sodass beide Hände immer frei sind.

Kescher – die unabdingbaren Geräte

Die wesentlichen Keschertypen, die für den Amphibienfang infrage kommen, sind:

- Universalkescher: Dieser hat einen mitteltief durchhängenden Netzsack und kann für den Fang der meisten Amphibien eingesetzt werden (Maschenweite 4–5 mm).
- Spezieller Molchkescher: dieser hat eine flachen Netzsack (Netzmaschenweite 4–5 mm), sodass die Molche schnell gesehen werden können („Feldmann-Teller"). Frösche dagegen hüpfen schnell vom tellerartigen Netz, für sie braucht man einen tiefer durchhängenden Netzbeutel (Universalkescher)
- Larvenkescher: kleine kurzstielige Kescher, Netzmaschenweite 1–2 mm. Auch Aquarienkescher mit dieser Maschenweite können genutzt werden.

Elementare und unabdingbare Geräte für Amphibienuntersuchungen bilden Kescher. Geeignete Modelle, die strapazierfähig genug wären und die richtige Maschenweite zur Erfassung aufweisen, werden selten im Handel angeboten. Am ehesten wird man im Bereich der professionellen Fischzucht fündig, zumindest was die Gestelle betrifft. Der Eigenbau ist meist immer noch die beste Methode, um über viele Jahre haltbare Wasserkescher zu erhalten, die den hohen mechanischen Ansprüchen gerecht werden. Hilfreich ist es, mehrere Keschertypen zu haben. Auf S. 244 werden Bezugsadressen für Gerätschaften und Materialien genannt, die man zur Untersuchung von Amphibien und ihrer Laichgewässer einsetzen kann.

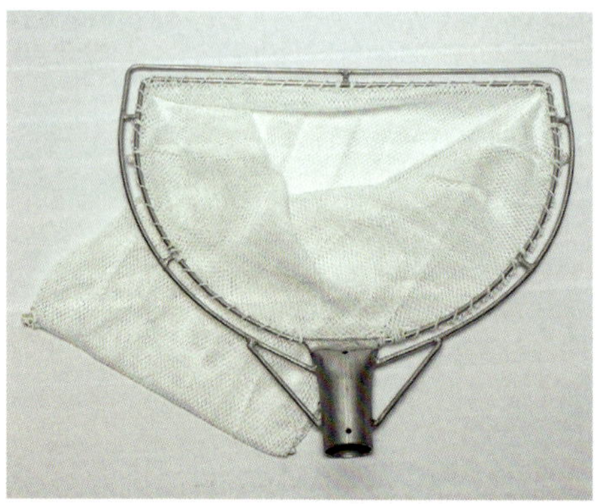

Um damit nicht zwischen Pflanzen oder im Schlamm zu verhaken, sind Kescher mit einem festen Bügel zu empfehlen.

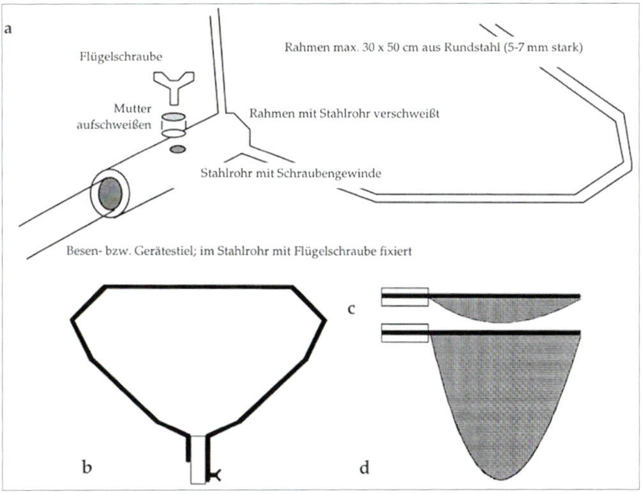

Anleitung zur Selbstmontage zweier Keschertypen. c = Typ mit flachem Netz („Feldmann-Teller"), d = Typ mit tiefem Netz. Original Schlüpmann, Henf & Geiger, Zeitschrift für Feldherpetologie (1995).

Fallen – die nützlichen Helfer

In zunehmendem Maße werden Lebendfallen zur quantitativen Erfassung von Amphibien im Laichgewässer eingesetzt. Sie zeigen sich besonders effektiv für den Fang von Molchen und Amphibienlarven, aber auch Froschlurche können damit erfasst werden.

In der Regel diese Fallen im Rahmen von Fachgutachten und wissenschaftlichen Spezialstudien verwendet. Manche Typen sind ausgesprochen fängig und haben ergeben, dass andere Methoden (z. B. das Keschern) oft bei Weitem nicht diese Resultate erbringen oder nur mit einem enormen Aufwand. So ist der Nachweis von Molchen besonders effizient bei Einsatz von sog. Reusenfallen. Gerade die schwer zu fangenden Kammmolcharten können damit gut erfasst werden.
Ihr Einsatz ist für die Gewässer nebenbei sehr viel schonender als das Keschern, bei dem stets Bodenschlamm aufgewühlt wird und die Vegetation in Mitleidenschaft gerät.

Molchreuse mit zwei trichterförmigen Eingängen, Schwimmern und langer Kordel zum wieder Einholen.

Es existiert eine Fülle von Fallen-Typen, deren Effektivität (Fängigkeit) sehr unterschiedlich sein kann. Sie ist u. a. auch abhängig von den jeweiligen Tierarten, deren Aufenthaltsorte (im gleichen Habitat) sehr unterschiedlich sein können, demnach auch der Platzierung (Ufer oder Gewässermitte, Tiefe der Öffnungen ...).
Fallen müssen sehr verantwortungsbewusst eingesetzt werden, in der Regel nur in Schulbiologiezentren, biologischen Stationen und von

Besonders wichtig ist, dass der ungehinderte Zugang zu einem Luftraum an der Oberseite möglich ist, sonst können auch (und nicht nur) Amphibien in Reusen ertrinken! Ob mit schwimmfähigem Schaumstoff oder leeren Plastikflaschen – es muss dafür Sorge getragen werden, dass ein Teil der Reuse immer aus dem Wasser ragt. Bestenfalls sind sie abends (über Nacht) zu installieren und am anderen Morgen wieder zu leeren. Länger als 8–10 Stunden sollten Wasserfallen nie unbeaufsichtigt stehen! Auch ist dringend vom Ködern (z. B. mit Fleisch) abzusehen, da hierdurch auch Fressfeinde angelockt werden, vor denen es im geschlossenen Käfig kein Entkommen gibt.

Forschungsinstituten bzw. seriösen Planungsbüros! Sie gehören nur in die Hand von kenntnisreichen Pädagogen und Fachleuten und sollten nie ohne triftigen Grund eingesetzt werden. Bedingt eignen sich auch Köderfisch-Reusen aus dem Angelbedarf, die ggf. nur wenig modifiziert werden müssen.

Reuse nach M. Henf im Einsatz. Der Schaumstoffschwimmer hält die Falle etwas über Wasser, sodass umgewandelte Amphibien Luft schnappen können.

Dr. Jörg Plötner mit Nachweis eines männlichen Kammmolches, der sich in einer der Reusen fand.

Kartieren von Amphibien

Es gibt eine Fülle von Möglichkeiten, wie man seine Beobachtungen in praktischer Form festhält bzw. auch für andere nutzbar machen kann. Es ist sicher sinnvoll, regelmäßig „persönliche Checklisten" auszufüllen. Die nachfolgende Tabelle soll hier als Beispiel dienen und kann auf ganz persönliche Bedürfnisse verändert oder erweitert werden.

Persönliche Checkliste

Tragen Sie hier Ihre eigenen Beobachtungen aus Ihrem Umfeld, z. B. Ihrem Garten(teich), Ihrem persönlichen Exkursions- oder Wandergebiet usw. ein.

Gebiet (Ort etc.):

Kurze Angaben zum Lebensraum/Umfeld:

Art	Beobachtet (ja: Kreuz)	Wann (Jahr, Tag, Uhrzeit, Wetter)?	Beobachtungen (Laich, Larven, Junge, Erwachsene, Rufe gehört?); irgendwelche Auffälligkeiten, Besonderheiten?
Alpensalamander *Salamandra atra*			
Feuersalamander *Salamandra salamandra*			
Teichmolch *Lissotriton vulgaris vulgaris*			
Südlicher Teichmolch *Lissotriton vulgaris meridionalis*			
Fadenmolch *Lissotriton helveticus*			
Bergmolch *Mesotriton alpestris*			
Kammmolch *Triturus cristatus*			
Alpen-Kammmolch *Triturus carnifex*			
Donau-Kammmolch *Triturus dobrogicus*			
Geburtshelferkröte *Alytes obstetricans*			
Rotbauchunke *Bombina bombina*			
Gelbbauchunke *Bombina variegata*			
Knoblauchkröte *Pelobates fuscus*			
Erdkröte *Bufo bufo*			
Kreuzkröte *Epidalea calamita*			
Wechselkröte *Bufotes viridis*			
Laubfrosch *Hyla arborea*			

Art	Beobachtet (ja: Kreuz)	Wann (Jahr, Tag, Uhrzeit, Wetter)?	Beobachtungen (Laich, Larven, Junge, Erwachsene, Rufe gehört?); irgendwelche Auffälligkeiten, Besonderheiten?
Norditalienischer Laubfrosch *Hyla perrini*			
Moorfrosch *Rana arvalis*			
Grasfrosch *Rana temporaria*			
Springfrosch *Rana dalmatina*			
Italienischer Springfrosch *Rana latastei*			
Kleiner Wasserfrosch *Pelophylax lessonae*			
Teichfrosch *Pelophylax esculentus*			
Seefrosch *Pelophylax ridibundus*			

Eine in Westfalen lange Zeit übliche und relativ einfache Datenerfassung fand auf Karteikarten im Format DIN A 6 statt und wurde ursprünglich von R. Feldmann eingeführt. Diese Kärtchen wurden auch für die Erarbeitung einer Amphibien- und Reptilienfauna des Kreises Steinfurt im nördlichen Münsterland unter Leitung des Autors Dieter Glandt verwendet. Später wurden die Daten in eine EDV-Datenbank eingegeben, die eine bessere Auswertung ermöglichte. Es mag

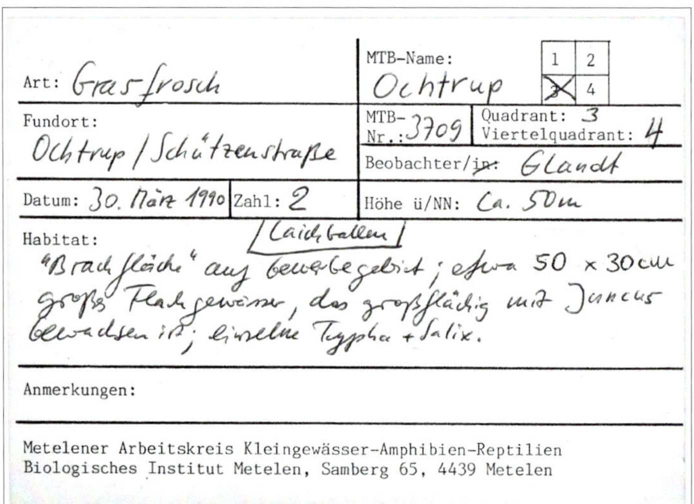

Art: Grasfrosch
MTB-Name: Ochtrup
1 2 3 4
Fundort: Ochtrup / Schützenstraße
MTB-Nr.: 3709
Quadrant: 3
Viertelquadrant: 4
Beobachter/in: Glandt
Datum: 30. März 1990
Zahl: 2
Höhe ü/NN: ca. 50 m
Habitat: [Laichballen] „Brachfläche“ auf Gewerbegebiet; etwa 50 × 30 cm großes Flachgewässer, das großflächig mit Juncus bewachsen ist; einzelne Typha + Salix.
Anmerkungen:
Metelener Arbeitskreis Kleingewässer-Amphibien-Reptilien
Biologisches Institut Metelen, Samberg 65, 4439 Metelen

Beispiel für eine einfache Karteikarte im Format DIN A6, auf der Basisdaten für die Amphibienerfassung im Kreis Steinfurt/Westfalen festgehalten wurden.

überholt klingen, aber Bleistift und Papier sind noch immer die sichersten Speichermedien. Aus diesem Grunde finden die alten Karteikarten auch heute noch Bedeutung, selbst wenn sie von den meisten gegen Smartphone, Tablet oder PC abgelöst wurden. Letztendlich hilft die Datenerfassung aber am meisten, wenn sie auch zentral gespeichert und ausgewertet wird, statt in einzelnen Schubladen Staub anzusetzen. Zahlreiche Datenbanken stehen zur Eingabe der eigenen Beobachtungen zur Verfügung, auch mit der Möglichkeit, die exakten Koordinaten und ein Foto einzugeben. Bei unsicheren Bestimmungen können dann auch die Experten (Admins) helfen. Im Zweifel kann also von diesen sicher bestimmt werden, ob es sich etwa um einen Moor-, Spring- oder Grasfrosch handelt. Die zentrale Speicherung hilf darüber hinaus, genauere Verbreitungskarten erstellen zu können und vielleicht sogar bisher unbekannte Vorkommen einer Art zu erkennen. Leider gibt es eine Vielzahl von Anbietern, die längst nicht alle miteinander vernetzt sind. Um nicht unnötig zu verwirren, soll hier nur eine bestimmte empfohlen werden, die auch von Naturschutz-Verbänden und Behörden ausgewertet werden kann und wird:

https://observation.org

Welches System man auch wählt, immer werden bestimmte Grunddaten erforderlich sein, die man eingibt. Dies sind:

- Name der Art
- Mengenangabe, z. B. „viele erwachsene Tiere", „ca. 120 Laichballen" oder „zahlreiche Larven"
- Name des Fundortes und Höhe über NN
- Datum der Beobachtung
- Koordinaten oder Name und Nr. eines amtlichen Kartenblattes (z. B. MTB = Messtischblatt im Maßstab 1:25 000). Unterteilt man dieses Kartenblatt in vier Quadranten, gibt man diesen noch an, eine weitere Unterteilung in Viertelquadranten erhöht später in einer kartenmäßigen Darstellung die Aussagekraft (Zählweise: 1: oben links – 2: oben rechts – 3: unten links – 4: unten rechts)
- Kurze Charakterisierung des Lebensraumes, Größe und Tiefe eines Gewässers, häufige Pflanzenarten u. a.

Für den Einsteiger ist immer noch das Karteikärtchen auf der vorhergehenden Seite eine gute Lösung.

Amphibienkundler bei der Arbeit: Das genaue Protokollieren gefangener Tiere (hier der verstorbene Biologe und Naturschützer Joachim Pastors) ist im Rahmen wissenschaftlicher Untersuchungen eine grundlegende, aber oft auch zeitaufwendige Arbeit.

Darstellung der Ergebnisse

Eine zentrale Form der Darstellung von Kartierergebnissen ist die kartenmäßige Aufarbeitung der Daten. Dies kann in Form von Punktkarten oder in sog. Gitternetzkarten geschehen. In Punktkarten wird jedes nachgewiesene Vorkommen mit einer Signatur lagegetreu eingezeichnet, wobei benachbarte Fundstellen aus darstellungstechnischen Gründen zu einem Punkt zusammengefasst werden. Gitternetzkarten sind solche, über die ein anerkanntes Gitter gelegt wird. Meist wird das Netz der amtlichen Messtischblätter (= topografische Karten im Maßstab 1:25 000) darübergelegt. Die Funde werden dann jeweils durch Eintragen einer Signatur (z. B. Punkt, Kreis o. dgl.) in ein Rasterfeld eingetragen, entweder in einen Quadranten oder einen Viertelquadranten (s. u.) des jeweiligen Messtischblattes. Dies besagt, dass je Rasterfeld mindestens 1 Tier der entsprechenden Art gefunden wurde. Wurden mehrere Fundorte einer Art in einem Rasterfeld ermittelt, wird ebenfalls nur eine Signatur benutzt.

Beide Darstellungsformen – Punktkarte und Gitternetzkarte – haben Vor- und Nachteile, die von Altmeister Feldmann schon 1972 dargelegt wurden. Manchmal werden deshalb auch Kombinationen aus beiden Kartentypen erstellt, d. h. in einer Gitternetzkarte werden zusätzlich sämtliche Nachweispunkte eingetragen, so praktiziert in der Amphibien- und Reptilienfauna Schleswig-Holsteins aus dem Jahre 2005.

Die Vielzahl der technischen Möglichkeiten zusammenzufassen, um Daten in Kartenmaterial einzupflegen, kann und will hier gar nicht erst thematisiert werden. Mit fortschreitender Digitalisierung werden alte Methoden, wie voran teils beschrieben, natürlich mehr und mehr aus dem Gedächtnis verschwinden. Das Speichern von Fundorten auf Satellitenkarten im Internet jedenfalls vereinfacht ebenso wie die zum Teil bereits sehr guten Wildlife ID-Programme zur Erkennung der Arten anhand von halbwegs guten Fotografien. Dennoch wird es im Gegensatz zu Insekten oder Vögeln wohl noch eine Weile dauern, bis solche Bestimmungen via Internet auch für die Europäischen

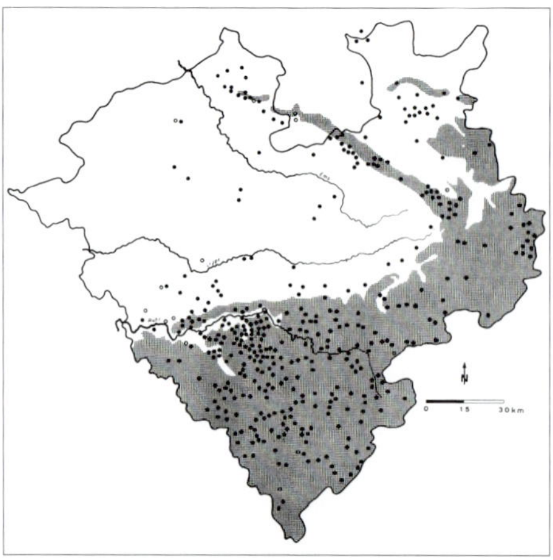

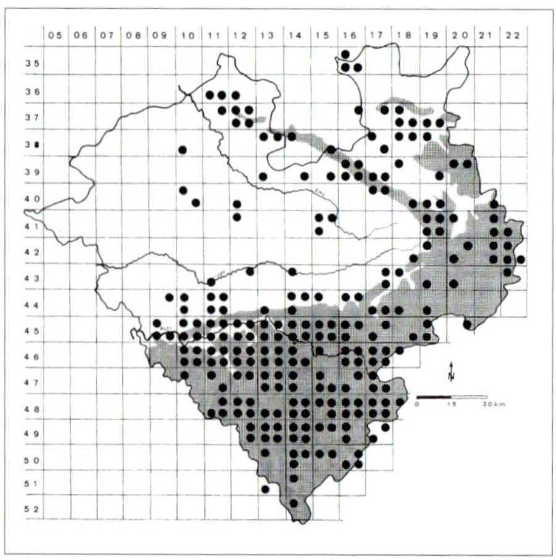

Punktkarte (links) des Feuersalamanders (Salamandra salamandra) in Westfalen aus dem Jahre 1972. Dieselben Daten aufbereitet in einer Gitternetzkarte (rechts). Das Gitternetz bilden die Messtischblätter (Maßstab 1:25 000), die Grundeinheit ist in diesem Fall der Messtischblatt-Quadrant. Gerasterte Flächen: Mittelgebirgslagen oberhalb der 200 m-Höhenlinie. Man sieht, dass die Art hier vorwiegend im Berg- und Hügelland vorkommt. Originale R. Feldmann

Amphibien zu wirklich verlässlichen Ergebnissen führen. Die erhobenen Daten können darüber hinaus Grundlage für andere Darstellungsformen sein, z. B. um die Verteilung der Artnachweise auf Lebensraumstypen in Grafiken (in Säulen- oder Kreissektorendiagrammen) darzustellen.
Ein herausragendes und sehr ansprechendes Beispiel für die vielfältige grafische Aufbereitung von Kartierdaten ist der Atlas der Amphibien und Reptilien in Österreich aus dem Jahre 2001.

Wichtig: Rechtsvorschriften beachten!

Die zunehmende Gefährdung von Pflanzen, Tieren und ihren Lebensräumen in den vergangenen Jahrzehnten hat zur Folge gehabt, dass eine Reihe Gesetze zu ihrem Schutz verabschiedet wurde. Ob sie wirklich etwas im Sinne des Schutzes erreicht haben, sei dahingestellt. Fakt ist, es gibt sie, und sie müssen folglich beachtet werden. Das gilt auch für gut gemeinte Amphibienschutzvorhaben und ebenso für Unterrichtszwecke.

Grundsätzlich sind alle heimischen Amphibienarten in den drei behandelten Staaten (Deutschland, Österreich, Schweiz) gesetzlich geschützt, ihre Störung, das Sammeln oder der Fang sind deshalb verboten. Aber es gibt Ausnahmeregelungen, so die Möglichkeit der Befreiung von diesen Verboten für Forschung und Lehre einschließlich Unterrichtszwecken. Erst mit einer **behördlichen Ausnahmegenehmigung** ist es erlaubt, Amphibien in ihren Lebensräumen (z. B. zu Lehrzwecken) zu fangen oder entnehmen.

Da die Rechtsmaterie zu dieser Thematik mittlerweile recht umfänglich und auch kompliziert ist (es gibt EU-Vorschriften, nationale sowie Bundesländergesetze), wendet man sich am besten an für die im eigenen Wohnbereich **zuständige Behörde**. In Deutschland sind dies häufig die Verwaltungen der (Land-)Kreise oder kreisfreien Städte, manchmal sind aber die Bezirksregierungen zuständig. Die Zuständigkeitsregelungen sind in den einzelnen Bundesländern verschieden. Auch in Österreich ist die Situation uneinheitlich, man wendet sich am besten an die zuständige Landesbehörde, die einem Auskunft über die geltende Rechtslage geben kann. Speziell in Wien wendet man sich an die Magistratsabteilung für Umweltschutz. In der Schweiz sind die Kantone mit ihren Naturschutzfachstellen die zuständigen Ansprechpartner.

Will man ein neues Gewässer anlegen, egal ob im Siedlungsbereich (Gartenteich) oder in der freien Landschaft, bei dem das Grundwasser angeschnitten wird, benötigt man eine **wasserrechtliche Genehmigung**. Diese beantragt man bei Wasserbehörden, Umweltämtern u. Ä. Dienststellen.

Alle Behörden können auf ihren Zuständigkeitsbereich bezogen die notwendigen Informationen geben, damit man den entsprechenden Antrag stellen kann.

Unabhängig hiervon sind die **Eigentumsrechte** zu beachten. Man sollte stets bemüht sein, möglichst den Eigentümer einer Fläche, die man betreten möchte, vorher ausfindig zu machen und um Betretungserlaubnis fragen, sonst kann es Ärger geben. Ganz besonders gilt dies, wenn man mit einer Gruppe wie z. B. einer Schulklasse an ein Gewässer möchte, um Amphibien zu beobachten. Wenn man den Eigentümer nicht ermitteln kann, dieser aber während der Beobachtungen dazukommt, gilt: Sich vorstellen und höflich erläutern, „was man da macht". Nicht selten zeigen die Eigentümer dann sogar Interesse an den Tieren, die auf ihrer Fläche leben und die sie bislang vielleicht noch gar nicht beachtet hatten.

Wer hilft weiter?

Einrichtungen der Umweltbildung

Deutschland

Zentrale Anlaufstelle ist die „Arbeitsgemeinschaft Natur- und Umweltbildung, Bundesverband e. V. (ANU)": www.anu.de

Anschrift: **Arbeitsgemeinschaft Natur- und Umweltweltbildung – Bundesverband e. V. (ANU),** Annette Dieckmann, Vorsitzende; Kasseler Str. 1a, 60486 Frankfurt/Main; Tel: 069 977 833 9-0; Fax: 069 977 829 66; E-Mail: bundesverband@anu.de; www.umweltbildung.de

Auf der Homepage dieses Dachverbandes findet sich eine „Umweltzentrendatenbank", über die man Informationen zu 1000 Umweltbildungseinrichtungen in Deutschland in Erfahrungen bringen kann. Leider sind bei der themenmäßigen Aufschlüsselung die Amphibien (anders als die Vögel) durch kein eigenes Stichwort vertreten, sondern unter „sonstige Tiere" subsumiert. Man muss deshalb bei der jeweiligen Einrichtung nachfragen, was angeboten wird bzw. darüber hinaus an Veranstaltungen möglich ist. Viele Einrichtungen geben jährliche Programme heraus, die man sich zuschicken lassen oder über das Internet einsehen kann.

Außerdem sei auf die zentrale Anlaufstelle der staatlichen Umweltbildungseinrichtungen der Bundesländer verwiesen.

BANU, Bundesweiter Arbeitskreis der staatlich getragenen
Bildungsstätten im Natur- und Umweltschutz
c/o Alfred Toepfer, Akademie für Naturschutz (NNA)
Hof Möhr
29640 Schneverdingen
Telefon: +49 (0) 5199 989 - 0
E-Mail: nna(at)nna.niedersachsen.de
Internet: www.nna.de
Internet: www.banu-akademien.de

Österreich

Zentrale Anlaufstelle über das Internet ist das Forum Umweltbildung: www.umweltbildung.at
Postalische Kontake:

Forum Umweltbildung im Umweltdachverband
Dresdner Straße 82/7. OG
1200 Wien
Telefon: +43 (0) 1 402 47 01
E-Mail-Adresse: forum@umweltbildung.at

Schweiz

Eine Anlaufstelle ist die Website https://umweltberatung-luzern.ch/themen/tiere/tiere-im-garten/amphibien-im-garten.

Verbände und Gesellschaften

Es gibt viele Möglichkeiten, sich in einem Verband, einem Verein oder einer Gesellschaft zu engagieren bzw. sich dort über Amphibien zu informieren. Hier können nur zentrale Anlaufstellen genannt werden, bei denen man aber Adressen der Gliederungen bis zur regionalen und örtlichen Ebene erfahren kann.

Deutschland

NABU, Naturschutzbund Deutschland e. V., Bundesverband
Charitéstraße 3
D-10117 Berlin
Telefon: +49 30 28 49 84-0 | Fax: -20 00
E-Mail: NABU@NABU.de
www.nabu.de

BUND, Bund Umwelt und Naturschutz Deutschland Bundesgeschäftsstelle
Kaiserin-Augusta-Allee 5
D-10553 Berlin
Telefon: +49 302 7586-40
Fax: +49 302 7586-440
www.bund.net

DGHT, Deutsche Gesellschaft für Herpetologie und Terrarienkunde e. V.
Geschäftsstelle
DGHT e.V.
Vogelsang 27
31020 Salzhemmendorf
Telefon: +49 (0) 5153-4932798
E-Mail: gs@dght.de
www.dght.de

Österreich

ÖGH, Österreichische Gesellschaft für Herpetologie e. V.
Burgring 7
Postfach 417
A-1010 Wien
www.herpetozoa.at

Schweiz

KARCH, Koordinationsstelle für Amphibien- und Reptilienschutz in der Schweiz
Avenue de Bellevaux 51
2000 Neuenburg
Schweiz
Telefon: +41 (0)32 560 31 10
E-Mail: contact@infofauna.ch
https://www.infofauna.ch

Amphibienschutzanlagen

Auch hier kann nur eine Auswahl von Firmen genannt werden, die Zäune, Leitelemente etc. anbieten bzw. installieren.

ACO Severin Ahlmann GmBH & Co. KG, Rendsburg
Am Ahlmannkai
D-24782 Büdelsdorf
Tel. +49 (0) 43 31/3 54-0
Fax +49 (0) 43 31/3 54-130
www.aco.com

MAIBACH Verkehrssicherheits- und Lärmschutzeinrichtungen GmbH
Bannholzstraße 4
D-73037 Eschenbach bei Göppingen
Tel. +49 (0) 71 61/99 76-0
maibach@maibach.de
www.maibach.de / www.maibach.com
Mit Niederlassungen in Österreich und der Schweiz

Grube KG
Bestellungen
Tel.: +49 5194 900-900 (Mo-So: 6.00 bis 21.00 Uhr)
Fax: +49 5194 900-270
E-Mail: bestellungen@grube.de

Beilharz GmbH & Co. KG
Rosenfelder Straße 100
D-72189 Vöhringen
Tel. +49 (0) 74 54/95 88-0
Fax +49 (0) 74 54/95 88-99
www.beilharz-strasse.de

Egon Zieger
Am Zeilenrain 3
D-68790 Oberhausen-Rheinhausen
Tel. +49 (0) 72 54/12 00
Fax: +49 (0) 72 54/7 47 16

Schwegler Vogel- und Naturschutzprodukte GmbH
Heinkelstraße 35
D-73614 Schorndorf
www.schwegler-natur.de

Gerätschaften

Es kann hier nur eine kleine Auswahl an Firmen, die Gerätschaften zur Erfassung und Untersuchung von Amphibien und ihrer Laichgewässer liefern, genannt werden. Wenn nachfolgend eine Firma nicht genannt ist, heißt das nicht, dass sie nicht auch gute Gerätschaften liefern könnte! Man sollte sich über das Internet weitere Informationen beschaffen.

Netze für Kescher

Mechanische Netzfabrik Walter Kremmin GmbH & Co. K-G.
Ammerländer Heerstraße 189-207
D-26129 Oldenburg
www.kremmin.net

Schnelltests zur Wasseruntersuchung

Merck KgaA
Frankfurter Straße 250
D-64293 Darmstadt
www.merck.de

Lupen, (Stereo-)Mikroskope, Lupendosen (Becherlupen)

Fiebig Lehrmittel
Orenstein-und-Koppel-Str. 6
D-14482 Potsdam
www.fiebig-lehrmittel.de

Schwegler Vogel- und Naturschutzprodukte GmbH
Heinkelstraße 35
D-73614 Schorndorf
www.schwegler-natur.de

Kescher, Becherlupen, Stereo-Mikroskope und anderes

Bioform Entomologiebedarf
Am Kressenstein 48
D-90427 Nürnberg
www.bioform.de

Messgeräte für Sauerstoff, pH, Leitfähigkeit u. a. Parameter

WTW Wissenschaftlich-Technische Werkstätten GmbH
Am Achalaich 11
D-82362 Weilheim
www.wtw.com

Literaturverzeichnis

Es wird hier nur eine **Auswahl an Büchern** zusammengestellt.

Amphibien allgemein

W. Hödl & G. Aubrecht (Herausgeber): Frösche, Kröten, Unken. Aus der Welt der Amphibien. Stapfia, Band 47, 1996, Linz (Oberösterreichisches Landesmuseum), 271 S.

R. Hofrichter (Herausgeber): Amphibien. Evolution, Anatomie, Physiologie, Ökologie und Verbreitung, Verhalten, Bedrohung und Gefährdung. Augsburg (Natur Buch Verlag, Weltbild), 1998, 264 S.

K. D. Wells: The Ecology and Behavior of Amphibians. University of Chicago Press, Chicago and London, 2007, 1148 S., *Das derzeit umfassendste, aktuellste und beste Werk in einem Band, das es über diese Tiergruppe gibt!*

Bestimmungsbücher

J. Blab & H. Vogel: Amphibien und Reptilien erkennen und schützen. Alle mitteleuropäischen Arten. Biologie, Bestand, Schutzmaßnahmen. 3. Auflage, BLV Verlagsgesellschaft mbH, München, 2002, 159 S.

A. & C. Nöllert: Die Amphibien Europas. Bestimmung – Gefährdung – Schutz. Kosmos Naturführer, Franckh-Kosmos Verlags-GmbH, Stuttgart, 1992, 382 S.
Bestes Bestimmungsbuch!

A. Kwet: Reptilien und Amphibien Europas. Kosmos Naturführer, Franckh-Kosmos Verlags-GmbH, Stuttgart, 2005, 252 S.

T. Stumpel & H. Strijbosch: Veldgids amfibieën en reptielen. KNNV Uitgeverij (www. knnvuitgeverij.nl), Utrecht, 2006, 318 S.

Larven/Laich

F. Berninghausen: Feldbestimmungsschlüssel für Kaulquappen. 11 wasserfeste Bildtafeln. Naturschutzbund Deutschland (NABU), Landesverband Niedersachsen e. V., Hannover, 1993 (und spätere Auflagen).

C. Bühler, H. Cigler & M. Lippuner (unter Mitwirkung von S. Zumbach): Amphibienlarven der Schweiz. Bestimmung. Fauna Helvetica, Nr. 17, 32 S. und 6 wassserfeste Tafeln. Koordinationsstelle für Amphibien- und Reptilienschutz (karch), Centre suisse de cartographie de la Faune (CSCF), Schweizerische Entomologische Gesellschaft. Neuchâtel, 2007.

C. Miaud & J. Muratet: Identifier les œufs et les larves des amphibiens de France. Institut National de la recherche agronomique, Paris, 2004. 200 S.

Bioakustik der Froschlurche

H. Schneider: Bioakustik der Froschlurche. Einheimische und verwandte Arten. Bielefeld (Laurenti-Verlag), 2005, 135 S.

Umfassendes Handbuch

(bislang 1149 Seiten in drei Teilbänden. Die Froschlurche sind noch nicht erschienen)

K. Grossenbacher & B. Thiesmeier (Herausgeber): Handbuch der Reptilien und Amphibien Europas. Band 4/I Schwanzlurche I. AULA-Verlag, Wiesbaden, 1999.

K. Grossenbacher & B. Thiesmeier (Herausgeber): Handbuch der Reptilien und Amphibien Europas. Band 4/IIA Schwanzlurche IIA. AULA-Verlag, Wiebelsheim, 2003.

B. Thiesmeier & K. Grossenbacher (Herausgeber): Handbuch der Reptilien und Amphibien Europas. Band 4/IIB Schwanzlurche IIB. AULA-Verlag, Wiebelsheim, 2004.

Regionalmonografien

Deutschland, Österreich, Schweiz

K. Grossenbacher: Verbreitungsatlas der Amphibien der Schweiz. Documenta Faunistica Helvetiae, Band 7. Centre suisse de cartographie de la faune (CSCF) und Schweizerischer Bund für Naturschutz, Basel 1988, 207 S.

R. Günther (Herausgeber): Die Amphibien und Reptilien Deutschlands. Gustav Fischer Verlag, Jena 1996, 825 S.
Umfassendes Standardwerk, das auch die Lebensweise der Arten eingehend behandelt.

A. Cabela, H. Grillitsch & F. Tiedemann: Atlas zur Verbreitung und Ökologie der Amphibien und Reptilien in Österreich. Umweltbundesamt, Wien, 2001, 880 S.

In Hinblick auf das Tessin (Südschweiz) und seine Beziehungen zur italienischen Amphibienfauna sei empfohlen:

R. Sindaco, G. Doria, E. Razzetti & F. Bernini (Herausgeber): Atlante degli Anfibi e dei Rettili d'Italia. Firenze (Edizioni Polistampa), 2006, 789 S.

Deutsche Bundesländer:

A. Bitz, K. Fischer, L. Simon, R. Thiele & M. Veith: Die Amphibien und Reptilien in Rheinland-Pfalz. Gesellschaft für Naturschutz und Ornithologie Rheinland-Pfalz e. V., Landau, 1996, 2 Bände, 864 S.

I. Brandt & K. Feuerriegel: Artenhilfsprogramm und Rote Liste. Amphibien und Reptilien in Hamburg. Verbreitung, Bestand und Schutz der Herpetofauna im Ballungsraum Hamburg. – Hamburg (Behörde für Umwelt und Gesundheit, Naturschutzamt). 2004, 142 S.

A. Klinge & C. Winkler (Bearbeiter): Atlas der Amphibien und Reptilien Schleswig-Holsteins. Landesamt für Natur und Umwelt Schleswig-Holstein, Flintbek, 2005, 277 S.

H. Laufer, K. Fritz & P. Sowig (Bearbeiter und Herausgeber): Die Amphibien und Reptilien Baden-Württembergs. Verlag Eugen Ulmer, Stuttgart, 2007, 807 S.
Sehr umfassendes Werk, das weit über die Grenzen des Bundeslandes hinausreicht.

F. Meyer, J. Buschendorf, U. Zuppke, F. Baumann, M. Schädler & W.-R. Grosse (Herausgeber): Die Lurche und Kriechtiere Sachsen-Anhalts. Laurenti-Verlag, Bielefeld, 2004, 240 S.

U. Zöphel & R. Steffens: Atlas der Amphibien Sachsens. Sächsisches Landesamt für Umwelt und Geologie, Dresden, 2002, 135 S.

Praktische Schutzmaßnahmen

G. Fröhlich, J. Oertner & S. Vogel: Schützt Lurche und Kriechtiere. Deutscher Landwirtschaftsverlag, Berlin, 1987, 324 S.

D. Glandt: Praktische Kleingewässerkunde. Laurenti-Verlag, Bielefeld, 2006, 200 S.

G. Thielcke, C.-P. Herrn, C.-P. Hutter & R. L. Schreiber: Rettet die Frösche. Amphibien in Deutschland, Österreich und der Schweiz. Pro Natur Verlag, Stuttgart, 1983, 125 S.

E. van Uchelen: Praktisch natuurbeheer: amfibieën en reptielen. KNNV Uitgeverij (www.knnvuitgeverij.nl), Utrecht, 2006, 151 S.

Naturgemäße Gartenteiche

P. BECK, A. THROLL, T. HELBERG, F. HÖSSLER, P. KÖLLE, F. KULLMANN & R. WITT: Das Kosmos-Handbuch Gartenteiche. Stuttgart (Franckh-Kosmos), 2005, 253 S.

A. FÖRSTER: So wird ein naturgemäßer Gartenteich angelegt. Berlin, Hamburg (Parey), 1988, 94 S.

B. GROTHE : Wassergärten. Der PraxisRatgeber. München (BLV Buchverlag), 2005, 159 S.

K. & F. HECKER: Gartenteiche. München (Gräfe und Unzer), 2005, 128 S.

H. HEUSSER: Biologische Gartenweiher. 2. Auflage. Naturforschende Gesellschaft Schaffhausen, Naturschutzkommission. Flugblatt – Serie II, Nr. 4. 16 S., 1970.

N. JOREK: Beispielhafte Gartenteiche. 17. Auflage, Ibbenbüren (Verlag Natur und Garten), 2006, 255 S.

Naturerlebnis

H. DURRER: Wir beobachten am Weiher. Gemeinde Riehen, mit Unterstützung durch den Schweizerischen Bund für Naturschutz (SBN), 1984, 126 S.

H. JANUS: Das Tümpelaquarium. Kosmos-Verlag, Stuttgart, 1963.

A. MOSER (Herausgeber): Expedition Frosch. Verlag Aare Solothurn, Schweiz, 1980, 144 S.

W. V. SANDEN-GUJA: Mein Teich und der Frosch. Hannover (Landbuch-Verlag), 2. Auflage, 1967, 168 S.

Register

Wer quakt denn da?

Scannen Sie den QR-Code, um die Stimmen der Froschlurche zu hören!

Alytes obstetricans Geburtshelferkröte

Bombina bombina Rotbauchunke

Bombina variegata Gelbbauchunke

Pelobates fuscus Knoblauchkröte

Die QR-Codes können über (im Internet kostenlose und in mehreren Varianten verfügbare) Software abgerufen werden. Bitte beachten Sie, dass dabei Kosten für die Internetverbindung entstehen können.

Die Tondateien sind auch unter http://reptilien.quelle-meyer.de/mp3/GK_Amphien_Reptilien_A2.zip abrufbar, damit sie bei fehlender Internetverbindung auf einem geeigneten Gerät genutzt werden können.

Bufo bufo Erdkröte

Epidalea calamita Kreuzkröte

Bufotes viridis Wechselkröte

Hyla arborea Europäischer Laubfrosch

Hyla intermedia Italienischer Laubfrosch

Rana arvalis Moorfrosch

Rana temporaria Grasfrosch

Rana dalmatina Springfrosch

Rana latastei Italienischer Springfrosch

Pelophylax lessonae Kleiner Wasserfrosch

Pelophylax ridibundus Seefrosch

aufgenommen von Dr. Kurt Grossenbacher

Pelophylax esculentus Teichfrosch